C H V

RUDOLF TASCHNER

××××

DIE FARBEN DER QUADRATZAHLEN

Kleine Anleitung
zum mathematischen Staunen

Carl Hanser Verlag

1. Auflage 2019

ISBN 978-3-446-26451-9

Umschlag: Anzinger und Rasp, München
Satz: Kösel Media GmbH, Krugzell
Druck und Bindung: GGP Media GmbH, Pößneck
Printed in Germany

FSC www.fsc.org
MIX
Papier aus verantwortungsvollen Quellen
FSC® C014496

INHALT

××××

VORWORT

XXXX

»They did what could be done.« So antwortete der Mathematiker Harold Davenport, als man ihn fragte, wie ihm die Vorträge bei einem Kongress gefallen hätten. Ein vernichtendes Urteil. Nur etwas zu erfahren, das nicht überrascht, empfand Davenport als öde. Allein für das Unerwartete, für das Überraschende konnte er sich begeistern.

In diesem Buch soll von Überraschendem und Unerwartetem berichtet werden. Es handelt sich jedoch nicht um bloße Kuriositäten, die man beiläufig kennenlernt, sondern das Erstaunliche, von dem hier die Rede ist, birgt wertvolles Wissen und tiefe Einsichten in sich. In fünf Kapiteln werden eigenartige Phänomene aus der Wahrscheinlichkeitstheorie, der Geometrie, der Zahlentheorie, der angewandten Mathematik und der reinen Mathematik erörtert und philosophisch beleuchtet.

Dieses Buch ist ein Essay. Als solches trägt es den Charakter des Vorläufigen in sich. Zwar ist viel von dem, worüber hier berichtet wird, schon sehr lange bekannt, einiges sogar mehrere hundert, ja tausend Jahre. Aber es lohnt, immer wieder aufs Neue darüber nachzudenken. Denn die Erkenntnisse sind so tiefschürfend und so weittragend, dass sich bei jeder erneuten Reflexion neue, unvermutete Aspekte zeigen. Den Anspruch, hier Endgültiges zu sagen, will das Buch keinesfalls erheben. Dafür ist es zu sehr dem Feuilletonistischen verpflichtet. Man sollte dies als Vorteil sehen. Bietet es doch damit allen Leserinnen und Lesern die verlockende Gelegenheit, eigene Gedanken weiterzuführen. Man kann sich kein schöneres intellektuelles Vergnügen vorstellen. So ist zu hoffen, dass trotz der vielen Zahlen und Rechnungen, die manche Seiten des Buches füllen, Leichtigkeit und Amüsement im Lesen nicht zu kurz kommen.

Was bedeutet es, dass aus einem Deck von 22 Karten »zufällig« gerade diese gewählt wurde?

PARADOXIEN DES ZUFALLS UND DIE GRENZEN DES MÖGLICHKEITSSINNS

XXXX

Walter Krämer, Mathematiker und Professor an der Fakultät Statistik der Technischen Universität Dortmund, betreibt mit seinen Büchern, vor allem mit seinem Klassiker »So lügt man mit Statistik«, wertvolle Aufklärung. Er beweist, wie wichtig ein kluger Blick auf eine Fülle von Daten ist. Denn erstaunlich schnell kann man in Fallen tappen, die sich hinter schlecht aufbereiteten oder tendenziös gestalteten statistischen Informationen verbergen.

Zusammen mit Gerd Gigerenzer, Psychologe und Direktor des Harding-Zentrums für Risikokompetenz am Max-Planck-Institut für Bildungsforschung in Berlin, und dem am Essener Leibniz-Institut für Wirtschaftsforschung tätigen und an der Ruhr-Universität Bochum lehrenden Ökonomen Thomas Bauer gibt Walter Krämer seit 2012 die »Unstatistik des Monats« heraus. Damit setzen sich die drei Vorkämpfer für ein klares, vorurteilsfreies Denken das Ziel, eine breite Öffentlichkeit zu ermuntern, »mit Daten und Fakten vernünftig umzugehen, in Zahlen gefasste Abbilder der Wirklichkeit korrekt zu interpretieren und eine immer komplexere Welt und Umwelt sinnvoller zu beschreiben«.

Dazu benötigt es weder Spezialwissen, das nur Eingeweihten zugänglich ist, noch besonderes Rechentalent. Es reichen ein paar Momente nüchternen Erwägens. Wenn zum Beispiel ein aufgewühlter Journalist in den *Tagesthemen* verkündet, ein Vermögen sei nach zweimal aufeinanderfolgenden 50 Prozent Verlust bei null gelandet, weiß ein aufmerksamer Zuseher auch ohne höhere Mathematik, dass sich der Fernsehmann irrt. Es ist bei 25 Prozent gelandet, nicht bei null.

Ein wenig mehr Zahlen kommen bei einem Beispiel zum Tragen, das Bauer, Gigerenzer und Krämer in ihre »Unstatistik« aufnahmen und das einen besonders eigenartigen Effekt in sich birgt. Es lohnt, darüber nachzudenken, weil die dem Beispiel innewohnende Paradoxie nicht allein bei ihm, sondern auch bei vielen anderen, ähnlich gelagerten Fällen verstörend wirkt.

MASSENTESTUNG UND FEHLALARME

Am Bahnhof Südkreuz in Berlin installierte 2018 die Deutsche Bahn auf Anregung der Polizei und des Innenministeriums eine digitale Gesichtserkennungsanlage. Die Betreiber zeigten sich begeistert: Die Anlage, so stellten sie stolz fest, besitzt eine Trefferrate von 80 Prozent und eine Fehlalarmrate von bloß einem Promille, also 0.1 Prozent.

Halten wir zunächst fest, was die beiden Zahlen 80 Prozent und 1 Promille in diesem Kontext bedeuten:

Die Polizei fahndet nach Personen, derer sie wegen des Verdachts der massiven Gefährdung öffentlicher Sicherheit habhaft werden möchte. Eine Trefferrate von 80 Prozent bei einer für diesen Zweck eingerichteten Anlage bedeutet: Wenn sich unter den Passanten 10 von der Polizei gesuchte Verdächtige befinden, werden 8 von ihnen von der Anlage aufgespürt. Die restlichen 2 kommen unentdeckt an der Anlage vorbei.

Eine Rate von 1 Promille Fehlalarme heißt: Wenn 1000 völlig unverdächtige Personen an der Anlage vorbeiziehen und die Anlage deren Gesichter registriert, wird sie bei einem dieser tausend Passanten Alarm auslösen, weil sie ihn fälschlich als einen von der Polizei gesuchten Verdächtigen identifiziert.

Die Errichtung dieser Anlage ist also, so könnte man in gutem Glauben vermuten, eine sinnvolle Investition. Und zwar nicht nur am Bahnhof Südkreuz in Berlin, sondern an allen Bahnhöfen des Landes.

Eine einfache und sehr unscharfe Überschlagsrechnung hingegen lässt daran zweifeln, ob diese Investition wirklich vernünftig ist:

Gehen wir, sehr grob geschätzt, von einer Bevölkerungszahl von 100 Millionen aus und nehmen wir, genauso grob geschätzt, an, dass 10 Prozent der Bevölkerung täglich durch Bahnhöfe schreiten. Dies sind somit rund 10 Millionen Personen. Nehmen wir ferner an, dass die Polizei die Gesichter von 1000 Verdächtigen kennt, welche die öffentliche Sicherheit massiv zu gefährden drohen. Auch bei diesen Verdächtigen nehmen wir an, dass 10 Prozent von ihnen täglich Bahnhöfe passieren: 100 Personen, die pro Tag von der Gesichtserkennung erfasst werden. Bei 80 von ihnen schlägt der Alarm an, und sie können – schnelles Handeln der Polizei vorausgesetzt – ergriffen werden.

Doch es werden auch die restlichen 10 Millionen Unverdächtigen von der Gesichtserkennung registriert, und bei 1 Promille von ihnen – dies sind immerhin 10 000 Personen – schlägt ebenfalls der Alarm an. Somit stehen 80 zielführenden Gefahrensignalen 10 000 Fehlalarme gegenüber. Oder anders formuliert: Die Wahrscheinlichkeit, dass es sich beim Ertönen der Sirene um einen echten Alarm handelt, beträgt rund $^{80}/_{10\,000}$, also 8 Promille, nicht einmal ein Prozent.

Nun mag man dagegenhalten, dass die genannten Zahlen allzu groben Schätzungen unterliegen. Das ist richtig. Aber solange sich die Zahl der Verdächtigen im Vergleich zur Zahl der Bevölkerung im Hundertstel-, ja nur im Zehntelpromillebereich befindet und solange die Zahl der Fehlalarme nicht fast exakt mit null übereinstimmt, wird sich das hier beschriebene Phänomen nicht vermeiden lassen.

Damit soll nichts gegen Anlagen zur Gesichtserkennung gesagt sein. Sinnvoll angewendet, mögen sie tatsächlich für mehr Sicherheit im Land sorgen. Aber zur sinnvollen Anwendung gehört auch das Wissen um das Problem der Fehlalarme.

Ganz ähnlich ist es bei der Erkennung sehr seltener Krankheiten. Hier ist die Spezifität des Tests das entscheidende Merkmal. Unter ihr versteht man die Wahrscheinlichkeit dafür, dass bei Nichtvorliegen der Erkrankung auch der Test ein negatives Resultat liefert. Eine Spezifität von 100 Prozent besagt, dass es – in der Sprache des obigen Beispiels – keine »Fehlalarme« geben kann. Doch sollte die Spezifität 99 Prozent betragen und ist die Krankheit wirklich so selten, dass im Durchschnitt ein Kranker 100 000 gesunden Personen gegenübersteht, schlägt der oben beschriebene Effekt ebenfalls zu. Es wird zwar vom Test der eine Kranke erfasst – wenn der Test zu 100 Prozent sensitiv ist, also bei Krankheit immer anspricht –, aber 1 Prozent der 100 000 Gesunden, und dies sind tausend Patienten, sprechen auf den Test positiv an, obwohl sie die Krankheit nicht haben. Das bedeutet: Die Wahrscheinlichkeit dafür, bei einem positiven Test an der Krankheit zu leiden, liegt also bei bloß 1 Promille.

GROSSE, KLEINE UND ALLE NIERENSTEINE

Leider handelt es sich beim Nierensteinleiden nicht um eine so seltene Krankheit, dass sie nur bei einer von 100 000 Personen auftritt. 1986 veröffentlichten vier Ärzte im *British Medical Journal* eine von ihnen durchgeführte Untersuchung, die mehrere Behandlungsmethoden unter die Lupe nahm. Der Einfachheit halber wollen wir uns hier auf zwei der Methoden beschränken: auf ein operatives Verfahren und auf das Zertrümmern der Steine durch Stoßwellen, die außerhalb des Körpers erzeugt werden.

Im gleichen Journal wiesen acht Jahre später Stephen Julious und Mark Mullee, zwei medizinische Statistiker der University of Southampton, darauf hin, dass die Ergebnisse der obigen Untersuchung höchst eigenartig sind:

Die Ärzte operierten 87 Patienten mit kleinen Nierensteinen, die einen Durchmesser von weniger als zwei Zentimeter besitzen. Hierbei waren

81 Patienten der insgesamt 87 nach der Operation geheilt. Das entspricht einer Erfolgsquote von $^{81}/_{87}$, also rund 93 Prozent. Bei 270 Patienten mit kleinen Nierensteinen wurde das Verfahren der Zertrümmerung durch äußere Stoßwellen angewendet, und 234 von ihnen konnten danach als geheilt entlassen werden. Das entspricht einer Erfolgsquote von $^{234}/_{270}$, also rund 87 Prozent.

Bei kleinen Nierensteinen schnitt somit die Operation als Therapie besser ab als die Steinzertrümmerung.

263 Patienten mit großen Nierensteinen mit mindestens zwei Zentimeter Durchmesser wurden operiert, und 192 unter ihnen wurden danach gesund. Das entspricht einer Erfolgsquote von $^{192}/_{263}$, also ziemlich genau 73 Prozent. Bei 80 Patienten mit großen Nierensteinen versuchte man sich an der Zertrümmerung durch äußere Stoßwellen und erreichte bei 55 unter ihnen eine Heilung. Das entspricht einer Erfolgsquote von $^{55}/_{80}$, also rund 69 Prozent.

Auch bei den großen Nierensteinen schnitt die Operation als Therapie besser ab als die Steinzertrümmerung.

Nun aber addierten Julious und Mullee die Anzahlen der operierten Patienten: Jene 87 mit den kleinen und jene 263 mit den großen Nierensteinen ergeben insgesamt 350 Personen, die mit dem Skalpell behandelt wurden. Und 81 + 192, also 273 von ihnen, wurden geheilt. Dies bedeutet, im Ganzen betrachtet, für die Methode der Operation eine Erfolgsquote von $^{273}/_{350}$, also exakt 78 Prozent.

Genauso addierten Julious und Mullee die Anzahlen der Patienten, an denen die Methode der Zertrümmerung durch äußere Stoßwellen angewendet wurde. Es handelte sich ebenfalls um insgesamt 270 + 80 = 350 Personen, von denen sich 234 + 55 = 289 von ihrem Nierensteinleiden befreien konnten. Bemerkenswerter ist jetzt die Erfolgsquote der Zertrümmerung: Sie lautet $^{289}/_{350}$, also fast 83 Prozent, und ist größer als die der Operation.

Im Ganzen betrachtet schnitt die Zertrümmerung besser ab als die Operation.

Was ist daher bei Nierensteinen die Therapie der Wahl? Aus den vorliegenden Zahlen lässt sich diese Frage offenbar nicht beantworten.

Schon zur Wende vom 19. zum 20. Jahrhundert hatten die britischen Statistiker Karl Pearson und Udny Yule solche paradoxen Resultate entdeckt. Fünfzig Jahre später stellte ihr Landsmann Edward Simpson das Auftreten dieser Paradoxie erneut fest, und seither wird sie nach ihm benannt. 1973 erlangte Simpsons Paradoxon öffentliche Beachtung, als man der University of Berkeley in Kalifornien die Diskriminierung weiblicher Studenten vorwarf.

In einer etwas vereinfachten Fassung, die das Wesentliche hervorhebt, gehen wir davon aus, dass sich 960 Frauen und 680 Männer als Studenten einer Fakultät der University of Berkeley bewarben, die zwei Studiengänge anbot. Da diese Fakultät 480 Frauen und 408 Männer als Studenten aufnahm, stand der Verdacht im Raum, dass die Frauen benachteiligt wurden. Denn ihre Aufnahmequote betrug $^{480}/_{960}$, also 50 Prozent, und die der Männer $^{408}/_{680}$, also 60 Prozent.

Doch eine genauere Betrachtung macht stutzig. Der erste der beiden Studiengänge war bei Männern sehr beliebt. Nur 240 der 960 Frauen hatten sich für ihn beworben, aber 510 der 680 Männer. 192 Frauen und 357 Männer wurden zugelassen. Für Frauen bedeutete dies eine Aufnahmequote von $^{192}/_{240}$, also von 80 Prozent, bei den Männern von $^{357}/_{510}$, also 70 Prozent. Der erste Studiengang bevorzugte somit Frauen.

Beim zweiten Studiengang bewarben sich die restlichen 720 Frauen und die verbliebenen 170 Männer. Da von den insgesamt 480 zur Fakultät zugelassenen Frauen 192 den ersten Studiengang wählten, wurden beim zweiten Studiengang 288 Frauen aufgenommen. Und da von den insgesamt 408 zur Fakultät zugelassenen Männern 357 auf den ersten Studiengang entfielen, wurden beim zweiten Studiengang nur 51 Männer aufgenommen. Für Frauen bedeutete dies beim zweiten Studiengang eine Aufnahmequote von $^{288}/_{720}$, also 40 Prozent, bei den Männern lautete die Aufnahmequote $^{51}/_{170}$, also 30 Prozent. Auch der zweite Studiengang bevorzugte Frauen.

Sollen die weiblichen oder sollen die männlichen Studienbewerber gegen die Fakultät wegen Diskriminierung ihres Geschlechtes klagen?

HÄUFIGKEIT UND WAHRSCHEINLICHKEIT

Bisher war nur von Häufigkeiten die Rede: Wenn 273 von 350 Patienten bei einer Therapie geheilt werden, ist das Verhältnis 273/350, umgerechnet 78 Prozent, die Erfolgsquote dieser Behandlung. Denn dieses Verhältnis beziehungsweise die aus ihm ermittelte Prozentzahl nennt die Häufigkeit, genauer: die relative Häufigkeit für die Wirksamkeit der Therapie. Wenn sich 240 Frauen für einen Studiengang bewerben und 192 von ihnen Aufnahme finden, benennt das Verhältnis 192/240, 80 Prozent, die relative Häufigkeit, mit der Frauen Zugang zu dem Studiengang finden.

Kurz gesagt benennt die Häufigkeit, wie groß – meistens in Prozent bemessen – der Anteil einer bestimmten Population ist, wenn ein spezielles Merkmal vorliegen soll. Stellt man zum Beispiel fest, dass Frauen mit einer Häufigkeit von 80 Prozent Zugang zu einem Studiengang erhalten, drückt man dies mit Worten so aus, dass von 100 Bewerberinnen rund 80 Aufnahme finden. Oder noch knapper formuliert: Von fünf Frauen, die den Studiengang anstreben, werden etwa vier aufgenommen.

Damit verbunden ist die Äußerung, eine den Prüfungssaal zum Bewerbungsgespräch betretende Frau werde mit der Wahrscheinlichkeit von 80 Prozent einen positiven Bescheid erhalten. Doch das bedeutet für die gerade jetzt in Betracht gezogene konkrete Person wenig. Denn diese wird entweder aufgenommen oder abgelehnt. Im Einzelfall spielen die 80 Prozent keine Rolle.

Es ist zu beachten: Die Feststellung, dass die Häufigkeit 80 Prozent beträgt, mit der Frauen Zugang zum Studiengang erhalten, wurde mit zwei Zählungen begründet: Zum einen erhebt man die Zahl 240 der Bewerberinnen, zum anderen die Zahl 192 der tatsächlich unter ihnen Aufgenommenen. Danach dividiert man die zweite, kleinere der beiden Zahlen durch die erste, größere. Das Ergebnis ist, wenn man die Division nach zwei berechneten Nachkommastellen abbricht, eine Dezimalzahl mit zwei Stellen nach dem Dezimalpunkt. In unserem Fall 192 : 240 = 0.80. Mit 100 multipliziert, bekommt man so die Häufigkeit als Zahl von Prozenten. Mit Wahrscheinlichkeit hat das vordergründig überhaupt nichts zu tun.

Der aus dem damals noch zur Donaumonarchie gehörenden Lemberg stammende Richard Edler von Mises versuchte dennoch, eine Brücke von der Häufigkeit zur Wahrscheinlichkeit zu schlagen. Am Beispiel der Aufnahme von Frauen zu einem Studiengang können wir seinen Gedanken nachvollziehen: Zunächst, so malen wir uns dies aus, stellt von Mises fest, dass am von ihm willkürlich herausgegriffenen, fünften Bewerbungstag, an dem 10 Frauen kamen, 9 von ihnen zum Studiengang zugelassen wurden. Sodann erkundet von Mises, dass in der mittleren Bewerbungswoche, an der 50 Frauen kamen, 40 von ihnen Aufnahme zum Studiengang fanden. Schließlich stellt von Mises fest, dass in den letzten beiden Bewerbungswochen, an denen sich 100 Frauen um Aufnahme bemühten, 78 positiv beschieden wurden. Von Mises ermittelt also nicht eine Häufigkeit, sondern mehrere Häufigkeiten mit immer größer werdenden Nennern in den Verhältnissen, nämlich $^{9}/_{10}$ oder 90 Prozent, $^{40}/_{50}$ oder 80 Prozent und schließlich $^{78}/_{100}$ oder 78 Prozent. Alle genannten Häufigkeiten kreisen um den Wert von 80 Prozent. Er ist daher nicht überrascht, dass im gesamten Bewerbungszeitraum, in dem 240 Frauen die Aufnahme für den Studiengang anstrebten, die Erfolgsquote dafür 80 Prozent betrug. Und er erlaubt sich die Vorhersage, dass bei gleich bleibenden Bedingungen im nächsten Studienjahr mit der gleichen Häufigkeit von 80 Prozent erfolgreicher Bewerberinnen zu rechnen ist.

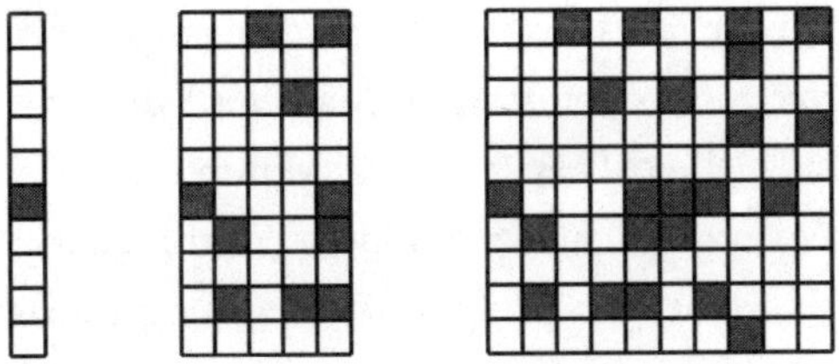

(1.1) Die Häufigkeiten 9/10, 40/50 und 78/100 der weißen Quadrate unter den von den Rechtecken umfassten Quadraten kreisen um den Wert von 80 Prozent.

Hierin zeigt sich der wesentliche Unterschied zwischen Häufigkeit und Wahrscheinlichkeit: Die Häufigkeit beschreibt eine bereits vergangene Situation. Die Wahrscheinlichkeit erlaubt eine Vorausschau in die Zukunft. Allerdings nicht für den Einzelfall, sondern nur für viele, gleichartige und voneinander unabhängige Fälle.

Die Eigenschaftswörter »viel«, »gleichartig« und »voneinander unabhängig« sind dabei sehr wichtig:

Die Wahrscheinlichkeit bezieht sich, wenn sie das Vorkommen eines bestimmten Merkmals in Prozentzahlen zu fassen versucht, auf viele Fälle, niemals auf den Einzelfall. Nur angesichts vieler Fälle ist es erlaubt, von »Zufall« zu sprechen, wenn einer dieser Fälle das Merkmal aufweist oder nicht.

Die Wahrscheinlichkeit bezieht sich auf gleichartige Fälle. Im Beispiel der Zulassung zu den Studiengängen zeigte sich, dass die Aufnahmequoten nach Studiengang und nach Geschlecht verschieden waren. Frauen, nicht jedoch Männer, die sich für den ersten, nicht jedoch für den zweiten Studiengang um Aufnahme bewerben, werden mit 80 Prozent Wahrscheinlichkeit Erfolg haben. Nähme man auf das Geschlecht oder auf die Wahl des Studiengangs keine Rücksicht, läge eine völlig andere Situation vor, die eine andere Wahrscheinlichkeit für die Aufnahme zur Folge hätte.

Die Wahrscheinlichkeit bezieht sich auf voneinander unabhängige

Fälle. Im Beispiel der Zulassung zu den Studiengängen dürfen die Bewerbungen einander nicht beeinflussen. Man hofft dies mit schriftlichen, standardisierten, vielleicht sogar nur aus Multiple-Choice-Aufgaben bestehenden Tests verwirklichen zu können. Führt man indes Aufnahmegespräche durch, ist die Forderung, sich von zuvor geführten Gesprächen nicht beeinflussen zu lassen, schwer zu erfüllen. Worin sich allgemein die Tücken der Statistik auftun. Denn alle Voraussetzungen zu schaffen, die eine sichere Anwendung der Wahrscheinlichkeitsrechnung gewährleisten, ist alles andere als eine einfache Aufgabe.

DAS GESETZ DER GROSSEN ZAHLEN

Beim Münzwurf, beim Würfeln, beim Ziehen einer Karte aus einem Kartendeck liegen Idealfälle vor, bei denen es sich wirklich um gleichartige und voneinander unabhängige Ereignisse handelt.

Dass nach dem Münzwurf »Kopf« oder »Zahl« aufscheint, ist gleich wahrscheinlich. Man weiß dies von vornherein, ohne die Münze dafür mehrfach fallen lassen zu müssen. Denn die Münze ist – von der Gravur abgesehen – völlig symmetrisch: Ein Vertauschen von Unter- und Oberseite ergibt das gleiche Bild. Dieser Symmetrie ist es zu verdanken, dass die Wahrscheinlichkeit dafür, dass eine dieser beiden Seiten nach oben zeigt, $1/2$ oder 50 Prozent ist.

Dass man die Augenzahl Sechs würfelt, ist genauso wahrscheinlich wie das Würfeln einer anderen der sechs Augenzahlen. Man weiß dies von vornherein, ohne dafür oft würfeln zu müssen. Denn die Seitenflächen des Würfels sind – von den eingekerbten oder aufgemalten Augen abgesehen – völlig symmetrisch: Dreht man den Würfel so, dass eine andere Facette nach oben zeigt, sieht er genauso aus wie zuvor. Aufgrund der Symmetrie des Würfels lautet die Wahrscheinlichkeit dafür, eine bestimmte Augenzahl zu würfeln, $1/6$ oder rund 17 Prozent.

Dass man aus dem Deck von 52 gut gemischten Karten des französischen Blatts beim blinden Ziehen einer Karte just die Pikdame wählt, ist genauso wahrscheinlich wie das Ziehen einer anderen Karte aus dem Kartendeck. Darum beträgt diese Wahrscheinlichkeit $^1/_{52}$ oder knapp weniger als 2 Prozent. Und weil je 13 der 52 Karten die Farben Pik, Herz, Karo und Treff tragen, ist die Wahrscheinlichkeit, beim blinden Ziehen einer Karte eine in der Farbe Herz zu wählen, $^{13}/_{52}$, gekürzt $^1/_4$ oder 25 Prozent. All dies weiß man von vornherein, weil das Mischen der Karten sichert, dass beim Ziehen allein der Zufall am Werk ist.

Zweihundert Jahre bevor Richard von Mises die Wahrscheinlichkeit aus einer Folge von Häufigkeiten zu erschließen versuchte, die sich um diesen Wert der Wahrscheinlichkeit scharen, gelang dem Basler Mathematiker Jakob Bernoulli das Umgekehrte: Er bewies in seinem 1713, acht Jahre nach seinem Tod erschienenen Buch »Ars Conjectandi«, wörtlich übersetzt: »Die Technik des Vermutens«, einen Satz, den er das »Goldene Theorem« nannte und der heute als das »Gesetz der großen Zahlen« bekannt ist.

Vereinfacht besagt der Satz von Jakob Bernoulli: Wenn ein Vorgang, dessen mögliche Endstände allein vom Zufall abhängen, sehr oft wiederholt wird, stimmt die Häufigkeit für einen bestimmten Endstand sehr genau mit der Wahrscheinlichkeit dieses Endstands überein. Dabei darf man – von etwaigen »Ausreißern« abgesehen, die manchmal vorkommen – mit einer umso besseren Übereinstimmung rechnen, je öfter der Vorgang wiederholt wird. Daher der Name »Gesetz der großen Zahlen«.

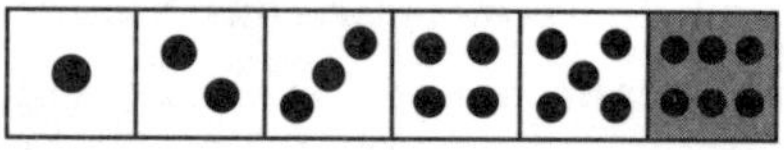

(1.2) Gesetz der großen Zahlen: Oben ist bei 2400 Würfen mit einem Würfel eingetragen, wann die Augenzahl Sechs gewürfelt wurde. Die Summe der Flächeninhalte der grauen Quadrate im Verhältnis zum Flächeninhalt aller 2400 Quadrate teilt die Häufigkeit des Würfelns der Augenzahl Sechs mit. Sie stimmt ziemlich genau mit $1/6$ überein. Unten sind die Seitenflächen eines Würfels schematisch gezeichnet. Das Verhältnis des Flächeninhalts des Quadrats mit der Augenzahl Sechs zum Flächeninhalt aller Seitenflächen des Würfels teilt die Wahrscheinlichkeit des Würfelns der Augenzahl Sechs mit. Sie beträgt exakt $1/6$.

Wichtig ist, dass es allein vom Zufall abhängt, wie der Vorgang verläuft. Denn nur dann hat der Begriff Wahrscheinlichkeit überhaupt seine Berechtigung. Diesem Zweck dienen das völlig unkontrollierte Werfen der Münze oder des Würfels und das mehrfache Mischen der Karten. Legt jemand den Würfel so auf den Tisch, dass die Augenzahl Sechs nach oben weist, spricht niemand davon, dass dies zufällig der Fall ist. Und sitzt man einem Trickspieler auf, der das Falschmischen von Karten beherrscht, darf man sich nicht wundern, wenn er ohne Unterlass die Pikdame aus dem Kartendeck errät. Denn da er weiß, wo sie sich befindet, stimmt für ihn schlicht nicht, dass die Wahrscheinlichkeit ihres Erratens weniger als 2 Prozent beträgt.

Darin liegt das Wesen des Zufalls: Er ist die ausschlaggebende *Bedingung* dafür, dass man mit Wahrscheinlichkeiten korrekte Prognosen trifft.

Jedenfalls wusste Bernoulli aufgrund seines Gesetzes: Wirft man eine Münze 100-mal, darf man erwarten, dass sie rund 50-mal Zahl zeigt. Wirft man sie 1000-mal, darf man erwarten, dass sie rund 500-mal Zahl zeigt. Natürlich selten so genau, aber mit nur wenigen Abweichungen von den von der Wahrscheinlichkeit vorausgesagten Werten. Würfelt man 60-mal, kann man mit rund 10 Würfen der Sechs rechnen. Würfelt man 300-mal oder 2400-mal, kann man im ersten Fall mit rund 50 und im zweiten Fall mit rund 400 Würfen der Sechs rechnen. Auch hier nur selten so genau, aber mit nur wenigen Abweichungen von den von der Wahrscheinlichkeit vorausgesagten Werten.

Ähnliches gilt auch beim Ziehen von Karten, wenn zuvor das Kartendeck sehr gut gemischt wurde. Aufgrund dieser Erkenntnisse wird im Folgenden ein Glücksspiel vorgestellt, das aus zwei Phasen besteht. In seiner ersten Phase lernen wir, wie die üblichen Glücksspiele im Casino oder beim Lotto im Prinzip immer ablaufen. Doch die zweite Phase dieses Spiels ist es, die eine eigenartige Paradoxie in sich birgt.

DIE VORBEREITUNG DES SPIELS: DIE KARTEN

Für das Spiel verwenden wir die Karten des Tarockspiels. Diese schönen 54 Karten teilen sich in 22 Tarockkarten und 32 Karten der klassischen Farben Herz, Karo, Pik und Treff auf.

21 der 22 Tarockkarten sind mit den römischen Zahlen von I bis XXI bezeichnet und zeigen je zwei Genreszenen aus dem Barock oder Biedermeier. Die 22. Tarockkarte ist der »Sküs«, abgeleitet vom französischen *s'excuser*, sich entschuldigen, weil diese Karte beim Tarockspiel (bis auf eine sehr spezielle Ausnahme) alle anderen Karten sticht und man dabei höflich um Nachsicht bittet, dass man diesen Trumpf spielt. Der Sküs ist mit einem Joker oder Harlekin vergleichbar. Tarock I, der »Pagat«, und Tarock XXI, der »Mond«, bilden zusammen mit dem Sküs die »Trull«. In den meisten Regelvarianten des Tarockspiels nehmen diese drei Karten eine besondere Rolle ein. Das Wort Pagat kommt vom italienischen *bagata*, die Kleinigkeit; es ist die Tarockkarte mit der kleinsten Zahl. Und Tarock XXI hat nur vordergründig etwas mit dem Mond zu tun, eigentlich kommt es vom französischen Wort *le monde*, die Welt. Genauso wie das eigenartige Wort Trull aus dem französischen *tous les trois*, alle drei, verballhornt ist.

Manchmal wird der Pagat als Tarockkarte mit der kleinsten Zahl auch der »Spatz« genannt. Dies passt dazu, dass man Tarock II den »Uhu«, Tarock III den »Kakadu« und Tarock IIII, vom tschechischen *kvapil*, er ist geeilt, herrührend, den »Quapil« oder aber den »Marabu« nennt. Dementsprechend heißen die Tarockkarten mit den ersten vier römischen Zahlen I, II, III und IIII die »Vögel«.

Die 32 Karten in den Farben Herz, Karo, Pik und Treff teilen sich in jeder Farbe in vier Figurenkarten und vier Zählkarten auf. Die Figuren sind der König, die Dame, der Cavall, abgeleitet vom italienischen *cavallo*, Pferd, weil er als Reiter dargestellt wird, und der Bube. Die vier Zählkarten sind in den schwarzen Farben Zehn, Neun, Acht und Sieben

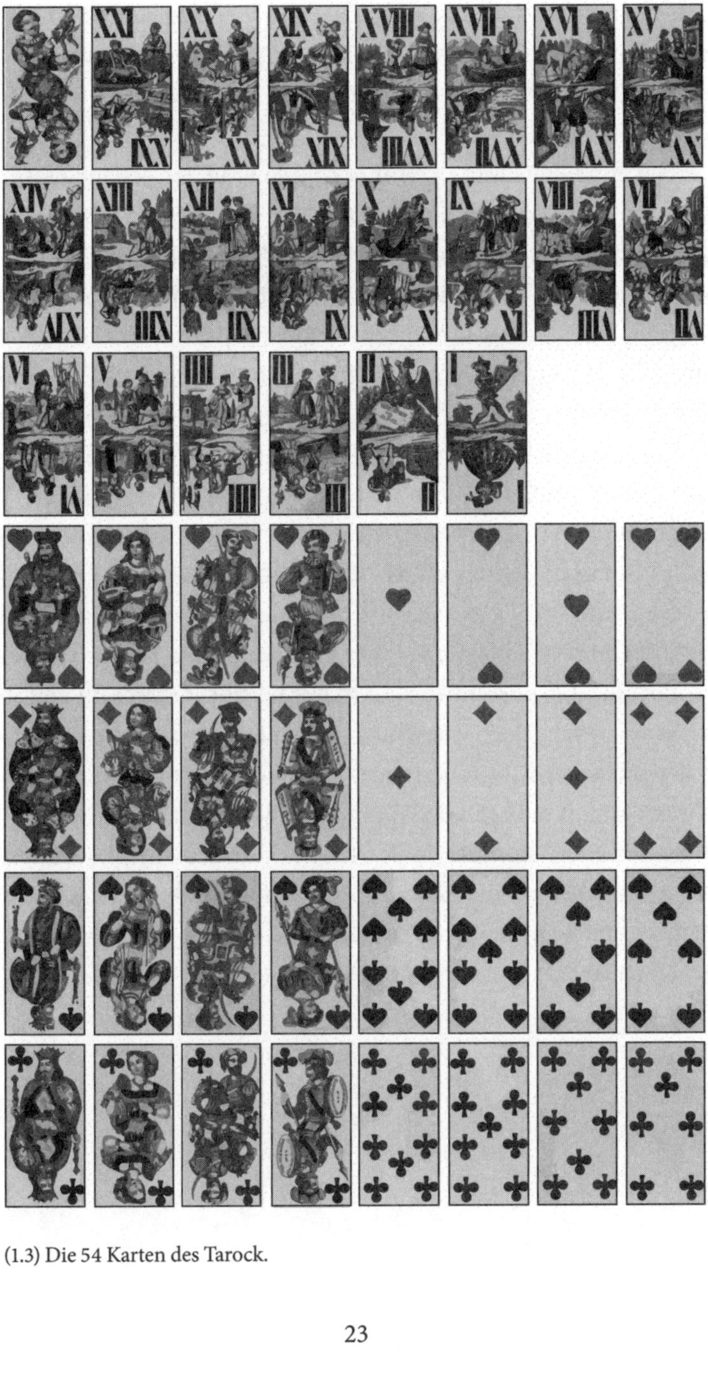

(1.3) Die 54 Karten des Tarock.

und in den roten Farben Ass, Zwei, Drei und Vier. Diese Zählkarten werden die »Skartindeln« genannt, weil sie beim Tarockspiel als die schwächsten und entbehrlichsten Karten gelten. Das italienische *scarto* bedeutet Ramsch oder Abfall.

Tarock mit den 54 Karten wird noch immer in den Nachfolgestaaten der Donaumonarchie gespielt, in seiner Variante Cego auch im süddeutschen Raum. Es ist ein höchst amüsantes Spiel mit einer Unzahl von Möglichkeiten und Regelvarianten, die in ihrem mittelalterlichen Ursprung auf Aberglauben und Mystifikation beruhen, wovon man aber kaum mehr etwas weiß. Denn bevor man Tarock ab dem 15. Jahrhundert in Italien, danach im 17. Jahrhundert in Frankreich, im 18. Jahrhundert in ganz Europa und danach vornehmlich in den Ländern des Habsburgerreiches zum Vergnügen spielte, waren diese Karten in den Händen von Gauklern und Wahrsagerinnen. Viele glaubten, ihr Auflegen sei für das Schicksal entscheidend. Denn im Mittelalter kannte man keinen Zufall. Alles Geschehen war entweder für Fromme in des Ewigen unerfindlichem Ratschluss geborgen oder aber für Abergläubische irgendwelchen obskuren Mächten überantwortet. Oft war man beides: fromm und abergläubisch zugleich. Doch womöglich, so meinte man, konnte ein Blick in die aufgeschlagenen Tarockkarten etwas über die Zukunft verraten. Geld verdienen konnte man mit der Wahrsagerei jedenfalls prächtig.

Wir aber wollen uns hier der Karten des Tarock nicht für solche Spiegelfechtereien bedienen, sondern mit ihnen anhand eines Glücksspiels zeigen, wie die Begriffe Wahrscheinlichkeit, Risiko und Information zusammenhängen.

DIE ERSTE SPIELPHASE: DER TOPF WIRD GEFÜLLT

Zwei Personen sitzen bei unserem Spiel einander gegenüber. Die eine Person, der Spieler genannt, zahlt für jede Spielrunde eine bestimmte Summe Geldes, sagen wir 10 Euro, als Einsatz und legt dieses Geld in einen Topf. Die andere Person, die Bank genannt, hat ein riesiges Reservoir an Geld zur Verfügung. Die Bank legt verdeckt und in fünf Päckchen aufgeteilt die 54 Karten des Tarockspiels auf den Spieltisch. Im dicksten der Päckchen sind die 22 Tarockkarten gut gemischt versammelt. In den anderen vier Päckchen, ebenfalls jedes Päckchen gut gemischt, die acht Karten der Farben Herz, Karo, Pik und Treff. Obwohl die Karten verdeckt liegen, kennt man die Farben der Karten der einzelnen Päckchen.

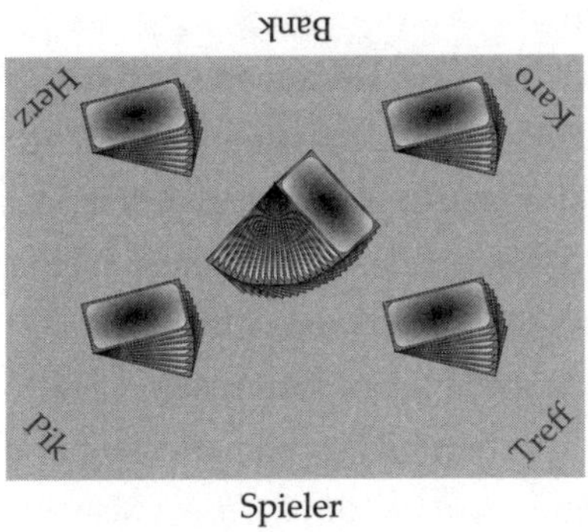

(1.4) Erste Spielphase: Die gut gemischten Karten der Farben Herz, Karo, Pik, Treff und Tarock werden verdeckt vor dem Spieler auf den Tisch gelegt …

Zu Beginn der Spielrunde lässt die Bank den Spieler von jedem der fünf Päckchen je eine Karte ziehen, die der Spieler aber nicht sieht, sondern von der Bank verdeckt vor ihm hingelegt werden. Die restlichen 49 Karten kommen zur Seite, sie werden im weiteren Verlauf der Runde nicht mehr benötigt.

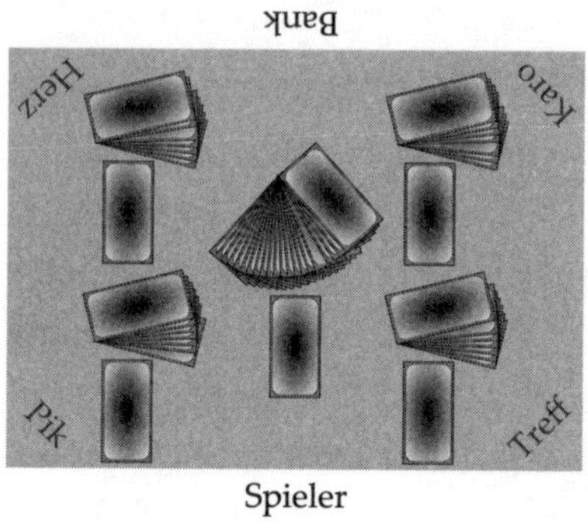

(1.5) … der Spieler wählt aus jedem der fünf Päckchen eine Karte …

In der nun folgenden ersten Spielphase kann der Spieler durch glückliches Raten erreichen, dass seine Gewinnchance für die zweite Spielphase erheblich gesteigert wird. Man könnte theoretisch diese erste Spielphase übergehen, und der Spieler kann dies auch verlangen. Aber mit einem solchen Überspringen begäbe sich der Spieler der Möglichkeit, viel mehr zu gewinnen als die von ihm eingesetzten 10 Euro.

Bei der von ihm aus den Päckchen mit den Herzkarten gezogenen Karte kann der Spieler entweder die Karte verdeckt lassen oder aber raten, um welche Kartengruppe oder um welche Karte es sich handelt. Dann wird sie von der Bank vor dem Spieler aufgedeckt. Hat der Spieler richtig geraten, erhöht sich die Gewinnchance des Spielers. Hat der Spieler falsch geraten, ist die Spielrunde zu Ende, es gibt auch keine zweite Spielphase, und das Geld, das sich im Topf befindet, geht an die Bank.

Rät der Spieler zum Beispiel, dass die gezogene Herzkarte ein Skartindel ist, verdoppelt die Bank, falls dies stimmt, den im Topf befindlichen Einsatz. Genauso wird zu dem im Topf befindlichen Geld von der Bank gleich viel dazugelegt, wenn der Spieler richtig rät, dass die gezogene Herzkarte eine Figur ist. Rät der Spieler, dass die gezogene Herzkarte der Herzkönig ist (oder eine andere bestimmte Karte in Herz), und stellt sich heraus, dass dies stimmt, gibt die Bank das Siebenfache von dem Geld, das sich im Topf befindet, hinzu. Im Topf ist dann das Achtfache des Geldes.

Bei den von dem Spieler aus den Päckchen der Farben Karo, Pik und Treff gezogenen Karten geht man genauso vor. Ein übervorsichtiger Spieler, der nichts riskiert, lässt alle vier Karten verdeckt liegen und bleibt auf Nummer sicher bei seinem Einsatz von 10 Euro. Ein beherzter Spieler, der zum Beispiel bei den Farben Herz und Karo darauf setzt, dass er bei ihnen Figuren gezogen hat, bei den Farben Pik und Treff aber die Karten liegen lässt, erhöht, wenn ihm das Glück hold ist, seine Gewinnchance, weil sich im Topf jetzt 2 × 2 mal 10 Euro, also 40 Euro befinden. Und ein wagemutiger Spieler, der bei jeder Farbe darauf setzt, den König gezogen zu haben, und das unerhörte Glück hat, damit richtigzuliegen, besitzt nun einen Topf, in dem sich 8 × 8 × 8 × 8 mal 10 Euro, also 40 960 Euro befinden.

Auch bei der vom Spieler gezogenen Tarockkarte kann er durch Raten seine Gewinnchance weiter erhöhen: Setzt er auf »unter XII« oder auf »über XI«, wird das Geld im Topf verdoppelt, wenn im ersten Fall die gezogene Karte eine der elf vom Pagat aufsteigend bis zu Tarock XI ist oder im zweiten Fall eine der elf von Tarock XII aufsteigend bis zum Mond und zum Sküs ist. Setzt er auf »Vögel« oder auf »Trull«, wird im Falle, dass er Glück hat, das Geld im Topf verfünffacht oder versiebenfacht. Setzt er gar auf »Sküs« (oder auf eine andere bestimmte Tarockkarte), gibt ihm im Falle, dass er richtig rät, die Bank das 21-Fache von dem Geld, das sich im Topf befindet, hinzu.

Falls der oben genannte wagemutige Spieler die Tollkühnheit besitzt, bei der gezogenen Tarockkarte auf »Pagat« zu setzen, und sich tatsächlich beim Umdrehen die Karte als Tarock I herausstellt, schreitet er zur zweiten Spielphase mit einem Einsatz von 22 × 40 960, also von 901 120 Euro im Topf.

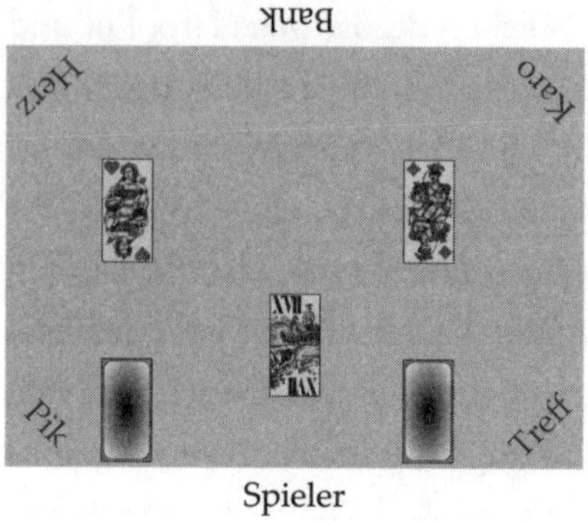

(1.6) … der Spieler rät, dass er bei Herz und Karo eine Figur und bei Tarock eine Karte über XI gewählt hat. Diese Karten werden gezeigt, und der Spieler hat in allen drei Fällen richtig getippt. Das Geld in seinem Topf wird nun verachtfacht.

Allerdings darf nicht übersehen werden: Sobald ein Spieler mit seinem Raten bei irgendeinem der fünf Päckchen falschliegt, verliert er das Geld im Topf an die Bank, und die Spielrunde ist vollends vorbei.

DIE ERSTE SPIELPHASE ALS KLASSISCHES UND FAIRES SPIEL

Bevor wir die zweite Spielphase beschreiben, die den eigentlichen Clou des Spiels in sich trägt, überzeugen wir uns, dass die beschriebenen Erhöhungen der Spielchancen für die Bank auf lange Sicht kein Risiko in sich tragen. Sie wird zwar nicht reicher, aber auch nicht ärmer.

Nehmen wir an, es werden 8000 Runden der ersten Spielphase gespielt. Wir betrachten das Päckchen mit den acht Karten in Herz, von denen in jeder Runde eine gezogen wird.

Nehmen wir an, dass der Spieler andauernd darauf setzt, Figuren gezogen zu haben. Dem Gesetz der großen Zahlen zufolge können wir davon ausgehen, dass rund 4000-mal wirklich eine Figur gezogen wurde und rund 4000-mal ein Skartindel. In den Fällen, in denen ein Skartindel gezogen wurde, erhält die Bank vom Spieler den Einsatz von 10 Euro. Und wenn eine Figur gezogen wurde, legt die Bank weitere 10 Euro in den

Topf, verdoppelt also den Einsatz. Da es sich um etwa gleich viele Fälle handelt, gleichen sich Gewinn und Verlust der Bank ziemlich genau aus.

Nun nehmen wir an, dass der Spieler andauernd darauf setzt, eine bestimmte Karte der acht Karten in Herz gezogen zu haben. Dem Gesetz der großen Zahlen zufolge können wir davon ausgehen, dass er rund 1000-mal Glück hat und die richtige Karte errät. In diesen rund tausend Fällen bekommt er zu seinem Einsatz von 10 Euro von der Bank noch 70 Euro hinzu. In den restlichen rund 7000 Fällen kassiert die Bank stets 10 Euro vom Spieler. Auch hier gleichen sich Gewinn und Verlust der Bank ziemlich genau aus.

Genauso argumentiert man beim Päckchen der Tarockkarten, wenn der Spieler in jeder der Runden entweder auf »unter XII« oder auf »über XI« setzt: Stets handelt es sich dabei um die Hälfte der Karten des Päckchens, von denen der Spieler meint, aus dieser habe er eine gezogen. Darum kann es sich die Bank erlauben, beim richtigen Raten des Spielers den im Topf befindlichen Einsatz zu verdoppeln.

Setzt der Spieler beim Päckchen der Tarockkarten andauernd auf eine der 22 Karten, wird er bei angenommenen 22 000 Runden nur bei rund 1000 dieser Runden Glück haben. Das Geld, das die Bank vom Topf des Spielers aus den restlichen rund 21 000 Runden erhält, bei denen er falschliegt, stimmt mit jenem überein, das sie bei den wenigen Glücksrunden des Spielers zur Erhöhung des Einsatzes ausgibt.

Wie man sieht, ist das Spiel dann fair, also sowohl für die Bank als auch für den Spieler auf lange Sicht weder ein Gewinn noch ein Verlust, wenn die Bank den im Topf befindlichen Betrag mit dem Kehrwert jener Größe multipliziert, die mit der Wahrscheinlichkeit übereinstimmt, dass der Spieler richtig geraten hat.

Ein klein wenig unfair ist die Vereinbarung, dass der Einsatz des Spielers verfünffacht beziehungsweise versiebenfacht wird, wenn er bei der aus dem Päckchen der Tarockkarten gezogenen Karte rät, sie sei ein Vogel oder eine Trullkarte, und damit richtigliegt. Denn die Wahrscheinlichkeit, einen der vier Vögel aus den 22 Tarockkarten zu ziehen, beträgt

$^4/_{22}$, und ihr Kehrwert ist $^{22}/_4$, also etwas größer als fünf. Analog dazu ist die Wahrscheinlichkeit, Pagat, Mond oder Sküs aus den 22 Tarockkarten zu ziehen, $^3/_{22}$. Ihr Kehrwert ist $^{22}/_3$, also etwas größer als sieben. Bei den oben getroffenen Festsetzungen ist die Bank gegenüber dem Spieler ein wenig im Vorteil.

Man könnte völlige Fairness auch in diesen Fällen walten lassen, indem man zum Beispiel als Zusatzbestimmung festlegt: Setzt der Spieler auf Vögel und ist die von ihm gezogene Karte der Mond oder der Sküs, bleibt das Geld im Topf erhalten und wird weder vermehrt oder vermindert. Es ist so, als ob der Spieler beim Päckchen der Tarockkarten gar nicht gesetzt hätte. Mond und Sküs bilden gleichsam »Rettungskarten« vor dem drohenden Entleeren des Topfes zugunsten der Bank. In ähnlicher Weise kann man zum Beispiel den Uhu zur Rettungskarte erklären, wenn der Spieler auf die Trull setzt und keine Trullkarte gezogen hat.

Im Übrigen ist eine leichte Unfairness zugunsten der Bank im professionellen Geschäft mit Glücksspielen das A und O der Haushaltsführung. Man vereinbart einfach, dass das Geld im Topf des Spielers nicht genau mit dem Kehrwert jener Größe multipliziert wird, die mit der Wahrscheinlichkeit des Gewinns übereinstimmt, sondern mit einem etwas kleineren Wert. Mit diesem Trick wird die Bank auf lange Sicht reicher, als sie ohnehin schon ist.

Beim französischen Roulette ist zum Beispiel die Wahrscheinlichkeit, eine der 37 Nummern zwischen 0 und 36 zu erraten, in deren Fach auf dem Rouletterad die Kugel fällt, offenkundig $^1/_{37}$. Aber nur um das 36-Fache wird im Falle des Gewinns das Geld im Topf des Spielers multipliziert – oder, wie die Casinos geschickt umschleiernd sagen: Zu dem vom Spieler auf die Nummer gesetzten Geld gibt die Bank den 35-fachen Betrag hinzu.

DIE ZWEITE SPIELPHASE: DIE QUAL DER WAHL

In der ersten Spielphase unterscheidet sich das hier vorgestellte Spiel kaum von Glücksspielen wie Lotto oder Roulette oder ähnlichen in ihren mannigfachen Variationen. Wenn aber der Spieler in die zweite Spielphase tritt, wird er vor eine Entscheidung gestellt, die auf den ersten Blick merkwürdig anmutet.*

Wir gehen davon aus, der Spieler hat die erste Spielphase erfolgreich hinter sich gebracht. Entweder war er sehr vorsichtig, hat sich auf kein Erraten der von ihm gezogenen Karten eingelassen und ist somit sicher, aber nur mit dem von ihm getätigten Einsatz von 10 Euro im Topf am Beginn der zweiten Phase gelandet. Oder er war wagemutig und glücklich zugleich und kann mit einer erheblich größeren Summe Geldes mit der zweiten Spielphase beginnen.

Jedenfalls nimmt die Bank die fünf am Spieltisch verbliebenen Karten, die eine Tarockkarte und je eine Karte von Herz, Karo, Pik und Treff, auf, mischt diese gründlich und blickt auf sie, ohne dass der Spieler sie sehen kann. Die Bank legt sie danach einzeln und verdeckt vor dem Spieler ab und merkt sich dabei, welche der fünf von ihr auf den Tisch gelegten Karten die Tarockkarte ist.

* Es handelt sich hierbei um eine Variation des von Gero von Randow in seinem schönen gleichnamigen Buch beschriebenen »Ziegenproblems«.

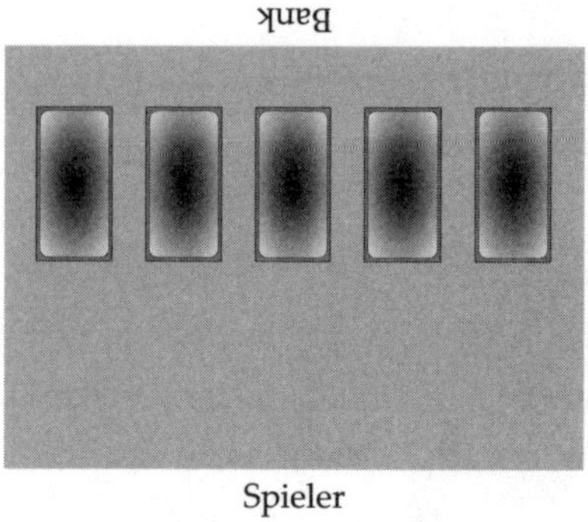

(1.7) Zweite Spielphase: Die fünf vom Spieler gezogenen Karten werden gut gemischt und verdeckt vor dem Spieler auf den Tisch gelegt …

Sodann fordert die Bank den Spieler auf, eine der fünf Karten zu wählen und verdeckt zu sich zu schieben, und zwar jene, von der er vermutet, sie sei die Tarockkarte. Der Spieler befolgt das, und die Bank beobachtet seine Wahl der Karte mit versteinerter Miene. Die Karte ist zum Spieler geschoben, wird aber noch nicht aufgedeckt.

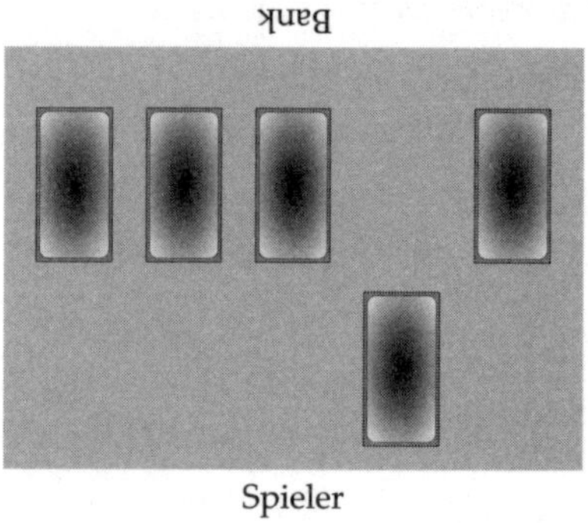

(1.8) … der Spieler zieht eine Karte zu sich, bei der er tippt, sie wäre die Tarockkarte …

Sobald der Spieler dies ausgeführt hat, deckt die Bank mit den Worten »Jetzt zeige ich Ihnen etwas« drei der vier verbliebenen Karten vor dem Spieler auf, und zwar solche, die *nicht* die Tarockkarte sind. Dies kann die Bank immer tun, weil sie weiß, welche der fünf verdeckten Karten die Tarockkarte war. Wenn nämlich der Spieler von den fünf Karten tatsächlich die Tarockkarte zu sich geschoben hat, ist es egal, welche drei der vier verbliebenen Karten die Bank vor dem Spieler aufdeckt. Und wenn der Spieler von den fünf Karten nicht die Tarockkarte zu sich geschoben hat, sind genau drei der vier verbliebenen Karten keine Tarockkarten. Die Bank weiß, welche es sein müssen, und deckt diese auf.

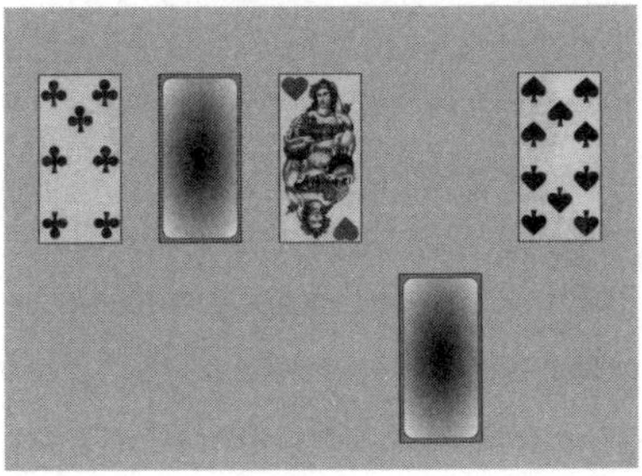

(1.9) … die Bank weiß, wie die Karten liegen, und sie deckt von den vier verbliebenen Karten drei auf, die *keine* Tarockkarten sind …

»Drei der vier Karten, die nicht die Tarockkarte sind«, sagt die Bank zum Spieler, »sehen Sie jetzt. Ich gebe sie weg, weil die Tarockkarte nur mehr eine der zwei noch verdeckten Karten sein kann. Welche der beiden, glauben Sie, ist es? Jene Karte, die Sie schon zuvor ausgesucht haben, oder jene, die von den vier restlichen übrig geblieben ist?

Wenn Sie die Karte erraten, die die Tarockkarte ist, vermehre ich das Geld im Topf und Sie können es als Gewinn entnehmen.

Wenn Sie darauf tippen, dass die von Ihnen schon zuerst gewählte Karte die Tarockkarte ist, und sie haben recht, gebe ich zum Geld im Topf den vierfachen Betrag hinzu. Sie bekommen also das fünffache Geld, das im Topf liegt, als Gewinn.

Wenn Sie darauf tippen, dass die andere Karte, die von den restlichen vier übrig gebliebene, die Tarockkarte ist, und Sie haben recht, gebe ich zum Geld im Topf ein Viertel davon hinzu und Sie erhalten diesen um fünfundzwanzig Prozent erhöhten Betrag als Gewinn.

Wenn Sie aber nicht die Tarockkarte erraten, fällt das im Topf befindliche Geld an die Bank, und Sie gehen leer aus.«

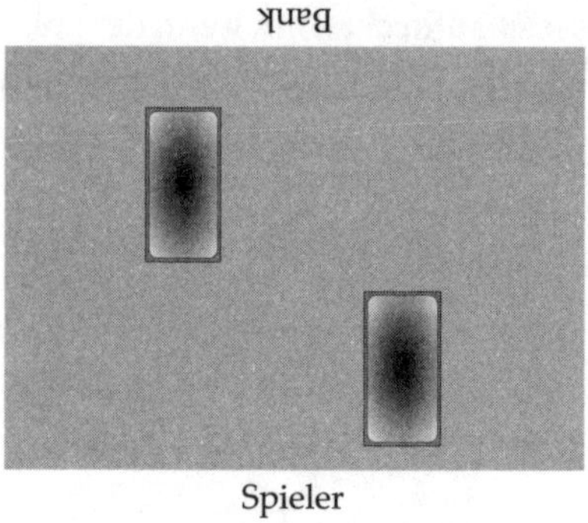

(1.10) … die drei aufgedeckten Karten werden weggelegt, und der Spieler kann noch einmal tippen, ob die zuvor von ihm gewählte Karte die Tarockkarte ist, oder ob es die verbliebene verdeckte Karte ist.

Der übervorsichtige Spieler, der mit 10 Euro im Topf in die zweite Spielphase tritt und nicht auf die von ihm zuerst gewählte, sondern auf die von den vier Restkarten verbliebene verdeckte Karte setzt, bekommt, wenn er dabei Glück hat, in dieser Runde 12.5 Euro in den Topf. Er hat somit einen Reingewinn von mickrigen zweieinhalb Euro. Der tollkühne Spieler, der als Glückspilz bei einem Einsatz von nur 10 Euro mit 901120 Euro im Topf in die zweite Spielphase tritt, bekommt, wenn er darauf beharrt, dass die von ihm zuerst gewählte Karte die Tarockkarte sei, und auch hier richtigliegt, schließlich 4505600 Euro in den Topf. Bei einem Einsatz von nur 10 Euro geht er als reicher Mann mit mehr als 4.5 Millionen Euro als Gewinn nach Hause.

DIE ZWEITE SPIELPHASE ALS PARADOXES UND FAIRES SPIEL

Die Paradoxie bei der zweiten Spielphase besteht augenscheinlich darin, dass vor der finalen Entscheidung des Spielers zwei verdeckte Karten vor ihm liegen. Der Spieler hat zu erraten, welche der beiden eine Tarockkarte ist. Voreilig könnte man meinen, dass die Chancen dafür bei beiden Karten gleich groß sind: Man hat zwei Karten vor sich liegen, die eine ist eine Tarockkarte, die andere nicht. Warum, so stellt sich die Frage, sollte die Wahrscheinlichkeit bei der einen Karte, Tarockkarte zu sein, kleiner sein als bei der anderen?

Tatsächlich mag ein Dritter, der knapp vor der finalen Entscheidung des Spielers zum Tisch kommt, so argumentieren. Denn der Dritte weiß vom bisherigen Verlauf der Runde, ja selbst von den Regeln des Spiels, nicht das Geringste. Der Dritte sieht nur diese beiden verdeckten Karten liegen und erfährt bloß, dass eine davon eine Tarockkarte ist und die andere nicht.

Aber weder der Spieler noch die Bank dürfen sich die Sichtweise des Dritten zu eigen machen.

Nehmen wir an, es werde 5000-mal die zweite Spielphase gespielt, wobei wir der Einfachheit halber stets von einem mit 10 Euro gefüllten Topf ausgehen. Der Spieler setzt bei allen 5000 Runden auf die von ihm zuerst gewählte Karte. Diese Karte hat er von den fünf verdeckten Karten, bei denen genau eine die Tarockkarte ist, an sich gezogen. Er wird demnach rund 1000-mal richtig geraten haben, folglich wird die Bank rund 1000-mal 40 Euro in seinen Topf dazulegen. Bei rund 4000 Runden hingegen wird der Spieler mit seinem Tipp falschliegen und die im Topf vorhandenen 10 Euro an die Bank verlieren.

Folglich ist es fair, wenn die Bank das im Topf des Spielers befindliche Geld verfünffacht, wenn er mit dem Tipp richtigliegt, dass die von ihm gezogene Karte die Tarockkarte ist.

Nehmen wir ein zweites Mal an, es werde 5000-mal die zweite Spielphase gespielt, wobei wir wieder stets von einem mit 10 Euro gefüllten Topf ausgehen. Der Spieler setzt jetzt bei allen 5000 Runden auf die von den restlichen vier Karten verbliebene Karte. Die fünfte Karte ist von dem Spieler ja zu sich geschoben worden, und es wird in rund 1000 der 5000 Runden die Tarockkarte gewesen sein, die er zu sich zog. In den restlichen rund 4000 Runden bleibt die Tarockkarte bei den restlichen vier Karten, und die drei Farbkarten unter ihnen hat die Bank bereits aufgedeckt und weggeschoben. Der Spieler wird demnach mit seinem Tipp auf die einzig verbliebene der Restkarten rund 4000-mal richtig geraten haben. Die Bank legt daher rund 4000 mal 2.5 Euro in seinen Topf dazu. Bei rund 1000 Runden hingegen wird der Spieler mit seinem Tipp falschliegen und die im Topf vorhandenen 10 Euro an die Bank verlieren.

Folglich ist es fair, wenn die Bank das im Topf des Spielers befindliche Geld um 25 Prozent erhöht, wenn er mit dem Tipp richtigliegt, dass die restliche verdeckte von den vier verbliebenen Karten die Tarockkarte ist.

Man kann auch mit Wahrscheinlichkeiten argumentieren und gelangt zum gleichen Resultat: Die Wahrscheinlichkeit, dass der Spieler aus den fünf verdeckten Karten die Tarockkarte wählt und zu sich zieht, ist $1/5$. Demnach ist im Falle, dass er damit richtigliegt, der im Topf befindliche Betrag mit 5 zu multiplizieren, also zu verfünffachen. Die Wahrscheinlichkeit, dass die Tarockkarte zu den restlichen vier Karten gehört, beträgt $4/5$. Mit dieser Wahrscheinlichkeit tippt der Spieler richtig, wenn er darauf setzt, dass die *nicht* von ihm zuerst gezogene Karte die Tarockkarte ist. Darum sollte in diesem Fall das im Topf befindliche Geld mit dem Faktor $5/4 = 1.25$ multipliziert, also um 25 Prozent vermehrt werden.

Zwar ist das Spiel fair, aber in seiner zweiten Phase psychologisch betörend. Denn der Spieler stellt sich zunächst darauf ein, dass er mit der ersten Wahl einer Karte darauf setzt, diese sei die Tarockkarte. Es fällt ihm nicht leicht, davon abzuweichen und auf die andere Karte zu setzen. Trotzdem ist ein Wechsel ratsam, weil er im Mittel bei vier von fünf Fällen verhindert, dass der Spieler verliert. Doch die meisten Menschen haben Hemmungen, sich von einer bereits getroffenen Entscheidung zu lösen …

Dieser Gedanke steht aber nur am Beginn von Überlegungen, die sich aus einer tieferen Betrachtung dieses Spiels aufdrängen.

INFORMATION UND WAHRSCHEINLICHKEIT

Es lohnt, darüber nachzudenken, worin der Unterschied zwischen der Bank und dem Spieler einerseits und dem gegen Ende des Spiels hinzutretenden Dritten andererseits besteht. Denn für die Bank und für den Spieler lauten die Wahrscheinlichkeiten, dass die eine oder die andere der beiden verdeckten Karten eine Tarockkarte ist, bei der einen Karte $1/5$ und bei der anderen Karte $4/5$. Für den hinzutretenden Dritten, der Regel und Verlauf der zweiten Spielphase nicht kennt, sondern nur die beiden verdeckten Karten sieht und bloß erfährt, dass genau eine davon eine Tarockkarte ist, scheinen die beiden Wahrscheinlichkeiten gleich groß zu sein, nämlich $1/2$.

Der Unterschied besteht darin, dass der hinzugetretene Dritte viel weniger Information zur Verfügung hat, als sie Bank und Spieler besitzen. Betrachtet der Dritte nur das Ende von einer einzigen Spielrunde, ist sein Informationsdefizit ohne Bedeutung. Denn wo in dieser einzigen Spielrunde die Tarockkarte liegt, kann man weder aus den einen noch aus den anderen Wahrscheinlichkeiten erschließen. Und dass man viele Tausend Spielrunden durchführt und stets knapp vor deren Ende immer den Dritten zum Spieltisch ruft und ihn zusehen lässt, ist allzu kurios.

Joseph Bertrand, einer der großen französischen Mathematiklehrer des 19. Jahrhunderts, der nicht nur am College de France, an der École Polytechnique und an der École normale supérieure, sondern auch an einer Mittelschule, dem Lycée Henri IV, lehrte, verdeutlichte die Bedeutung von Information zur Bewertung von Wahrscheinlichkeiten. Er erfand zu diesem Zweck ein paradox anmutendes Beispiel. In seinem 1889 erschienenen Lehrbuch »Calcul des probabilités«, deutsch: »Wahrscheinlichkeitsrechnung«, stellte er die folgende Frage: Wie wahrscheinlich ist es, dass eine zufällig in einem Kreis gezeichnete Sehne länger ist als die Seite des im Kreis eingeschriebenen gleichseitigen Dreiecks? Eine Sehne ist dabei die Verbindungsstrecke von zwei Punkten des Kreises.

Die erste mögliche Antwort auf diese Frage lautet, dass diese Wahrscheinlichkeit $1/2$, also 50 Prozent beträgt.

Die Begründung dafür lautet so: Man zeichnet in dem Kreis eine beliebige Sehne. Vom Mittelpunkt des Kreises aus zieht man danach jenen Radius, der senkrecht zur Sehne liegt. Danach zeichnet man jenes gleichseitige Dreieck in dem Kreis ein, bei dem eine seiner drei Seiten den eben gezogenen Radius an dessen Mitte halbiert. Die zu Beginn beliebig eingetragene Sehne liegt entweder zwischen Kreismittelpunkt und dem Halbierungspunkt des Radius. Dann ist sie länger als die Dreiecksseite des gleichseitigen Dreiecks. Oder die zu Beginn beliebig eingetragene Sehne liegt zwischen dem Halbierungspunkt des Radius und dem Endpunkt des Radius auf der Kreislinie. Dann ist sie kürzer als die Dreiecksseite des gleichseitigen Dreiecks. Da es genauso wahrscheinlich ist, dass die Sehne den Radius auf seiner inneren Hälfte schneidet wie auf seiner äußeren Hälfte, beträgt die Wahrscheinlichkeit, dass die im Kreis gezeichnete Sehne länger ist als die Seite des im Kreis eingeschriebenen gleichseitigen Dreiecks, in der Tat $1/2$.

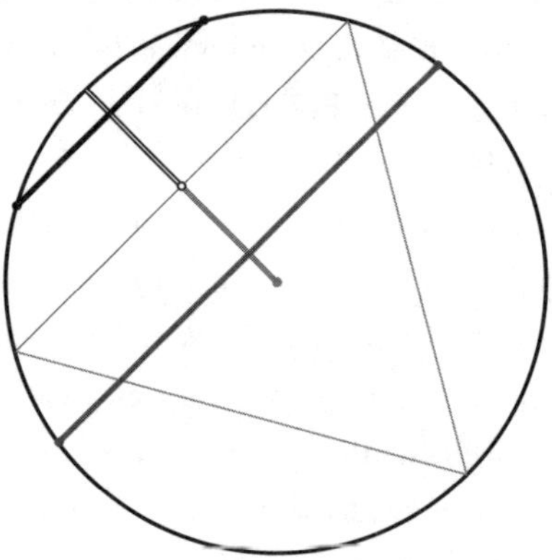

(1.11) Bertrands Paradoxon: Die schwarz eingezeichnete Kreissehne ist kürzer als die Seite des im Kreis eingeschriebenen gleichseitigen Dreiecks, die grau eingezeichnete Kreissehne länger. Die Wahrscheinlichkeit dafür, dass eine »zufällig« im Kreis eingetragene Sehne länger als die Seite des im Kreis eingeschriebenen gleichseitigen Dreiecks ist, beträgt $1/2$.

Die zweite mögliche Antwort auf diese Frage lautet, dass diese Wahrscheinlichkeit 1/3, also knapp mehr als 33 Prozent beträgt.

Die Begründung dafür lautet so: Man zeichnet in dem Kreis eine beliebige Sehne. Einer der Endpunkte der Sehne auf der Kreislinie sei zugleich Eckpunkt des gleichseitigen Dreiecks, das man in den Kreis einträgt. Die drei Ecken des gleichseitigen Dreiecks zerlegen die Kreislinie in drei gleich lange Bögen. Zwei davon gehen von dem betrachteten Endpunkt der Sehne aus, der dritte, dazwischenliegende Bogen liegt dem betrachteten Endpunkt der Sehne gegenüber. Der andere Endpunkt der Sehne liegt entweder auf dem zuletzt betrachteten dazwischenliegenden Bogen. Dann ist die Sehne länger als die Dreiecksseite des gleichseitigen Dreiecks. Oder der andere Endpunkt der Sehne liegt auf einem der beiden anderen Kreisbögen. Dann ist die Sehne kürzer als die Dreiecksseite des gleichseitigen Dreiecks. Da es doppelt so wahrscheinlich ist, dass der zweite Endpunkt der Sehne auf den beiden anderen Kreisbögen liegt, statt dass er auf dem dazwischenliegenden Kreisbogen liegt, beträgt die Wahrscheinlichkeit, dass die im Kreis gezeichnete Sehne länger ist als die Seite des im Kreis eingeschriebenen gleichseitigen Dreiecks, in der Tat 1/3.

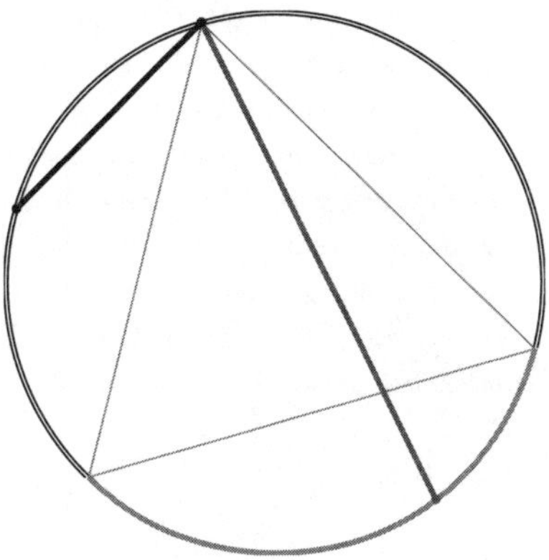

(1.12) Bertrands Paradoxon: Die schwarz eingezeichnete Kreissehne ist kürzer als die Seite des im Kreis eingeschriebenen gleichseitigen Dreiecks, die grau eingezeichnete Kreissehne länger. Die Wahrscheinlichkeit dafür, dass eine »zufällig« im Kreis eingetragene Sehne länger als die Seite des im Kreis eingeschriebenen gleichseitigen Dreiecks ist, beträgt 1/3.

Die dritte mögliche Antwort auf diese Frage lautet, dass diese Wahrscheinlichkeit 1/4, also 25 Prozent beträgt.

Die Begründung dafür lautet so: Man zeichnet in dem Kreis eine beliebige Sehne. Zugleich schreibt man dem Kreis ein gleichseitiges Dreieck ein und zeichnet jenen Kreis, der die Seiten des gleichseitigen Dreiecks berührt. Der gegebene Kreis ist der Umkreis des gleichseitigen Dreiecks, und der zweitgenannte Kreis ist der Inkreis des gleichseitigen Dreiecks. Es ist klar, dass der Radius des Inkreises genau die Hälfte des Radius des Umkreises lang ist. Der Mittelpunkt der Sehne liegt entweder innerhalb des Inkreises. Dann ist die Sehne länger als die Dreiecksseite des gleichseitigen Dreiecks. Oder der Mittelpunkt der Sehne liegt außerhalb des Inkreises. Dann ist die Sehne kürzer als die Dreiecksseite des gleichseitigen Dreiecks. Da der Flächeninhalt des Inkreises ein Viertel vom Flächeninhalt des Umkreises groß ist, beträgt die Wahrscheinlichkeit, dass die im Kreis gezeichnete Sehne länger ist als die Seite des im Kreis eingeschriebenen gleichseitigen Dreiecks, in der Tat 1/4.

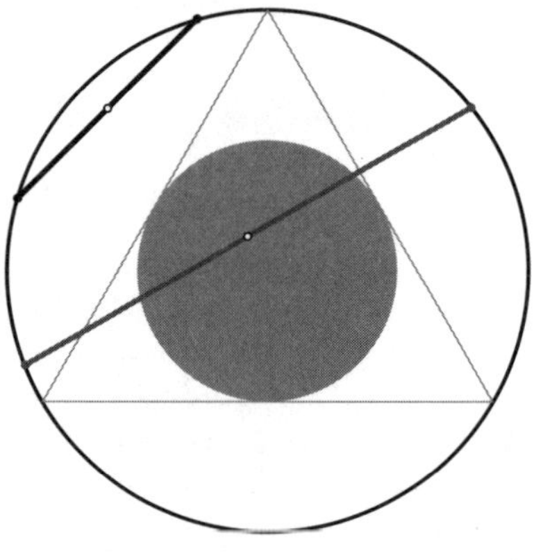

(1.13) Bertrands Paradoxon: Die schwarz eingezeichnete Kreissehne ist kürzer als die Seite des im Kreis eingeschriebenen gleichseitigen Dreiecks, die grau eingezeichnete Kreissehne länger. Die Wahrscheinlichkeit dafür, dass eine »zufällig« im Kreis eingetragene Sehne länger als die Seite des im Kreis eingeschriebenen gleichseitigen Dreiecks ist, beträgt 1/4.

Welche der drei Antworten ist die richtige? Die paradoxe Erwiderung auf diese Frage lautet: jede von ihnen. Denn in Wahrheit fehlte bei der Aufgabenstellung von Bertrand die Erklärung, was er mit »zufällig« meinte, wenn er von einer »zufällig in einem Kreis gezeichneten Sehne« sprach. Denn genauso, wie für Bertrand die Sehne in den Kreis »zufällig« eingetragen ist, liegen auch die beiden Karten unseres Spiels »zufällig« auf dem Spieltisch, die eine in der Nähe des Spielers, die andere von ihm weiter entfernt. Nur Bank und Spieler wissen um das Wesen dieses »Zufalls«, der später hinzukommende Dritte nicht.

So gesehen, ist »zufällig« – ohne nähere Information – ein nichtssagendes Wort.

Vor Kurzem veröffentlichte der an der Università degli Studi di Bari lehrende Nicola Cufaro Petroni einen Aufsatz, worin anhand des Beispiels von Bertrand diese ernüchternde Botschaft erläutert wird. Der Titel seines Artikels lautet: »Thou shalt not say ›at random‹ in vain. Bertrand's paradox exposed«, übersetzt: »Du sollst nicht sinnlos ›zufällig‹ sagen. Bertrands Paradoxon entlarvt«.*

WIRKLICHKEITSSINN UND MÖGLICHKEITSSINN

»Wenn man gut durch geöffnete Türen kommen will«, schreibt Robert Musil, »muss man die Tatsache achten, dass sie einen festen Rahmen haben: dieser Grundsatz, nach dem der alte Professor immer gelebt hatte, ist einfach eine Forderung des Wirklichkeitssinns. Wenn es aber Wirklichkeitssinn gibt, und niemand wird bezweifeln, dass er seine Daseinsberechtigung hat, dann muss es auch etwas geben, das man Möglichkeitssinn nennen kann.«

»Wer ihn besitzt«, schreibt Musil weiter, »sagt beispielsweise nicht:

* Vgl. https://arxiv.org/abs/1810.07805

Hier ist dies oder das geschehen, wird geschehen, muss geschehen; sondern er erfindet: Hier könnte, sollte oder müsste geschehen; und wenn man ihm von irgendetwas erklärt, dass es so sei, wie es sei, dann denkt er: Nun, es könnte wahrscheinlich auch anders sein. So ließe sich der Möglichkeitssinn geradezu als die Fähigkeit definieren, alles, was ebenso gut sein könnte, zu denken und das, was ist, nicht wichtiger zu nehmen als das, was nicht ist.«

Ulrich, der »Mann ohne Eigenschaften« und Sohn des in der obigen Passage genannten alten Professors, ist vom Möglichkeitssinn so fasziniert und gefangen, dass er dabei des Wirklichkeitssinns überdrüssig wird, der seinem Vater und überhaupt den ihn umgebenden »normalen« Menschen wie selbstverständlich ist. Das begann bei ihm schon in der Schule, keiner gewöhnlichen Schule, sondern der ehrwürdigen Theresianischen Akademie, wo Ulrich in einem Aufsatz schrieb, dass »Gott von seiner Welt am liebsten im Conjunctivus potentialis spreche (hic dixerit quispiam = hier könnte einer einwenden …), denn Gott macht die Welt und denkt dabei, es könnte ebensogut anders sein.«

Tatsächlich darf man nur dann von Wahrscheinlichkeit sprechen, wenn man wie Ulrich im Modus des Möglichkeitssinns denkt. Im Beispiel knapp vor Ende der zweiten Phase unseres Kartenspiels verstehen wir das sofort: Noch liegen die Karten verdeckt. Würde Ulrichs Vater auf sie blicken, stellte er kurz und bündig fest, dass zwei verdeckte Karten vor ihm liegen, mehr gäbe es dazu nicht zu sagen. Ulrich selbst aber stellt sich vor, dass er die Position des Spielers einnähme, und wäre die bei ihm liegende Karte die Tarockkarte, dann käme, würde er auf diese Karte setzen, ein großer Gewinn auf ihn zu, der fünffache Inhalt des ohnehin schon prall gefüllten Topfes. Aber Ulrich weiß: Es könnte auch ganz anders sein.

Ulrich hatte, nach zwei vergeblichen Versuchen, ein bedeutender Mann zu werden, schließlich Mathematik studiert und, so schreibt Musil, »in diesem dritten Beruf, seit er ihn vor Jahren ergriffen hatte, nach fachmännischem Urteil gar nicht wenig geleistet«. Als Mathematiker und zugleich als fast völlig im Möglichkeitssinn aufgehender Beobachter der kakanischen Welt ist Ulrich mit Wahrscheinlichkeiten mehr als vertraut. Und ihm ist bewusst, dass er mit ihnen seine Fantasie zähmt. Zum einen, weil ihm die Größe der Wahrscheinlichkeit mitteilt, welche der möglichen Ereignisse eher zu erwarten sind als andere. Im Beispiel der beiden verdeckten Karten: Es ist eher zu erwarten, dass die nicht vom Spieler gewählte Karte die Tarockkarte ist, als dass der Spieler bei seiner ersten Wahl gleich auf die Tarockkarte getippt hat. Zum andern, weil sich die Wahrscheinlichkeiten auf Ereignisse beziehen, die sich in einem vorgegebenen Rahmen abspielen dürfen. In der Mathematik spricht man von Ereignissen, die im »Wahrscheinlichkeitsraum« liegen. Der Wahrscheinlichkeitsraum eines Würfels sind die Zahlen von 1 bis 6, die Augenzahlen des Würfels. Etwas anderes als diese zu werfen kommt nicht einmal innerhalb des Möglichkeitssinnes in Betracht. Und bei dem Beispiel der beiden verdeckten Karten besteht der Wahrscheinlichkeitsraum aus den beiden Begriffen Tarockkarte und Farbkarte. Selbst Ulrich wäre bass erstaunt, würde beim Aufdecken der von ihm gewählten Karte plötzlich das Bild der von ihm verehrten und geliebten Bonadea auftauchen. Das wäre mehr als ein Zufall. Das wäre ein Mirakel.

In seinem schönen Buch »Zufall, Glück und Chaos: Mathematische Expeditionen« erzählt der in Frankreich lehrende norwegische Mathematiker Ivar Ekeland eine alte Mär von Thorstein, dem Geschichtskundigen: In Hísing gab es eine Ansiedlung, die einmal zu Norwegen, einmal zu Schweden gehört hat. Die klugen Könige der beiden Länder wollten im Kampf um dieses Gebiet kein Blut vergießen und verabredeten, um den Besitz zu würfeln. Derjenige, der die größere Zahl werfe, solle ihn haben. Der schwedische König warf zwei Sechsen und meinte, König Olaf von Norwegen müsse wohl nicht mehr würfeln. Der aber sagte, während er die Würfel in seiner Hand schüttelte: »Es sind immer noch zwei Sechsen auf den Würfeln, und für Gott, meinen Herrn, ist es eine Kleinigkeit, sie nach oben zu bringen.« Er warf, und die zwei Sechsen lagen oben. Der Schwedenkönig warf ein zweites Mal, und wieder hatte er zwei Sechsen. Da warf der Norwegerkönig noch einmal, und diesmal war auf dem einen Würfel eine Sechs, der andere aber brach entzwei und zeigte nun Sieben. Und so gewann König Olaf die Ansiedlung.

Bei Kuriosa wie diesen gerät sogar der Möglichkeitssinn an seine Grenzen.

ZUFALL, SCHICKSAL UND ZEIT

Der »Mann ohne Eigenschaften« ist trotz seines Umfangs ein handlungsarmes Buch. Dies mag daran liegen, dass es von Erwägungen über Möglichkeiten überquillt. Es zelebriert geradezu den Möglichkeitssinn. Die sogenannte Parallelaktion, die Achse des Romans, um die sich alles dreht, verharrt in ihren Planungen. Von einer Ausführung ist keine Rede, kann es auch nicht sein. Denn sie sollte erst 1918 stattfinden, wenn der deutsche Kaiser 30 und der kakanische gar 70 Jahre regiert haben würden – in Ulrichs Augen in weit entfernter Zukunft. Doch 1918 gehörten sowohl der alte Kaiser als auch sein eigenartiges, während der Vorbereitung der Parallelaktion noch blühendes Vielvölkerreich zur Vergangenheit.

Robert Musil, der mathematisch geschulte Autor des Romans, lüftet ein wenig das Geheimnis der Zeit, das sein Zeitgenosse Hugo von Hofmannsthal als so befremdlich empfindet, wenn er die in ihren Spiegel blickende Marschallin im Rosenkavalier fragen lässt: »Aber wie kann das wirklich sein, dass ich die kleine Resi war und dass ich auch einmal die alte Frau sein werd'?« Und noch drängender bohrt sie weiter: »Wie kann denn das geschehen? Wie macht denn das der liebe Gott? Wo ich doch immer die gleiche bin. Und wenn er's schon so machen muss, warum lasst er mich denn zuschauen dabei, mit gar so klarem Sinn?«

Für Ulrich, der vornehmlich die Möglichkeiten offen sieht, sich aber der Verwirklichung einer dieser am liebsten entzöge, steht gleichsam die Zeit still. Denn die Vergangenheit besteht allein aus Wirklichem, und die Zukunft besteht allein aus Möglichem. Das, was man landläufig den Lauf der Zeit nennt, bedeutet nichts anderes als die Verwandlung der Auswahl einer einzigen der vielen Möglichkeiten zur Wirklichkeit.

Über die Wahrscheinlichkeit eines Ereignisses nachzudenken, das in der Vergangenheit liegt, ist sinnlos. Denn es hat sich ereignet; etwas anderes, als ihm die Wahrscheinlichkeit 1 oder 100 Prozent zuzusprechen, wäre absurd. Darum ist es bloß eine nette Spielerei, bei geschichtlichen Begebenheiten die Frage aufzuwerfen, was denn gewesen wäre, hätte diese Begebenheit einen anderen Verlauf genommen. Hätte zum Beispiel die Parallelaktion stattgefunden, wenn die Schüsse von Gavrilo Princip auf den österreichischen Thronfolger ihr Ziel verfehlt hätten oder Franz Ferdinand gar seine Reise nach Sarajewo vorzeitig abgebrochen hätte? Hannes Stein ließ sich in seinem lesenswerten Roman »Der Komet« auf diese Frage ein. Sie ist elegisches Beispiel einer Frage nach dem Irrealis der Vergangenheit, nach dem Was-wäre-wenn, und sie befeuert bestenfalls die Melancholie. In Wahrheit ist sie bedeutungslos, und nichts an der Welt, wie sie ist, ändert sich durch ihre Beantwortung.

Bei möglichen Ereignissen, die in der Zukunft liegen, ist die Wahrscheinlichkeit hingegen das Wesentliche, worüber sich nachzudenken lohnt. Allerdings hat dieses Denken zumindest zwei schwere Hürden zu überwinden: Zum einen muss man sich genügend Information besorgen, um die Wahrscheinlichkeiten der möglichen Ereignisse richtig abschätzen zu können. Am Beispiel der zweiten Phase unseres Kartenspiels wurde dies eingehend erörtert. Doch bei diesem Beispiel handelt es sich um ein einfaches Spiel. Im täglichen Leben bleiben Wahrscheinlichkeiten oft unbekannt, weil man keinen Durchblick hat, welche Faktoren sie beeinflussen. Zum anderen ist der Wahrscheinlichkeitsraum abzustecken, der das Szenario aller möglichen Ereignisse umfasst. Auch daran scheitert man im täglichen Leben allzu oft. Mit »bekannten Unbekannten« zu rechnen ist das gängige Geschäft der Mathematik, das sie sehr gut beherrscht. Wie aber soll sie mit »unbekannten Unbekannten« zurechtkommen?

Und ein Letztes gilt es zu bedenken: Nehmen wir an, bei unserem Kartenspiel wäre die Bank so ungeschickt, dass sie die Haltung des Dritten einnimmt und dem Spieler in der letzten Spielphase vor dem Aufdecken einer der beiden verbliebenen Karten verspricht, das im Topf befindliche Geld zu verdoppeln, wenn er die Tarockkarte errät. In diesem Fall muss man dem Spieler dazu raten, nicht auf die zuerst zu sich gezogene Karte, sondern auf die andere, von den restlichen vier Karten als einzig verdeckt gebliebene Karte zu tippen. Denn es ist viermal wahrscheinlicher, dass er mit dem Tipp auf die nicht zuerst von ihm gewählte Karte gewinnt, als wenn er auf seiner ersten Wahl aus den anfangs fünf vor ihn liegenden Karten beharrt.

Natürlich wird es Spielrunden geben, bei denen der Spieler trotz der Befolgung dieses guten Rates verliert.

Denn der Rat ist nur dann wirklich gut, wenn viele Spielrunden gespielt werden. Gehen wir davon aus, dass bei jeder Runde zu Beginn der zweiten Spielphase nur 10 Euro im Topf liegen und dass 5000 Spielrunden stattfinden. Bei rund 1000 dieser Runden erweist sich der Rat für den Spieler als ungünstig: Er tippt auf die verbliebene der restlichen Karten und sie ist keine Tarockkarte. Die Bank kassiert daher insgesamt rund 10 000 Euro. Doch bei rund 4000 dieser Runden zahlt sich der gute Rat für den Spieler aus. Bei diesen rund 4000 Runden kommen zu den 10 Euro im Topf stets weitere 10 Euro hinzu. Die Bank zahlt insgesamt rund 40 000 Euro an den Spieler. Der Spieler geht nach diesen 5000 Runden als sicherer Gewinner nach Hause.

Doch ganz anders ist es, wenn nur eine einzige Runde des Spiels vereinbart ist. Zwar stimmt es noch immer, dass vor Aufdecken der letzten beiden auf dem Tisch verbliebenen Karten die beim Spieler liegende Karte mit Wahrscheinlichkeit $1/5$ und die andere Karte mit Wahrscheinlichkeit $4/5$ die Tarockkarte ist. Aber diesmal hilft dieses Wissen nicht weiter. Der Rat, der Spieler möge nicht auf die bei ihm liegende Karte tippen, mag gut gemeint sein. Ob er aber gut oder schlecht war, zeigt sich erst nach Aufdecken der Karten.

Sollte vor Aufdecken der Karten der Topf mit viel Geld, vielleicht mit

901 120 Euro, bestückt sein und der Spieler mit seinem Tipp Pech haben, ist es reichlich unangemessen, ihn damit zu trösten, er habe bloß »zufällig« so viel Geld aufs Spiel gesetzt und verloren. Denn ob ein schwerwiegendes, einmaliges und unwiederholbares Ereignis eintritt oder nicht, hat nichts mit dem Zufall zu schaffen. Hier ist das Wort Schicksal angebracht.

Das Schicksal jedoch, sei es gnädig oder grausam, kennt keine Wahrscheinlichkeit.

Die ersten sieben Takte von »Tuba mirum« aus dem Requiem von Wolfgang Amadeus Mozart.

GABRIELS POSAUNE UND DIE FREUDE AN DER ERKENNTNIS

××××

Es scheint geradezu am Zauberei zu grenzen, wovon in diesem Kapitel berichtet wird. Wobei das Wort »grenzen« nicht ganz richtig ist. Denn ein Zauberkunststück trägt ein Moment der Ernüchterung in sich. Wenn man nämlich erfährt, wie der Trick funktioniert, ist man meistens enttäuscht: So einfach war es, und man hat sich dermaßen irreführen lassen!

In der Mathematik jedoch ist es ganz anders.

Wovon im Folgenden erzählt wird, soll so einsichtig vermittelt werden, dass alles von Grund auf verstanden wird. Dennoch wird der Eindruck einer Verblüffung erhalten bleiben. In diesem Sinn wird hier weitaus mehr als bloße Zauberei angeboten. Es grenzt nicht an Magie, es überbietet sie. Der Eindruck bleibt zurück, etwas Unglaubliches erfahren zu haben.

Das Kapitel handelt von dem Instrument, das wir jenem Erzengel zuschreiben, den schon der Prophet Daniel einen Gottesboten nennt und dem, so schreibt der Evangelist Lukas, die Verkündigung des Heilands anvertraut wurde. Wir lassen ihn jenen Engel sein, der, dem ersten Brief des Paulus an die Korinther zufolge, zur Posaune greift. Johannes Brahms vertonte die Worte des Völkerapostels in der Übersetzung Martin Luthers: »Siehe, ich sage Euch ein Geheimnis: Wir werden nicht alle entschlafen, wir werden aber alle verwandelt werden; und dasselbige plötzlich in einem Augenblick, zu der Zeit der letzten Posaune. Denn es wird die Posaune schallen und die Toten werden auferstehen unverweslich; und wir werden verwandelt werden.«

Der Posaunenton des Engels ist auf Erden mit dem Tönen des Schofar, eines aus einem Widderhorn gebildeten Blasinstruments, zu vergleichen. Das Schofar, am Ende des Versöhnungstages Jom Kippur geblasen, rüttelt aus der gedankenlosen Lebensweise auf und ruft zur feierlichen Anerkennung des Ewigen. In der Vulgata wird das Schofar des Engels als »Tuba« übersetzt. Wir malen uns aus, dass sie Gabriel am Tage des Gerichts so erschallen lässt, wie es die im Requiem gesungenen Worte verkünden: »Tuba mirum spargens sonum per sepulchra regionum, coget omnes ante thronum«, übersetzt: »Laut wird die Posaune klingen, durch der Erde Gräber dringen, alle hin zum Throne zwingen«. Mozart lässt, dieser Übersetzung entsprechend, vor Einsatz des sonoren Basses die Soloposaune ertönen.

Gabriels Posaune ist sicher ein himmlisches, kein irdisches Instrument. Gegen Himmel, bis ins Unendliche denken wir uns den Weg vom Schalltrichter bis zum Mundstück ausgedehnt. Das muss so sein, wenn sie »durch der Erde Gräber dringen« soll, aber die Engel von uns unendlich weit entfernt sind. Und weil diese Posaune unendlich lang ist, besitzt sie eine unglaubliche Eigenschaft, die wir im Zuge dieses Kapitels kennenlernen und verstehen werden.

DIE POSAUNE ALS GEOMETRISCHES OBJEKT

Wir müssen Gabriels Posaune zunächst mathematisch in den Griff bekommen. Dies gelingt uns, indem wir sie in ein Koordinatensystem zwängen. Dieses besteht aus drei von einem gemeinsamen Punkt, dem sogenannten Ursprung, ausgehenden Achsen, die zueinander stets rechte Winkel einschließen.

Nach oben, gegen Himmel hin, denken wir uns die erste Achse gelegt. Wir zeichnen sie so, dass der Eindruck entsteht, sie verläuft hinauf in die Unendlichkeit. Nach links denken wir uns die zweite Achse und nach vorne die dritte Achse gelegt. Die von der ersten und der zweiten Achse aufgespannte Ebene heißt die Aufrissebene. Sie liegt frontal zu dem auf sie von vorne blickenden Beobachter und erstreckt sich ebenfalls nach oben ins Unendliche.

Alle drei Achsen sind skaliert, also mit Maßstäben versehen. Die Nullpunkte aller drei Maßstäbe fallen mit dem Ursprung zusammen, und jede der eingetragenen Zahlen 1, 2, 3, … ist von der vorhergehenden immer gleich weit entfernt. Wenn wir uns zum Beispiel auf Zentimeter als Längeneinheit einigen, soll jede der eingetragenen Zahlen von ihren beiden ganzzahligen Nachbarn immer ein Zentimeter entfernt sein.

Wir sehen ferner in der Aufrissebene eine Kurve eingetragen. Sie verläuft völlig glatt, ohne eine Schwankung aufzuweisen, von links nach oben Richtung der ersten Achse und besitzt die folgende Eigenschaft: Legt man durch irgendeine der auf der ersten Achse eingetragenen Zahlen in der Aufrissebene eine waagrechte, nach links weisende Strecke bis hin zur Kurve, ist diese Strecke so lang wie der Kehrwert der Zahl auf der ersten Achse, von der man ausgegangen ist.

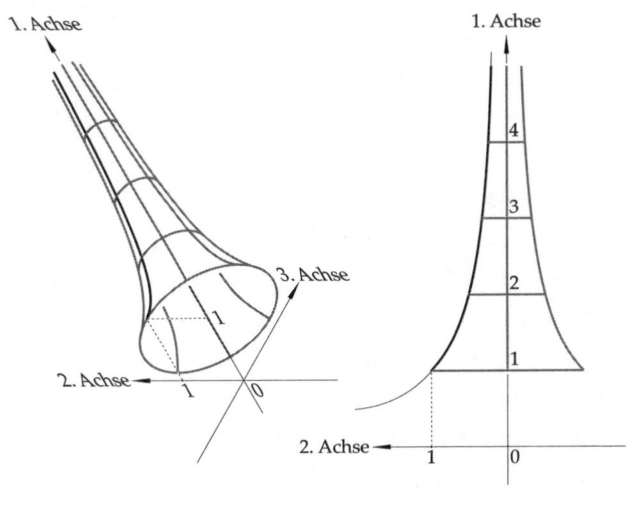

(2.1) Der untere Teil von Gabriels Posaune, links mit den drei Raumachsen, rechts im Aufriss.

Nebenbei bemerkt: Es gibt eine Art mechanisches Verfahren, wie man die Punkte dieser Kurve konstruieren kann. Wir schlagen in der Aufrissebene an dem Punkt auf der zweiten Achse als Angelpunkt, der genau ein Zentimeter links vom Ursprung liegt, einen Nagel. An ihn hängen wir einen Maurerwinkel so, dass sich der rechte Winkel dieses Werkstücks frei um diesen Angelpunkt bewegen kann. Auf der ersten Achse denken wir uns nun irgendeinen Punkt oberhalb des Ursprungs eingetragen. Danach halten wir den langen Schenkel des Maurerwinkels so nach oben, dass seine Innenseite durch den eingetragenen Punkt verläuft. Unterhalb des Ursprungs markieren wir auf der ersten Achse die Stelle, welche die Innenseite des kurzen Schenkels des Maurerwinkels schneidet. Die Strecke, die der so erhaltene Punkt unter dem Ursprung entfernt ist, stimmt dann mit dem Abstand überein, den die Kurve links von dem oberhalb vom Ursprung eingetragenen Punkt besitzt. (Den Lehrsatz des Pythagoras ausnützend, kann man nach ein paar Rechenschritten beweisen: Das Produkt der Abstände des unteren und des oberen Punktes vom Ursprung stimmt mit dem Quadrat des Abstandes des Angelpunktes links vom Ursprung überein. Und dieser Abstand beträgt, in Zentimeter gemessen, 1, folglich ist auch dessen Quadrat $1 \times 1 = 1$.)

Jedenfalls ist die Kurve links von dem mit 1 markierten Punkt der ersten Achse auch $1/1 = 1$ Zentimeter entfernt. Links von den mit 2, 3, 4, 5, … nach oben hin markierten Punkten der ersten Achse betragen, in Zentimeter gemessen, die entsprechenden linken Entfernungen der Kurvenpunkte $1/2 = 0.5$, $1/3 = 0.333\ldots$, $1/4 = 0.25$, $1/5 = 0.2$, … . An diesen Punkten zieht die Kurve vorbei. Und entlang dieser glatten, nach oben monoton sich gegen die erste Achse schmiegenden schönen Kurve erhält Gabriels Posaune ihre Form.

Wir drehen nämlich diese Kurve, ab dem mit 1 markierten Punkt der ersten Achse beginnend, um die erste Achse. Auf diese Weise erhalten wir eine gekrümmte Fläche: Gabriels Posaune. Sie öffnet sich nach unten hin bei dem mit 1 markierten Punkt der ersten Achse zum kreisförmigen

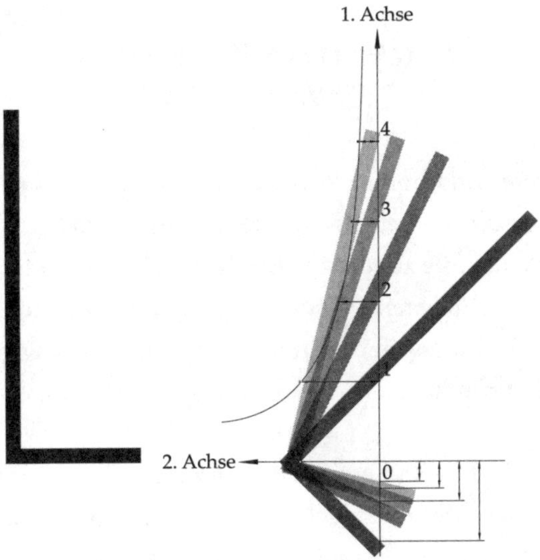

(2.2) Die Erzeugung der Umrisskurve von Gabriels Posaune mithilfe eines Maurerwinkels.

Schalltrichter, der 1 Zentimeter als Radius, das heißt 2 Zentimeter als Durchmesser besitzt. Nach oben hin verengt sich die Posaune unentwegt, aber sie endet erst im Himmel, im Unendlichen mit einem unendlich kleinen Mundstück. Denn sie ist Gabriels Posaune. Gabriel schwebt unendlich weit über uns, der Engel braucht als himmlisches Wesen keine irdische Ausdehnung.

Bevor uns Gabriels Posaune weiter beschäftigt, erlauben wir uns ein paar Abschweifungen.

ZICKZACKLINIEN UND DIE KURVE DES HERMANN MINKOWSKI

Die Geschichte von Gabriels Posaune ist ziemlich alt. Es spricht für die Nachhaltigkeit der Mathematik, dass ihre Resultate so frisch empfunden werden, wenn man sie zum ersten Mal hört, selbst wenn sie alles andere als neu sind. Viel jüngeren Datums, rund 120 Jahre alt und damit verglichen mit den Erfindungen der griechischen Antike nachgerade jugendlich, ist eine Erfindung des schwedischen Mathematikers Helge von Koch.

Helge von Koch erfand um die Wende zum 20. Jahrhundert eine Methode, eine Kurve mit unendlicher Länge zu konstruieren, die sich nie überschneidet und trotzdem auf einem begrenzten Blatt Papier Platz hat. Wir zeichnen im Folgenden eine solche Kurve, nicht die von Helge von Koch ursprünglich ersonnene, sondern eine Variante von ihr, die nach dem zur gleichen Zeit wie Helge von Koch lebenden Göttinger Mathematiker Hermann Minkowski benannt ist.

Zu Beginn gehen wir von einer einen Zentimeter langen waagrechten Strecke aus. Diese teilen wir in vier gleich lange Teile. Den ersten lassen wir auf seinem Platz, den zweiten klappen wir um einen rechten Winkel senkrecht nach oben, den dritten schließen wir am oberen Ende des zweiten waagrecht an und der vierte weist schließlich, am rechten Ende des dritten anschließend, senkrecht nach unten. Diesen Haken kopieren wir, drehen die Kopie um zwei rechte Winkel und fügen sie am Ende des Originals wieder an. Auf diese Weise entsteht eine mäanderförmige Zickzacklinie, die bereits die Griechen der Antike als sehr einfaches Ornament benutzten. Der Mäander besteht offenkundig aus acht Vierteln der ursprünglichen Strecke und ist folglich doppelt so lang wie diese. Seine Länge beträgt 2 Zentimeter.

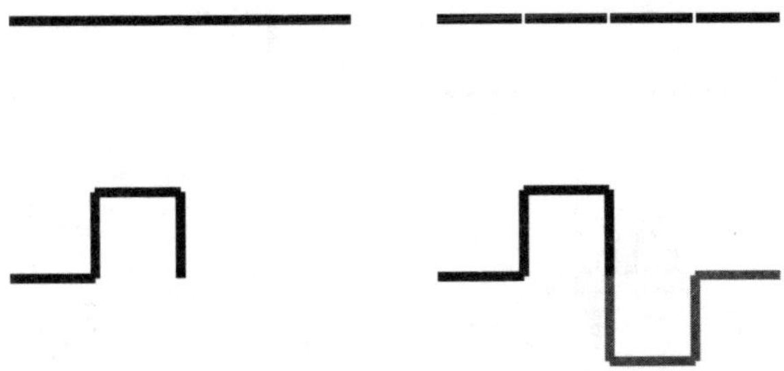

(2.3) Konstruktion des Mäanders aus einer Strecke.

Im nächsten Schritt führen wir mit jeder einzelnen Teilstrecke des Mäanders den gleichen Prozess durch, den wir oben bei der Ausgangsstrecke vollzogen haben. Auf diese Weise entsteht eine Zickzacklinie, die aus $8 \times 8 = 64$ Streckenstücken besteht, jedes von ihnen ein 16-tel der Ausgangsstrecke lang. Die so erhaltene zweite Zickzacklinie ist demnach 4 Zentimeter lang, doppelt so lang wie der Mäander, der die erste Zickzacklinie ist.

Nun ist es klar, wie die Konstruktion weiter verläuft. In jedem weiteren Schritt werden alle noch vorhandenen Streckenstücke in vier Teile zerlegt, diese Teile zum Haken versetzt und kopiert, die Kopie um zwei rechte Winkel gedreht, sodass daraus ein Mäander entsteht, doppelt so lange wie der Mäander zuvor. Jede nachfolgende Zickzacklinie hat achtmal so viel Streckenstücke wie ihre Vorgängerin, wobei diese ein Viertel der Länge ihrer Vorgänger besitzen. Somit besteht die dritte Zickzacklinie aus $64 \times 8 = 512$ Streckenstücken, jedes von ihnen ein 64-stel der Ausgangsstrecke lang. Die dritte Zickzacklinie ist daher 8 Zentimeter lang. Die vierte Zickzacklinie besteht aus $512 \times 8 = 4096$ Streckenstücken, jedes von ihnen ist ein 256-stel der Ausgangsstrecke lang. Die vierte Zickzacklinie ist daher 16 Zentimeter lang. Und die fünfte Zickzacklinie besteht aus $4096 \times 8 = 32\,768$ Streckenstücken, jedes von ihnen ist ein 1024-stel der Ausgangsstrecke lang. Die fünfte Zickzacklinie ist daher 32 Zentimeter lang.

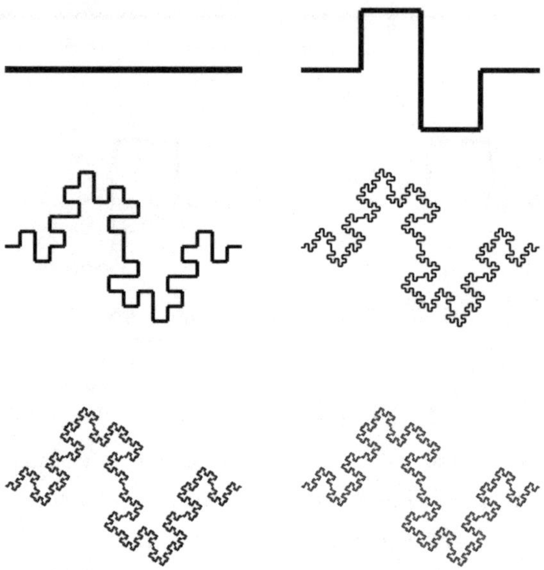

(2.4) Schrittweise Konstruktion der minkowskischen Kurve.

Mit freiem Auge kann man zwischen der vierten und der fünften Zickzacklinie keinen Unterschied mehr erkennen. Und auch alle auf die fünfte Zickzacklinie folgenden Zickzacklinien sehen praktisch genauso aus wie die fünfte. Doch mathematisch denken wir uns das Verfahren bis ins Unendliche vorangetrieben. Die Längen der einzelnen Zickzacklinien, gemessen in Zentimeter, wachsen demnach wie die Potenzen der Zahl 2: 2, $2 \times 2 = 4$, $2 \times 2 \times 2 = 8$, $2 \times 2 \times 2 \times 2 = 16$, $2 \times 2 \times 2 \times 2 \times 2 = 32$, dann 64, 128, 256, 512, 1024 und so weiter. Als Ergebnis erhält man schließlich die nach Minkowski benannte Kurve, die an den gleichen Punkten beginnt und endet wie die einen Zentimeter lange Ausgangsstrecke, die jedoch unendlich lang ist.

Eine weitere Eigentümlichkeit der minkowskischen Kurve sei hervorgehoben: Wir betrachten ein Quadrat mit Seiten, die 1 Zentimeter lang sind, das mithin eine Fläche von einem Quadratzentimeter umschließt. Ersetzen wir die obere Quadratseite durch den Mäander, also durch die erste Zickzacklinie, zeigt sich, dass die vom Mäander und den restlichen drei Quadratseiten umschlossene Fläche ebenfalls 1 Quadratzentimeter groß ist. Denn der Mäander nimmt vom ursprünglichen Quadrat genauso viel weg, wie bei ihm an Fläche hinzukommt. Und diese Gleichheit der Flächeninhalte setzt sich fort, wenn man den Mäander durch die zweite und durch die dritte Zickzacklinie ersetzt: Immer schließen die Zickzacklinien als obere Begrenzung zusammen mit den restlichen drei Quadratseiten eine Fläche von einem Quadratzentimeter ein.

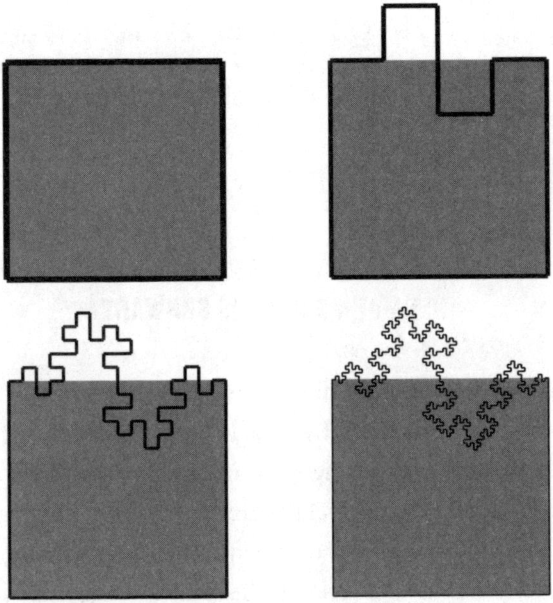

(2.5) Die Inhalte der von den Zick-Zack-Linien eingegrenzten Flächen stimmen mit der des Quadrats überein.

Schließlich ersetzen wir die obere Quadratseite durch die minkowskische Kurve und belassen wie vorher die restlichen drei Quadratseiten. Die von dieser Figur eingeschlossene Fläche ist, genauso wie alle ihre Vorgängerinnen, 1 Quadratzentimeter groß, genauso groß wie das ursprüngliche Quadrat. Aber die Umrandung dieser Figur mit einem nur

1 Quadratzentimeter großen Flächeninhalt ist unendlich lang. Dies ist auf den ersten Blick erstaunlich.

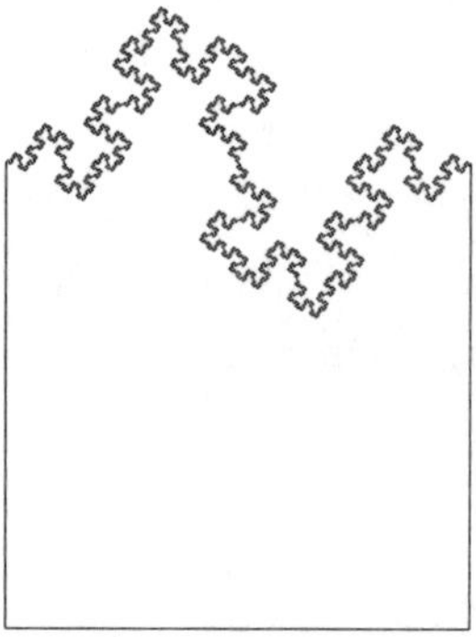

(2.6) Die Umrandung der oben von der minkowskischen Kurve begrenzten Figur ist unendlich lang, aber die Figur besitzt einen endlichen Flächeninhalt.

LAMPIONS UND DER ZYLINDER DES HERMANN AMANDUS SCHWARZ

Das Erstaunen über die unendliche Länge der minkowskischen Kurve hält sich dennoch in Grenzen. Denn man kann verstehen, dass ein ständiger Zickzack zur Verlängerung führt, ohne dass dabei ein Voranschreiten erfolgt. Es ist schlicht die nicht abbrechen wollende Schwankung der minkowskischen Kurve, die ihr die unendliche Länge verleiht.

Erstaunlicher ist eine Entdeckung, die rund zwanzig Jahre vor derjenigen des Helge von Koch der in Berlin lehrende Mathematiker Hermann Amandus Schwarz machte. Ausgangspunkt war für ihn eine Behauptung, die er im Lehrbuch »Cours de calcul differentiel et integral«, übersetzt: »Kurs der Differential- und Integralrechnung«, des französischen Mathematikers Joseph Alfred Serret las. Darin stand, dass sich der Inhalt einer gekrümmten Fläche dadurch ergäbe, dass man die Fläche durch eine große Zahl von Dreiecken ersetzt, deren Ecken an die Fläche anstoßen und die so der Fläche sehr nahe kommen. Je kleiner die einzelnen

Dreiecke sind und je größer dementsprechend deren Anzahl ist, umso näher käme die Summe der Flächeninhalte der Dreiecke an den wahren Inhalt der gekrümmten Fläche.

Das klingt sehr plausibel. Doch als geschulter Mathematiker wusste Schwarz, dass nichts verdächtiger ist als das vordergründig Plausible. Im Übrigen ein Grundsatz, den man sich auch außerhalb der Mathematik zu eigen machen sollte.

Schwarz zog eine sehr einfache gekrümmte Fläche als Beispiel heran: die Mantelfläche eines Zylinders. Sie entsteht dadurch, dass man eine zur Zylinderachse parallele Strecke um die Zylinderachse dreht. Jede zur Zylinderachse parallele Strecke auf der Mantelfläche heißt daher eine »Erzeugende« des Zylinders. Schneidet eine Ebene die Zylinderachse in einem rechten Winkel, wird aus der Mantelfläche ein »Breitenkreis« des Zylinders herausgeschnitten. Der Breitenkreis am Beginn der Erzeugenden begrenzt die Grundfläche und der Breitenkreis am Ende der Erzeugenden begrenzt die Deckfläche des Zylinderkörpers.

Anhand der Mantelfläche des Zylinders überprüfte nun Hermann Amandus Schwarz, ob Joseph Alfred Serret mit seiner Behauptung recht hat.

Er schnitt die Mantelfläche mit mehreren, zum Beispiel mit zehn zur Zylinderachse rechtwinklig liegenden Ebenen. Die Ebenen sollen dabei voneinander den gleichen Abstand besitzen, die erste von ihnen soll am Beginn der Erzeugenden liegen, also die Grundfläche des Zylinders enthalten, und die letzte von ihnen soll am Ende der Erzeugenden liegen, also die Deckfläche des Zylinders enthalten.

Im nächsten Schritt markierte Schwarz auf jedem der erhaltenen Breitenkreise gleich viele Punkte, die Eckpunkte von regelmäßigen Vielecken auf diesen Breitenkreisen sind. Auch die Vielecke selbst zeichnete Schwarz in seiner Skizze ein. Um ein konkretes Beispiel vor Augen zu haben, wollen wir auf jedem der zehn Breitenkreise jeweils sechs Punkte markieren, die Eckpunkte von regelmäßigen Sechsecken sind. Die Markierung führte Schwarz dabei so durch, dass die Eckpunkte der Vielecke jedes zweiten Breitenkreises immer auf gemeinsamen Erzeugenden liegen. Die Eckpunkte der Vielecke der dazwischen liegenden Breitenkreise versetzte er gleichsam »mittig«. Wir meinen damit, dass auch sie immer auf gemeinsamen Erzeugenden liegen, und zwar so, dass diese genau in der Mitte zwischen den zuvor eingetragenen Erzeugenden verlaufen.

Im letzten Schritt verband Schwarz die Eckpunkte aufeinanderfolgender Breitenkreise durch Dreiecksflächen. Es handelt sich um gleichschenklige Dreiecke. Die Basis jedes dieser Dreiecke ist die Kante eines der Vielecke, und die Schenkel führen von den Ecken der Kante zum dazwischen liegenden Vieleckpunkt des benachbarten Breitenkreises. Nachdem Schwarz dies systematisch durchgeführt hatte, erhielt er als Bild einen aus vielen deckungsgleichen gleichschenkligen Dreiecken gebildeten Lampion, der dem Zylindermantel eingeschrieben ist. Alle Dreiecksecken des Lampions haften an der Mantelfläche des Zylinders.

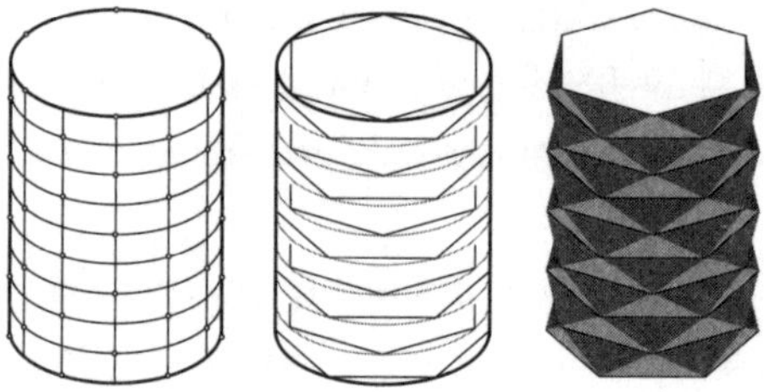

(2.7) Links der Zylinder mit den eingetragenen Breitenkreisen und Erzeugenden, in der Mitte der Zylinder mit den eingetragenen Vielecken, rechts der Lampion des Hermann Amandus Schwarz.

Es ist klar: Wenn man nicht zehn, sondern viel mehr als zehn, wenn man hundert, tausend, Millionen oder eine noch größere Zahl von Breitenkreisen einträgt, nähert sich der Lampion der Mantelfläche des Zylinders an. Doch um ihr wirklich fast ununterscheidbar nahezukommen, muss man auch die Eckenzahl der Vielecke auf den Breitenkreisen erhöhen: nicht Sechsecke, sondern Sechzigecke, 65 537-Ecke, ja Vielecke mit einer noch viel höheren Eckenzahl betrachten. Nur dann ist, wie Serret in seinem Buch vorschlug, die Mantelfläche durch eine große Zahl von Dreiecken ersetzt, die der Fläche möglichst nahekommen.

Jetzt begann Hermann Amandus Schwarz zu rechnen. Er ermittelte von jedem der eingeschriebenen gleichschenkligen Dreiecke dessen Flächeninhalt und multiplizierte ihn mit der Anzahl der Dreiecke seines Lampions. Wir wollen uns diese im Grunde nicht besonders schwere, aber ein wenig aufwendige Rechenarbeit ersparen und uns allein auf das von ihm gewonnene Resultat konzentrieren: Der Flächeninhalt des Lampions hängt wesentlich von zwei Zahlen ab: einerseits von der Anzahl der Breitenkreise und andererseits von der Anzahl der Ecken der Vielecke.

Schwarz entnahm seinen Rechnungen: Lässt man die Anzahl der Breitenkreise proportional zur Anzahl der Ecken der Vielecke wachsen, wachsen sie zum Beispiel von 10 und 6 auf 100 und 60, auf 1000 und 600 und in dieser Weise weiter, nähern sich die Flächeninhalte der Lampions, wie von Serret erwartet, dem Flächeninhalt der Mantelfläche des Zylinders. Lässt man hingegen die Anzahl der Breitenkreise in einem weitaus stärkeren Maße wachsen als die Anzahl der Ecken der Vielecke, nehmen die beiden Anzahlen zum Beispiel so zu wie von 10 und 6 auf 100 und 12, auf 1000 und 18, auf 10 000 und 24 und in dieser Weise weiter, explodieren in diesem Fall die Flächeninhalte der Lampions nach unendlich. Und dies, obwohl sich auch in diesem Fall die Lampions immer näher an die Mantelfläche des Zylinders schmiegen.

Joseph Alfred Serret hatte mit seiner Behauptung unrecht.

Gekrümmten Flächen Inhalte zuzusprechen, ist keine einfache Aufgabe. Selbst dann nicht, wenn diese Flächen sehr glatt sind.

DER BEITRAG DES ARCHIMEDES VON SYRAKUS

Beide Phänomene, die unendliche Länge der Kurve des Hermann Minkowski und der unendliche Flächeninhalt vom Mantel des Zylinders von Hermann Amandus Schwarz, haben damit zu tun, dass die genannten Objekte in eine Umgebung von größerer Dimension eingebettet sind. Wir meinen damit das Folgende:

Die Kurve des Hermann Minkowski konnte nur deshalb aus Zickzacklinien gebildet werden, weil sie in der zweidimensionalen Zeichenebene gezeichnet wurde. In einer zweidimensionalen Ebene ist es möglich, eindimensionale Linien hin- und herschwanken zu lassen. Man könnte sogar eine simple Strecke, die 1 Zentimeter lang ist, beliebig gut durch eine Zickzacklinie annähern, die ihrerseits 2 Zentimeter oder 4 Zentimeter oder 8 Zentimeter oder jede noch größere Zweierpotenz an Zentimeter lang ist. Denn die Zeichenebene, in der die Strecke liegt, lässt für solche Ausschläge genügend Platz. Würde man die Strecke allein entlang der eindimensionalen geraden Linie betrachten, die sie trägt, gäbe es auf dieser keine solchen Schwankungen.

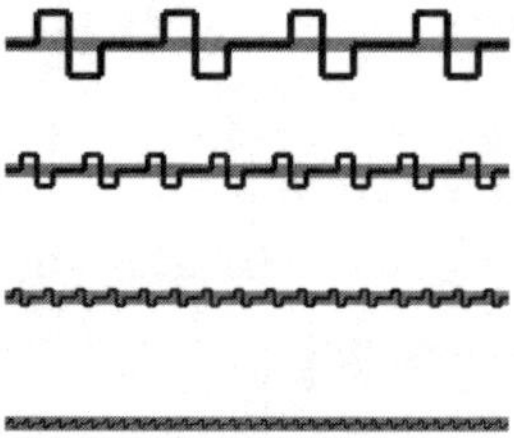

(2.8) Annäherung einer Strecke durch eine Zickzacklinie doppelter Länge.

Ähnlich ist es um den Mantel vom Zylinder des Hermann Amandus Schwarz bestellt. Nur weil der dreidimensionale Anschauungsraum, in dem die zweidimensionale gekrümmte Mantelfläche eingebettet ist, die Annäherung mit Lampions beliebig großer Flächeninhalte erlaubt, kommt es zu dem Serret widersprechenden Resultat, das wir als kurios empfinden.

Tatsächlich ist klar, wie groß der Flächeninhalt der Mantelfläche eines Zylinders ist: Wir denken uns diese entlang einer ihrer Erzeugenden aufgeschlitzt und in eine Ebene aufgerollt. Dadurch entsteht ein Rechteck, dessen Breite mit jener der Erzeugenden übereinstimmt und das den Umfang der Breitenkreise des Zylinders als Länge besitzt. Wir haben damit die ursprünglich gekrümmte Mantelfläche in eine ebene Rechteckfläche verwandelt. In der zweidimensionalen Ebene, in der das Rechteck liegt, ist für ein Auf und Nieder der sich anschmiegenden kleinen Dreiecke des Lampions schlicht kein Platz.

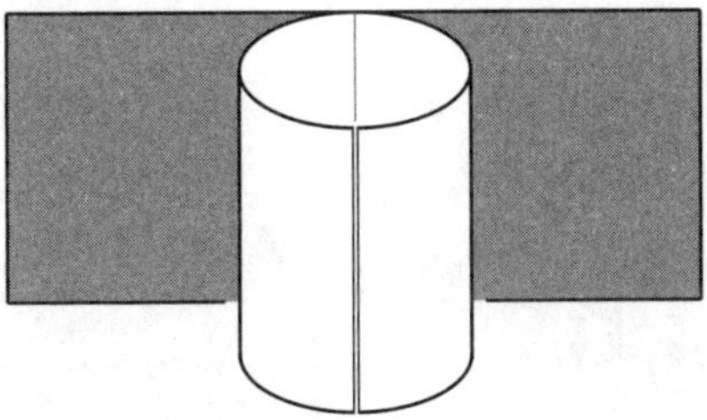

(2.9) Der Flächeninhalt des Zylindermantels stimmt mit jenem des Rechtecks überein, dessen Länge der Umfang des Basiskreises und dessen Breite die Höhe vom Zylinder ist.

Dass sich der Flächeninhalt der Mantelfläche des Zylinders errechnet, indem man die Höhe des Zylinders mit dem Umfang des Basiskreises multipliziert, ist offensichtlich. Viel schwieriger ist die Frage, wie sich der Umfang des Basiskreises errechnet, wenn man die Länge seines Durchmessers kennt.

Die Beantwortung dieser Frage verdanken wir Archimedes von Syrakus. Er schrieb dem Kreis zuerst ein regelmäßiges Sechseck ein. Dieses setzt sich aus sechs gleichseitigen Dreiecken mit dem Radius, also dem halben Durchmesser des Kreises als Seitenlängen zusammen. Es ist klar, dass der sechsfache Radius, also der dreifache Durchmesser mit dem Umfang des Sechsecks übereinstimmt. Danach verdoppelte Archimedes die Anzahl der Ecken des eingeschriebenen Vielecks und ermittelte mit ziemlich aufwendiger Rechenarbeit die Umfänge der dem Kreise eingeschriebenen 12-, 24-, 48- und 96-Ecke. Statt des dreifachen Durchmessers erhielt er nun etwas größere Werte als 3, die mit dem Durchmesser zu multiplizieren waren, am Ende einen Wert, der ein wenig größer als $3 + {}^{10}/_{71}$ ist.

Sodann umschrieb Archimedes den Kreis mit einem regelmäßigen Sechseck, daraufhin mit den regelmäßigen 12-, 24-, 48- und 96-Ecken und berechnete auch deren Umfänge. Auch sie lauteten um ein wenig mehr als das Dreifache des Durchmessers. Am Ende erhielt Archimedes einen Faktor, der ein wenig kleiner als $3 + {}^{1}/_{7}$ ist.

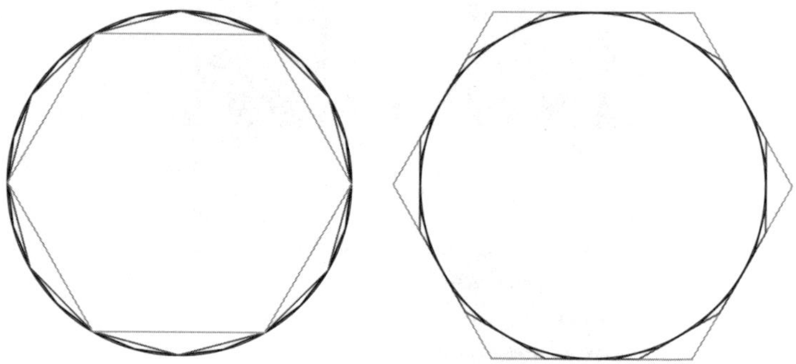

(2.10) Erfassung des Kreisumfanges nach Archimedes durch dem Kreis eingeschriebene und durch dem Kreis umschriebene Vielecke.

Archimedes schloss daraus, dass man den Durchmesser des Kreises mit einer Größe multiplizieren muss, die zwischen $3 + {}^{10}/_{71}$ und $3 + {}^{1}/_{7}$ liegt, um dessen Umfang zu erhalten. Er bewies, dass man diese Größe beliebig genau ermitteln kann, wenn man nur die Anzahl der Ecken der Vielecke hinreichend groß wählt. Allein die Mühe der dafür nötigen Rechenarbeit hielt Archimedes davon zurück, diese Größe noch genauer als mit den von ihm gefundenen Grenzen zu ermitteln.

Erst das Rechnen mit Dezimalzahlen, die im antiken Griechenland noch unbekannt waren, erlaubte Ludolph van Ceulen, einem Rechenmeister der frühen Neuzeit, diese Größe mit der Methode des Archimedes außerordentlich genau einzugrenzen. Er ermittelte nach fast dreißigjähriger anstrengendster Rechenarbeit – er schrieb dem Kreise mehr als vier Trillionen Ecken ein –, dass diese Größe zwischen

3. 14159 26535 89793 23846 26433 83279 50288

und

3. 14159 26535 89793 23846 26433 83279 50289

zu liegen kommt. Ab dem 17. Jahrhundert wird, abgeleitet vom Anfangsbuchstaben des griechischen περίμετρος, perimetros, das Umfang bedeutet, diese Größe mit π bezeichnet. Wir scheuen davor zurück, sie eine »Zahl« zu nennen, weil sie nichts mit den Zahlen 1, 2, 3, 4, 5, 6, 7, …, auch nichts mit Dezimal- oder mit Bruchzahlen zu tun hat. Sie lässt sich durch diese bloß beliebig genau annähern.

Doch nicht nur, dass der mit π multiplizierte Durchmesser den Umfang des Kreises ergibt, hatte Archimedes bewiesen, er konnte mit der gleichen Größe π auch den Flächeninhalt des Kreises bestimmen.

Wenn man nämlich die sechs gleichseitigen Dreiecke des regelmäßigen Sechsecks, das dem Kreise eingeschrieben ist, abwechselnd mit deren Spitzen nach oben und nach unten aneinander schichtet, erhält man eine Figur, die grob an ein Rechteck erinnert, das den halben Umfang des Kreises als Länge und den Radius des Kreises als Breite besitzt. Näher kommt man an dieses Rechteck heran, wenn man das Gleiche mit den zwölf gleichschenkligen Dreiecken durchführt, aus denen das dem Kreise eingeschriebene regelmäßige Zwölfeck besteht. Und noch genauer stimmt es mit den Dreiecken der entsprechenden 24-, 48- und 96-Ecken. Was Archimedes zu dem Schluss führte, dass der Flächeninhalt des Krei-

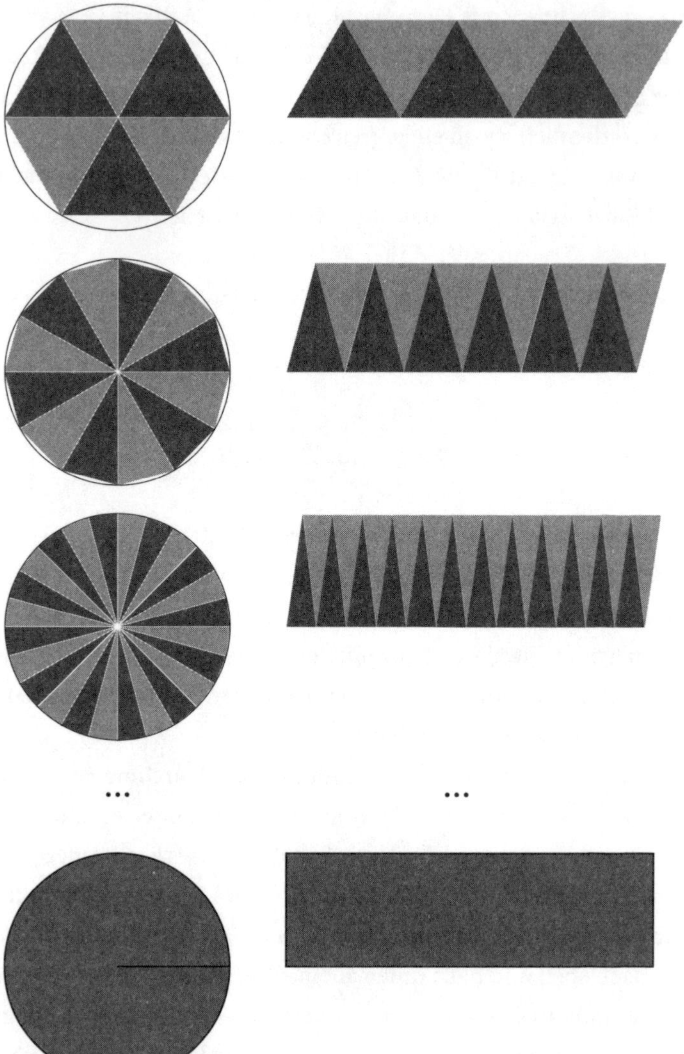

(2.11) Annäherung des Flächeninhalts des Kreises durch Anordnung der dem Kreis eingeschriebenen Vielecke. Der exakte Flächeninhalt des Kreises stimmt mit jenem des Rechtecks überein, dessen Länge der halbe Kreisumfang und dessen Breite der Kreisradius sind.

ses selbst exakt mit dem Flächeninhalt jenes Rechtecks übereinstimmt, dessen Länge der halbe Kreisumfang, also der mit π multiplizierte Radius ist und dessen Breite der Radius ist. So erhielt er die Formel, dass sich der Flächeninhalt des Kreises als Produkt von π mit dem Radiusquadrat, also dem mit sich selbst multiplizierten Radius, ergibt.

Und sogleich folgerte Archimedes daraus für den Zylinder, dass er dessen Rauminhalt berechnen konnte: Er brauchte den Flächeninhalt des Basiskreises nur mit der Höhe des Zylinders zu multiplizieren.

Mit diesem Wissen haben wir den ersten Teil dessen in Erfahrung gebracht, was wir zum Verstehen der erstaunlichen Eigenschaft von Gabriels Posaune benötigen. Den zweiten Teil gewinnen wir aus der Erkenntnis eines mittelalterlichen Gelehrten.

DER BEITRAG DES NICOLE ORESME

Nicole Oresme, auch Nikolaus von Oresme genannt, war im 14. Jahrhundert neben Eckhart von Hochheim, Wilhelm von Ockham und Johannes Buridan einer der einflussreichsten Meister, zugleich Priester und zuletzt Bischof von Lisieux. Die Beschäftigung mit der über alles Endliche hinausreichenden Transzendenz verführte die mittelalterlichen Gelehrten, mit dem Unendlichen zu rechnen. Diese geistige Freiheit ermöglichte Nicole Oresme, zu einer beeindruckenden Erkenntnis zu gelangen:

Nicole Oresme versuchte, unendlich viele Größen zu addieren. Wobei es sich, um genau zu sein, um Kehrwerte von Zahlen handelt.

Wir betrachten dazu ein erstes Beispiel: Es sollen die Kehrwerte der Zweierpotenzen 2, $2 \times 2 = 4$, $2 \times 2 \times 2 = 8$, $2 \times 2 \times 2 \times 2 = 16$ und daran anschließend 32, 64, 128, 256, … addiert werden. Wir betrachten also die Summe

$$\frac{1}{2} + \frac{1}{4} + \frac{1}{8} + \frac{1}{16} + \frac{1}{32} + \frac{1}{64} + \frac{1}{128} + \frac{1}{256} + \ldots$$

mit einer unendlichen Fülle von Summanden. Die Aufgabe lautet: Rechne das aus! Sicher wusste Oresme bereits um die Lösung. Das Ergebnis beträgt genau 1. Die Begründung dafür ist nicht besonders kompliziert: Betrachtet man nur den ersten Summanden $1/2$, fehlt $1/2$ bis zur behaupteten Summe 1. Betrachtet man die Summe der ersten beiden Summanden, also $1/2 + 1/4 = 3/4$, fehlt $1/4$ bis zur behaupteten Summe 1. Betrachtet man die Summe der ersten drei Summanden, also $1/2 + 1/4 + 1/8 = 7/8$, fehlt $1/8$ bis zur behaupteten Summe 1. Und betrachtet man die Summe der ersten vier Summanden, also $1/2 + 1/4 + 1/8 + 1/16 = 15/16$, fehlt $1/16$ bis zur behaupteten Summe 1. Hieraus erkennen wir: Bricht man die Summe bei irgendeinem Kehrwert einer Zweierpotenz ab, fehlt genau dieser Kehrwert der Zweierpotenz bis zum behaupteten Wert 1. Doch addiert man die Kehrwerte *aller* Zweierpotenzen, bleibt nichts mehr übrig, was zum behaupteten Wert 1 der Summe fehlt. Die Summe der Kehrwerte aller Zweierpotenzen muss folglich exakt mit 1 übereinstimmen.

Dies ist deshalb ein bemerkenswertes Resultat, weil diese Summe aus unendlich vielen Summanden besteht. Trotz dieser Tatsache bleibt sie beschränkt; wir konnten sogar ihren Wert berechnen.

Viel heikler ist das zweite Beispiel: Es sollen zu 1 die Kehrwerte der Quadratzahlen $2 \times 2 = 4$, $3 \times 3 = 9$, $4 \times 4 = 16$, $5 \times 5 = 25$, $6 \times 6 = 36$, $7 \times 7 = 49$, … addiert werden. Wir betrachten also die Summe

$$1 + \frac{1}{4} + \frac{1}{9} + \frac{1}{16} + \frac{1}{25} + \frac{1}{36} + \frac{1}{49} + \ldots$$

mit einer unendlichen Fülle von Summanden. Die Aufgabe lautet: Rechne das aus! Ob Nicole Oresme diese Aufgabe kannte, ist nicht sicher. Jedenfalls kannte sie der ebenfalls dem geistlichen Stande angehörende Pietro Mengoli, der 300 Jahre nach Oresme lebte und, ohne es zu wissen, die Gedankenführungen seines großen mittelalterlichen Meisters oft wiederholte. Mengoli wusste: Obwohl auch in dieser Summe unendlich viele Summanden stehen, wird ihr Wert nicht unendlich sein, sondern endlich bleiben, sogar kleiner als 2.

Um dies begründen zu können, betrachtete Mengoli die einzelnen Kehrwerte der Quadratzahlen. Beginnen wir mit $1/4$, also mit $1/(2 \times 2)$. Da offenkundig 2×2 größer als 1×2 ist, muss der Kehrwert von 2×2, also der Bruch $1/(2 \times 2)$ kleiner als der Kehrwert von 1×2, also kleiner als $1/(1 \times 2)$ sein. Und wir beachten, dass $1/(1 \times 2) = 1/1 - 1/2$ ist. Die letzte Rechnung bestätigen wir nicht vordergründig damit, dass wir sie einfacher als $1/2 = 1 - 1/2$ schreiben, sondern damit, dass wir folgendermaßen argumentieren: Bildet man bei der Differenz $1/1 - 1/2$ den Bruch mit dem gemeinsamen Nenner 1×2, hat man den Zähler 1 des ersten Bruches mit 2 und den Zähler 1 des zweiten Bruches mit 1 zu erweitern, folglich die Differenz $2 - 1$ in den gemeinsamen Zähler zu schreiben. Kurz gefasst: $1/1 - 1/2 = (2-1)/(1 \times 2)$. Darum stimmt $1/1 - 1/2 = 1/(1 \times 2)$. Und diese Differenz ist größer als $1/4$.

Nun betrachten wir als Nächstes den Kehrwert der Quadratzahl 9, also $1/9 = 1/(3 \times 3)$. Da offenkundig 3×3 größer als 2×3 ist, muss der Kehrwert von 3×3, also der Bruch $1/(3 \times 3)$ kleiner als der Kehrwert von 2×3, also kleiner als $1/(2 \times 3)$ sein. Und wir beachten, dass $1/(2 \times 3) = 1/2 - 1/3$ ist. Auch hier argumentieren wir wie oben: Bildet man bei der Differenz $1/2 - 1/3$ den Bruch mit dem gemeinsamen Nenner 2×3, hat man den Zähler 1 des ersten Bruches mit 3 und den Zähler 1 des zweiten Bruches mit 2 zu erweitern, folglich die Differenz $3 - 2$ in den gemeinsamen Zähler zu schreiben. Kurz gefasst: $1/2 - 1/3 = (3-2)/(2 \times 3)$. Darum stimmt tatsächlich $1/2 - 1/3 = 1/(2 \times 3)$. Und diese Differenz ist größer als $1/9$.

Das Gleiche gilt für den Kehrwert der Quadratzahl 16, also für $1/16 = 1/(4 \times 4)$. Noch einmal wiederholen wir den Gedankengang: Da offenkundig 4×4 größer als 3×4 ist, muss der Kehrwert von 4×4, also der Bruch $1/(4 \times 4)$, kleiner als der Kehrwert von 3×4, also kleiner als $1/(3 \times 4)$ sein. Und wir beachten, dass $1/(3 \times 4) = 1/3 - 1/4$ ist. Auch hier argumentieren wir wie oben: Bildet man bei der Differenz $1/3 - 1/4$ den Bruch mit dem gemeinsamen Nenner 3×4, hat man den Zähler 1 des ersten Bruches mit 4 und den Zähler 1 des zweiten Bruches mit 3 zu erweitern, folglich die Differenz $4 - 3$ in den gemeinsamen Zähler zu schreiben. Kurz gefasst:

$1/3 - 1/4 = (4-3)/(3 \times 4)$. Darum stimmt tatsächlich $1/3 - 1/4 = 1/(3 \times 4)$. Und diese Differenz ist größer als $1/16$.

Es ist klar, dass das Gleiche genauso für die Kehrwerte aller größeren Quadratzahlen stimmt. Es sind daher die Kehrwerte

$$\frac{1}{4} \qquad \frac{1}{9} \qquad \frac{1}{16} \qquad \frac{1}{25} \qquad \frac{1}{36} \qquad \frac{1}{49} \qquad \ldots$$

der Quadratzahlen durchwegs kleiner als die Differenzen

$$\frac{1}{1}-\frac{1}{2} \qquad \frac{1}{2}-\frac{1}{3} \qquad \frac{1}{3}-\frac{1}{4} \qquad \frac{1}{4}-\frac{1}{5} \qquad \frac{1}{5}-\frac{1}{6} \qquad \frac{1}{6}-\frac{1}{7} \qquad \ldots.$$

Demzufolge ist die Summe von 1 und den Kehrwerten der Quadratzahlen, also die Summe

$$1+\frac{1}{4}+\frac{1}{9}+\frac{1}{16}+\frac{1}{25}+\frac{1}{36}+\frac{1}{49}+\ldots$$

sicher kleiner als die Summe von 1 und den oben genannten Differenzen, also kleiner als

$$1+\left(\frac{1}{1}-\frac{1}{2}\right)+\left(\frac{1}{2}-\frac{1}{3}\right)+\left(\frac{1}{3}-\frac{1}{4}\right)+\left(\frac{1}{4}-\frac{1}{5}\right)+\left(\frac{1}{5}-\frac{1}{6}\right)+\left(\frac{1}{6}-\frac{1}{7}\right)+\ldots.$$

Bei der zuletzt genannten Summe lassen wir einfach die Klammern weg und schreiben sie als

$$1+\frac{1}{1}-\frac{1}{2}+\frac{1}{2}-\frac{1}{3}+\frac{1}{3}-\frac{1}{4}+\frac{1}{4}-\frac{1}{5}+\frac{1}{5}-\frac{1}{6}+\frac{1}{6}-\frac{1}{7}+\ldots.$$

So angeschrieben erkennen wir, dass der Bruch $-1/2$ vom nachfolgenden Bruch $+1/2$ aufgehoben wird, der Bruch $-1/3$ vom nachfolgenden Bruch $+1/3$ aufgehoben wird, der Bruch $-1/4$ vom nachfolgenden Bruch $+1/4$ aufgehoben wird, und dieses Sich-gegenseitig-Aufheben geht unvermindert weiter, sodass schließlich von dieser Summe nur $1 + 1/1$, also nur $1 + 1 = 2$ übrig bleibt.

Darum, so schloss Mengoli, muss die Summe von 1 und den Kehrwerten der Quadratzahlen einen *endlichen* Wert ergeben, der kleiner als 2 ist. Und dies trotz der Tatsache, dass diese Summe aus *unendlich* vielen Summanden besteht.

Zu berechnen, wie der Wert der Summe von 1 und den Kehrwerten der Quadratzahlen lautet, überließen Nicole Oresme wie auch Pietro Mengoli künftigen Generationen. Wir kommen am Ende des Kapitels darauf zurück.

Bei einer anderen Summe mit unendlich vielen Summanden wissen wir sogar, wie Oresme selbst argumentierte. Wir betrachten, bis auf 1, die Kehrwerte aller Zahlen und denken uns diese addiert:

$$\tfrac{1}{2}+\tfrac{1}{3}+\tfrac{1}{4}+\tfrac{1}{5}+\tfrac{1}{6}+\tfrac{1}{7}+\tfrac{1}{8}+\tfrac{1}{9}+\tfrac{1}{10}+\tfrac{1}{11}+\tfrac{1}{12}+\tfrac{1}{13}+\tfrac{1}{14}+\tfrac{1}{15}+\tfrac{1}{16}+\tfrac{1}{17}+\ldots.$$

Oresme betrachtete nach dem ersten Summanden $1/2$ die beiden folgenden Summanden $1/3$ und $1/4$. Weil $1/3$ größer als $1/4$ ist, muss $1/3 + 1/4$ größer als $1/4 + 1/4$, also größer als $2/4 = 1/2$ sein. Danach betrachtete Oresme die vier folgenden Summanden $1/5$, $1/6$, $1/7$ und $1/8$. Die ersten drei unter ihnen sind durchwegs größer als $1/8$, daher ist $1/5 + 1/6 + 1/7 + 1/8$ größer als $1/8 + 1/8 + 1/8 + 1/8$, also größer als $4/8 = 1/2$. Und bei den acht folgenden Summanden, die von $1/9$ bis $1/16$ reichen, argumentiert Oresme genauso: Deren Summe ist sicher größer als $8/16$, also größer als $1/2$. Oresme hat, bildhaft gesprochen, bei der obigen Summe in folgender Weise Klammern gesetzt:

$$\tfrac{1}{2}+(\tfrac{1}{3}+\tfrac{1}{4})+(\tfrac{1}{5}+\tfrac{1}{6}+\tfrac{1}{7}+\tfrac{1}{8})+(\tfrac{1}{9}+\tfrac{1}{10}+\ldots+\tfrac{1}{15}+\tfrac{1}{16})+(\tfrac{1}{17}+\ldots.$$

Die erste Klammer umschließt zwei Summanden, die zweite Klammer vier, die dritte Klammer acht, und dies geht endlos so weiter. Jede folgende Klammer umschließt doppelt so viele Summanden wie die vorherige. Und addiert man die Bruchzahlen in jeder der Klammern, erhält man stets eine Summe, die größer als $1/2$ ist.

Nun erkennt Oresme: Unendlich viele Klammern folgen dem ersten Summanden $1/2$. Jede der unendlich vielen Klammern besteht aus Summanden, die addiert mehr ergeben als $1/2$. Wenn man daher, bis auf 1, die Kehrwerte aller Zahlen addiert, addiert man mehr, als wenn man unendlich oft $1/2$ zu sich selbst addiert. Der Bruch $1/2$, unendlich oft zu sich selbst addiert, ergibt unendlich. Deshalb muss auch die Summe der Kehrwerte aller mit 2 beginnenden Zahlen unendlich sein.

Man lasse sich nicht von dem Argument verführen, dass dies selbstverständlich sei, weil es in dieser Summe unendlich viele Summanden gäbe. Denn bei der Summe der Kehrwerte aller Zweierpotenzen addiert man auch unendlich viele Summanden, und trotzdem besitzt die Summe den endlichen Wert 1. Und bei der Summe von 1 und den Kehrwerten aller Quadratzahlen addiert man ebenso unendlich viele Summanden, und auch hier besitzt die Summe einen endlichen Wert, von dem wir wissen, dass er kleiner als 2 sein muss.

Bei den Kehrwerten aller mit 2 beginnenden Zahlen überschreitet hingegen die Summe jede endliche Grenze. Sie tut dies allerdings schleichend langsam. Wenn man von $1/2$ bis $1/10$ addiert, kommt man nicht an 2 heran, wenn man von $1/2$ bis $1/100$ addiert, erreicht man knapp 4.2, wenn man von $1/2$ bis $1/1000$ addiert, erreicht man knapp 6.7 und wenn man von $1/2$ bis $1/10\,000$ addiert, kommt man nicht einmal an 9 heran. Dennoch stimmt es, was Oresme bewies: Wenn man mit $1/2$ beginnend die Kehrwerte *aller* Zahlen addiert, erreicht man unendlich.

DIE ERKENNTNIS DES EVANGELISTA TORRICELLI

Nun sind wir knapp vor dem Ziel. Historisch wurde es von Evangelista Torricelli, dem Nachfolger Galileo Galileis als Hofmathematiker in Florenz, als Erstem erreicht. Torricelli hatte nicht nur die Fallgesetze Galileis für ausströmende Flüssigkeiten übertragen, er erfand zudem das Quecksilberbarometer zur Messung des Luftdrucks und entwickelte ein einfaches, aber funktionstüchtiges Mikroskop. Uns jedoch interessiert die Erkenntnis, die Torricelli im Hinblick auf Gabriels Posaune gewann.

Wir erinnern uns daran, wie wir Gabriels Posaune als geometrische Figur, genauer: als eine glatte, aber gekrümmte Fläche in ein Koordinatensystem fügten. Nun blicken wir auf die von der ersten und der zweiten Koordinatenachse aufgespannte Aufrissebene und sehen in ihr, welche zwei Kurven sich als Schnitt von ihr mit Gabriels Posaune ergeben. Es ist links von der ersten Achse die an der Markierung 1 beginnende, nach oben verlaufende und sich der ersten Achse immer mehr annähernde Kurve, die bei jeder auf der ersten Achse eingetragenen Zahl den Kehrwert dieser Zahl als linken Abstand besitzt. Und rechts von der ersten Achse sieht man diese Kurve an der ersten Achse gespiegelt. Diese beiden Kurven bilden, mit anderen Worten, den Umriss von Gabriels Posaune, wenn man direkt auf die Aufrissebene blickt.

Dabei, dies darf man nicht vergessen, zeigt die Abbildung nur den unteren Teil des Umrisses von Gabriels Posaune. Denn die erste Achse läuft über den Rand der Zeichnung hinaus unentwegt nach oben, bis in das Unendliche.

Nun stellte sich Torricelli die Aufgabe, einerseits den Inhalt des Volumens der Luft, die sich innerhalb der Posaune befindet, und andererseits den Inhalt der Posaunenfläche, die dieses Luftvolumen umfasst, zu berechnen. Wir begnügen uns damit, diese beiden Inhalte nicht genau, sondern nur ungefähr zu berechnen. Dies reicht bereits, um zur entscheidenden Erkenntnis gelangen zu können.

Beim Luftvolumen schätzen wir, wie groß es *höchstens* sein kann. Dazu teilen wir das Volumen der Luft in Schichten auf. Wir erhalten diese, indem wir an jeder ganzzahligen Markierung der ersten Achse das Volumen mit einer waagrechten Ebene schneiden. In der Skizze sieht man diese Schnittebenen als waagrechte gerade Linien, die durch die Markierungen 1, 2, 3, … der senkrechten ersten Achse verlaufen.

Nun sieht man: Von der Markierung 1 bis zur Markierung 2 ist das Luftvolumen in dieser Schicht sicher kleiner als das Volumen des Zylinders, dessen Höhe von 1 bis 2 reicht und der 1 Zentimeter als Radius des Basiskreises besitzt. Dieses Zylindervolumen kann man berechnen, denn die Höhe des Zylinders beträgt 1 Zentimeter und auch der Radius des Zylinders beträgt 1 Zentimeter. Das Volumen des Zylinders errechnet sich, indem man den Radius mit sich selbst multipliziert – dies ergibt 1 Quadratzentimeter –, danach mit π und danach mit der Höhe von 1 Zentimeter multipliziert. Das Ergebnis ist daher $\pi \times 1$, in Kubikzentimeter gemessen.

Man sieht ferner: Von der Markierung 2 bis zur Markierung 3 ist das Luftvolumen in dieser Schicht sicher kleiner als das Volumen des Zylinders, dessen Höhe von 2 bis 3 reicht und der $1/2$ Zentimeter als Radius des Basiskreises besitzt. Auch dieses Zylindervolumen kann man berechnen, denn die Höhe des Zylinders beträgt wieder 1 Zentimeter und der Radius des Zylinders beträgt diesmal $1/2$ Zentimeter. Das Volumen des Zylinders errechnet sich, indem man den Radius mit sich selbst multipliziert – dies ergibt $1/4$ Quadratzentimeter –, danach mit π und danach mit der Höhe von 1 Zentimeter multipliziert. Das Ergebnis ist daher $\pi \times 1/4$, in Kubikzentimeter gemessen.

Und auch von der Markierung 3 bis zur Markierung 4 ist das Luftvolumen in dieser Schicht sicher kleiner als das Volumen des Zylinders, dessen Höhe von 3 bis 4 reicht und der $1/3$ Zentimeter als Radius des Basiskreises besitzt. Auch dieses Zylindervolumen kann man berechnen, denn die Höhe des Zylinders beträgt wieder 1 Zentimeter und der Radius des Zylinders beträgt diesmal $1/3$ Zentimeter. Das Volumen des Zylinders errechnet sich, indem man den Radius mit sich selbst multipliziert – dies ergibt $1/9$ Quadratzentimeter –, danach mit π und danach mit der Höhe von 1 Zentimeter multipliziert. Das Ergebnis ist daher $\pi \times 1/9$, in Kubikzentimeter gemessen.

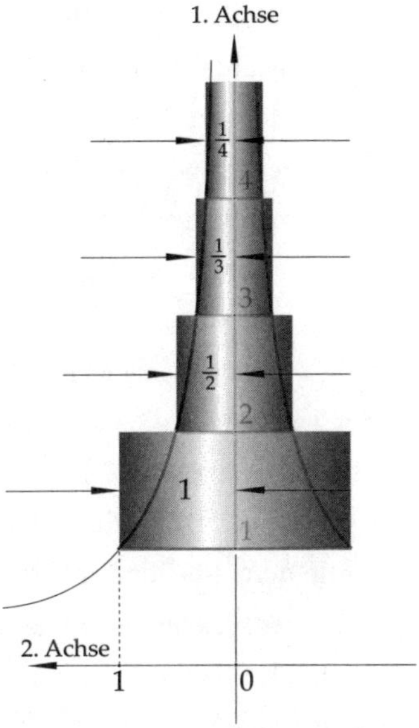

(2.12) Das Volumen der Luft in Gabriels Posaune ist kleiner als die Summe der Volumina der sie umgebenden Zylinder.

Es ist offensichtlich, dass die einzelnen Schichten Volumina besitzen, die der Reihe nach, in Kubikzentimeter gemessen, kleiner als $\pi \times 1$, $\pi \times 1/4$, $\pi \times 1/9$, $\pi \times 1/16$, $\pi \times 1/25$, … sind. Sicher mehr als das gesamte Luftvolumen in der Posaune bekommt man, wenn man π mit der Summe von 1 und den Kehrwerten aller Quadratzahlen multipliziert. Obwohl sich die Luftschichten nach oben bis ins Unendliche erstrecken, ist die Summe von 1 und den Kehrwerten aller Quadratzahlen nicht größer als 2. Folglich reicht das gesamte Luftvolumen in der Posaune nicht an den Wert $\pi \times 2$, in Kubikzentimeter gemessen, heran.

Kurz gesagt: *Gabriels Posaune enthält nur ein endliches Volumen Luft.*

Bei der Posaunenfläche schätzen wir, wie groß diese *mindestens* sein muss. Wie zuvor teilen wir die Fläche in Stücke auf, indem wir sie mit waagrechten Ebenen schneiden, wobei diese Ebenen durch die ganzzahligen Markierungspunkte der ersten Achse verlaufen.

In das erste, von der Markierung 1 bis zur Markierung 2 reichende Flächenstück legen wir einen Zylinder mit Radius $1/2$ Zentimeter und mit 1 Zentimeter Höhe. Dieser Zylinder besitzt eine Mantelfläche, die kleiner als der Inhalt des Flächenstücks ist. Der Inhalt der Mantelfläche errechnet sich, indem man 2π, das Doppelte von π, mit dem Radius und der Höhe multipliziert. Dies ergibt $2\pi \times 1/2$, in Quadratzentimeter gemessen. (Natürlich könnte man das Produkt von 2 mit $1/2$ zu 1 vereinfachen; wir tun dies nicht, weil dadurch das Schema der Gedankenführung gestört würde.)

Denn auch in das zweite, von der Markierung 2 bis zur Markierung 3 reichende Flächenstück legen wir einen Zylinder, nun mit Radius $1/3$ Zentimeter und mit 1 Zentimeter Höhe. Dieser Zylinder besitzt eine Mantelfläche, die kleiner als der Inhalt des Flächenstücks ist. Der Inhalt der Mantelfläche errechnet sich, indem man 2π mit dem Radius und der Höhe multipliziert. Dies ergibt $2\pi \times 1/3$, in Quadratzentimeter gemessen.

Und auch in das dritte, von der Markierung 3 bis zur Markierung 4 reichende Flächenstück legen wir einen Zylinder, nun mit Radius $1/4$ Zentimeter und mit 1 Zentimeter Höhe. Dieser Zylinder besitzt eine Mantelfläche, die kleiner als der Inhalt des Flächenstücks ist. Der Inhalt der Mantelfläche errechnet sich, indem man 2π mit dem Radius und der Höhe multipliziert. Dies ergibt $2\pi \times 1/4$, in Quadratzentimeter gemessen.

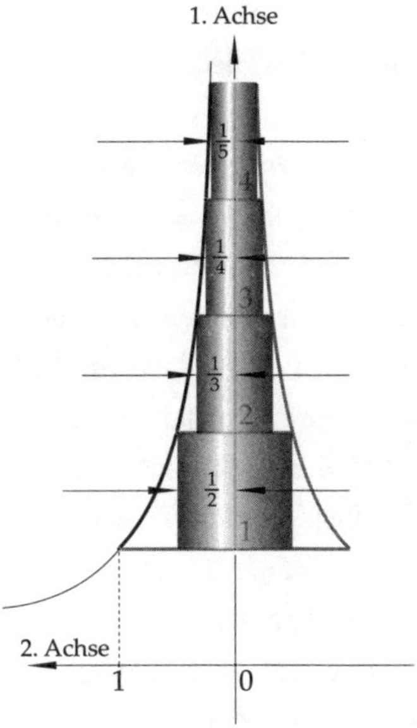

(2.13) Die Oberfläche von Gabriels Posaune ist größer als die Summe der Mantelflächen der in sie eingeschobenen Zylinder.

Auch hier ist offensichtlich, dass die einzelnen Flächenstücke Inhalte besitzen, die, in Quadratzentimeter gemessen, der Reihe nach größer als $2\pi \times 1/2$, $2\pi \times 1/3$, $2\pi \times 1/4$, $2\pi \times 1/5$, $2\pi \times 1/6$, … sind. Sicher weniger als die gesamte Oberfläche der Posaune bekommt man, wenn man 2π mit der Summe der Kehrwerte aller Zahlen, mit $1/2$ beginnend, multipliziert. Diese Summe ist, so zeigte es Oresme, unendlich. Und mit 2π multipliziert, bleibt sie unendlich und ist, in Quadratzentimeter gemessen, mindestens so groß wie die Oberfläche der Posaune.

Kurz gesagt: *Gabriels Posaune besitzt eine unendlich große Oberfläche.*

Die Einsicht, die Evangelista Torricelli gewann, ist weitaus verwunderlicher als die unendliche Länge der minkowskischen Kurve oder die beliebig großen Flächeninhalte der Lampions von Schwarz. Denn bei Gabriels Posaune kommt, ganz im Gegensatz zu den beiden anderen Beispielen, weder ein Auf und Nieder von Zickzacklinien noch ein Flattern von kleinen Dreiecken vor. Torricelli betrachtete allein die völlig glatt sich in die Höhe verlierende Oberfläche der Posaune. Und er stellte fest, dass sie trotz ihrer Verengung nach oben einen unendlich großen Flächeninhalt besitzt, jedoch nur ein endlich großes Volumen umfasst.

Wie eigenartig dieses Ergebnis ist, erkennt man an dem Versuch eines praktisch veranlagten Skeptikers, der es widerlegen zu können glaubt: Er stellt sich vor, die Posaune werde um die zweite Achse von oben nach unten gedreht, sie zeigt also nicht hinauf in den Himmel, sondern zu Luzifer hinunter in die Hölle. Danach füllt er sie mit einem Kübel Metallfarbe, wobei der Kübel kaum mehr als 6 Kubikzentimeter Inhalt umfasst. Der obigen Rechnung zufolge ist damit das Innere der Posaune bis hinab ins Unendliche vollständig mit der Metallfarbe ausgefüllt. Dann dreht der Skeptiker die Posaune wieder in Richtung Himmel zurück und lässt die Farbe vom Schalltrichter weg nach unten abfließen. Die gesamte Innenfläche der Posaune müsste danach gefärbt sein – ein glatter Widerspruch zur Aussage, dass der Flächeninhalt dieser Innenfläche unendlich groß sei, man also unendlich viel Lack zu seiner Färbung benötigte.

Aber der Skeptiker verfängt sich an seiner eigenen, auf die Natur der Dinge hin gerichteten Argumentation. Denn er übersieht, dass die Farbe nicht unendlich dünn aufgetragen werden kann, sondern stets eine gewisse Dicke besitzen muss. Ganz bis zum unendlich fernen Mundstück der Posaune kann sie nicht fließen, selbst wenn man auf sie nach dem Füllen zusätzlichen Druck in die Posaune hinein ausübte. Und was nach dem Ausfließen übrig bleibt, ist nicht ein Flächeninhalt, sondern ein Volumen einer Farbschicht. Doch nicht das Volumen, sondern der Flächeninhalt ist Torricellis Beweis zufolge unendlich.

Im Übrigen würde das gleiche Argument auch den Lampion des Hermann Amandus Schwarz betreffen: Füllte man den von diesem Lampion umrundeten Innenraum, der nicht größer als das Zylindervolumen sein kann, mit Farbe, müsste nach Ausfließen der Farbe die ganze, bei hinreichend feiner Konstruktion beliebig große Innenfläche des Lampions bemalt sein. Doch da es im Wesen der Farbe liegt, selbst bei noch so feinem Auftragen gleichwohl ein Volumen zu besitzen, zielt auch hier das Argument in die Leere.

Triftiger ist die Beanstandung eines tatsächlich der wahren Natur der Dinge verpflichteten Zweiflers, der prosaisch darauf hinweist, dass es in der Wirklichkeit Gabriels Posaune gar nicht geben kann. Sie ist einer überbordenden Fantasie entsprungen. Nirgends in der realen Welt trifft man auf ein Instrument, das sich bis ins Unendliche erstreckt. Darum, stellt der Zweifler schonungslos fest, könne man alles, was hier erörtert wurde, schlicht vergessen.

Abgeklärte, nüchterne Gemüter mögen ihm zustimmen. All dies seien Gedankenspielereien, die man sich nur leisten könne, wenn einen keine Sorgen der Alltagswelt plagten. Die Mathematik, die immer der Gefahr ausgesetzt sei, sich in abgehobene Sphären zu verlieren, habe sich gefälligst daran zu orientieren, für praktische Probleme Handlungsanweisungen bereitzustellen. Jedenfalls in der Schule, so sind diese sachlich Denkenden überzeugt, ist nur jener Mathematikunterricht sinnvoll, bei dem es darum geht, Rüstzeug für das spätere Leben zu erwerben. Alles darüber hinaus Gehende sei überflüssig.

Das entspricht vollinhaltlich der Klage der siebzehnjährigen Schülerin Naina aus Köln, die vor wenigen Jahren in ihrem vom »Spiegel« weitverbreiteten Tweet schrieb: »Ich bin fast 18 und hab keine Ahnung von Steuern, Miete oder Versicherungen. Aber ich kann 'ne Gedichtsanalyse schreiben. In 4 Sprachen.« Sie rüttelte damit auf. »Ich finde es sehr positiv«, äußerte sich sogleich Bildungsministerin Johanna Wanka, »dass

Naina diese Debatte angestoßen hat. Ich bin dafür, in der Schule stärker Alltagsfähigkeiten zu vermitteln.«

Im gegenwärtigen Mathematikunterricht dürfte dieser Vorschlag auf einen allzu fruchtbaren Boden gefallen sein. Anscheinend lautet das Ziel, Kompetenzen für den täglichen Trott zu trainieren. Jedenfalls sind in der Gestaltung des Lehrplans, in den umfangreichen Beispielsammlungen und bei Abschlussprüfungen fast ausschließlich Aufgaben anzutreffen, die – zum Teil künstlich konstruiert und weit hergeholt – einen lebensnahen Bezug vorgaukeln. Es soll kein Wort dagegen gesagt werden, dass es gut ist, möglichst viel Nützliches im Mathematikunterricht zu lernen, mit Beispielen aus Betrachtungen der Umwelt und aus den Naturwissenschaften beginnend über die Rechentechniken bei Handel und Finanzgeschäften führend bis hin zu den Anwendungen der Wahrscheinlichkeitsrechnung und statistischen Auswertungen. All dies hat im Unterricht seinen Platz, wiewohl gerade diese Stoffgebiete als eher reizlos empfunden werden, weil sie wenige Überraschungen bereithalten.

Die Gestalter des Mathematikunterrichts in den Schulen dürften nämlich leider den wichtigen zweiten Satz übersehen haben, den Bildungsministerin Wanka zu Nainas Tweet sagte: »Es bleibt aber wichtig, Gedichte zu lernen und zu interpretieren.«

Dies stimmt selbstverständlich für den Sprachunterricht. Denn er verarmte rettungslos, würde er sich auf das Verfassen von Reportagen, Lebensläufen, Vertragstexten oder gar Einträgen in sozialen Medien verkürzen. Echte Literatur ist nämlich mehr als Beschäftigung mit dem unmittelbar Naheliegenden. Sie beansprucht, weit darüber hinauszugehen. Sie beansprucht, absolut Gültiges mitzuteilen. Sie beansprucht, dem Unerreichbaren nachzuspüren.

Dies stimmt, als studierte Mathematikerin weiß dies Ministerin Wanka, auch für den Unterricht in Mathematik. Natürlich gibt es in der Wirklichkeit Gabriels Posaune nicht. Aber es gibt die Erkenntnis von Torricelli. Obwohl sich diese auf ein Fantasiegebilde bezieht, ist sie reizvoll, interessant und überraschend. Es ist wert, sie mitzuteilen. Es wäre ein nicht gutzumachender Verlust, würde man im Schulfach Mathematik auf solche Ausflüge in die geistige Welt fantasiebegabter mathematischer Koryphäen verzichten.

IM KAFFEEHAUS

Der Autor erlebte mit eigenen Augen, wie anregend die Vermittlung scheinbar nutzlosen, aber geistreichen Bildungsgutes sein kann.

Zwischen 2002 und 2017 leitete er zusammen mit seiner Frau ein »math.space« genanntes Projekt. Es setzte sich das Ziel, in einem Veranstaltungsort im Museumsquartier, mitten in der Innenstadt von Wien, anhand von Kursen und Vorträgen für Jung und Alt die Mathematik als eminente kulturelle Errungenschaft vorzustellen. Bei einem der Vorträge, die dem Rechnen mit dem Unendlichen gewidmet waren – nüchtern betrachtet etwas völlig Unergiebiges, denn nirgends in der Welt gibt es Unendliches – und eigentlich für Jugendliche ab 14 Jahren konzipiert wurden, meldete sich eine Grundschulklasse von acht- und neunjährigen Kindern an. Die Lehrerin der Klasse wurde darauf aufmerksam gemacht, dass der Stoff die Kinder überfordern könnte, aber sie behauptete, dass die Kinder ihrer Klasse sehr talentiert seien und man den Versuch wagen solle.

Nach einigen Minuten vorsichtigen Herantastens stellte der vortragende Autor fest, dass es sich tatsächlich um eine Klasse von sehr begabten, jedenfalls sehr aufnahmefähigen Kindern handelte. So nahm er sich vor, über die Summe der Kehrwerte der Zweierpotenzen, also über

$$\frac{1}{2}+\frac{1}{4}+\frac{1}{8}+\frac{1}{16}+\frac{1}{32}+\frac{1}{64}+\frac{1}{128}+\frac{1}{256}+\ldots$$

zu erzählen und zu begründen, dass ihr Wert 1 beträgt. Natürlich musste dies in eine für die Kinder verständliche Sprache übersetzt werden. »Ich stelle mir vor«, so begann der Autor zu fabulieren, »dass ich in einem Kaffeehaus neben einer Freundin sitze, die ich so gernhabe, dass ich ihr eine Torte spendieren möchte. Nein, meint sie, so viel wolle sie nicht essen, nur die Hälfte. Nachdem sie das genussvoll getan hatte, frage ich sie, ob sie nicht den Rest, die andere Hälfte, essen wolle. Nein, meint sie, nur die Hälfte von dem Rest, also nur ein Viertel. Auch das tut sie mit Genuss, und ich frage sie wieder, ob sie nicht den Rest, das übrige Viertel, essen wolle. Und wieder meint sie nein, nur die Hälfte von dem Rest, also nur ein Achtel. Auch das tut sie mit Genuss, und ich frage sie wieder, ob sie nicht den Rest, das übrige Achtel, essen wolle. Und wieder meint sie nein, nur die Hälfte von dem Rest. Und so geht dies weiter und weiter. Wann hört das wohl auf?«

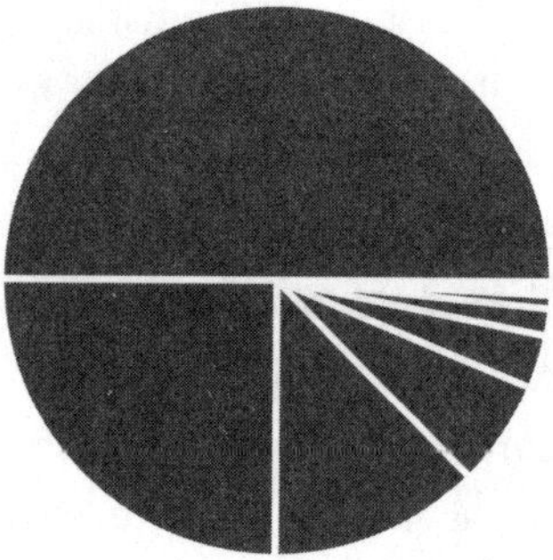

(2.14) Geometrischer Beweis, dass die Summe der Kehrwerte aller Zweierpotenzen 1 beträgt.

Die Kinder begriffen sehr schnell: Nie endet dieses Wechselspiel von Angebot und halbem Zuspruch. Natürlich hat es mit der Realität wenig zu tun, denn irgendwann ist Sperrstunde, und außerdem verliert das Halbieren eines Krümels an Reiz. Aber in der Welt der Fantasie kann man sich vorstellen, dass die beiden unendlich lang miteinander sitzen und über nichts anderes sprechen. Die Kinder verstanden auch, dass die Summe dieser andauernd halbierten Stücke nicht mehr als die ganze Torte liefern könne, denn mehr als diese eine Torte war nicht auf dem Tisch. Aber, bis ins Unendliche gedacht, kann schließlich auch nichts übrig bleiben, denn jedes noch verbliebene Krümelchen wurde vor dem Erreichen des Unendlichen noch einmal halbiert und dessen Hälfte verzehrt. Damit hatten die Kinder den völlig exakten Beweis verstanden, dass die Summe der Kehrwerte der Zweierpotenzen – eine Summe mit unendlich vielen Summanden! – einen endlichen Wert ergibt, nämlich 1.

Als Vortragender spürt man sehr rasch, ob das Publikum abdriftet oder bei der Sache bleibt. Die Kinder jedenfalls hörten gebannt zu. Sodass sich der Autor traute, auch über die Summe der Kehrwerte aller Zahlen bis auf 1, also über die Summe

$$\frac{1}{2}+\frac{1}{3}+\frac{1}{4}+\frac{1}{5}+\frac{1}{6}+\frac{1}{7}+\frac{1}{8}+\frac{1}{9}+\ldots$$

eine ähnliche Geschichte zu erzählen: »Nun stelle ich mir vor, dass ich im Kaffeehaus neben einem dicken Mann sitze, der sicher gerne Torten isst. Ich biete ihm eine Torte an. Die Hälfte esse er, war seine Antwort, die andere Hälfte gebe er zurück. Nachdem er sie gegessen hatte, biete ich ihm eine andere Torte an. Ein Drittel esse er, war seine Antwort, den Rest gebe er zurück. Nachdem er auch das gegessen hatte, biete ich ihm wieder eine andere Torte an. Ein Viertel esse er, war seine Antwort, den Rest gebe er zurück.«

»Jetzt hat er schon mehr als eine ganze Torte gegessen«, unterbrach ein besonders gewieftes Kind die Erzählung.

Das war ein unerhört kluger Einwurf.

Denn dieses Kind hat den genialen Gedanken von Nicole Oresme durchblickt, dass $1/3 + 1/4$ mehr ist als $1/4 + 1/4$. Und dieses ist $2/4$, also $1/2$. Viel naheliegender wäre es, mühsam $1/3 + 1/4$ genau zu addieren, statt es bloß zu schätzen. Aber das genaue Addieren bringt keine Einsicht, die treffliche Schätzung jedoch sehr wohl. Und genau das begriff das Kind in Blitzesschnelle.

Dieses Kind und vielleicht auch ein paar andere Aufgeweckte aus der Klasse vollzogen nach, dass nach dem Verzehr des Fünftel-, Sechstel-, Siebentel- und Achteltortenstücks der maßlose Schwelger bereits mehr als eineinhalb Torten verschlungen hatte. Ist er mit dem Essen bis zum Sechzehntel einer Torte angelangt, hat er in Summe bereits mehr als zwei Torten in seinen Magen befördert. Würde er bis ins Unendliche so weitermachen, ohne vom Platz aufzustehen und sich zu erleichtern, müsste er schließlich explodieren. Natürlich erheiterte das Bild des platzenden Tortenliebhabers die ganze Klasse, auch jene, die der Gedankenführung nur leise ahnend folgten.

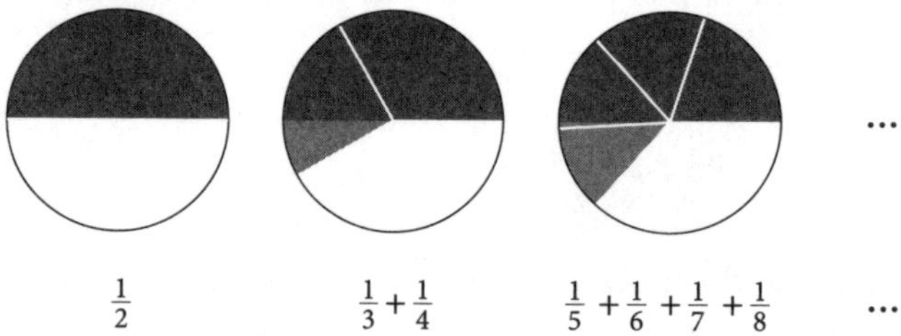

(2.15) Geometrischer Beweis, dass die Summe der Kehrwerte aller Zahlen, mit $1/2$ beginnend, nach unendlich strebt.

So haarsträubend weltfremd – auch den Achtjährigen war dies bewusst – die Geschichten von der jungen Frau und dem Tortengourmand sein mögen, so wertvoll ist der Erkenntnisgewinn, den die Kinder daraus ziehen konnten. Jedenfalls weitaus förderlicher als ein ödes Einüben des Dreisatzes, so lebensnah und wichtig dieser Lehrstoff auch ist.

Vor allem das Talent jenes Kindes, das den Einwurf tätigte, zu erkennen und zu fördern wäre kaum möglich, würden in der Schule einzig und allein Alltagsfertigkeiten unterrichtet. Für diese braucht man keine sonderliche Begabung, sonst wären sie nicht alltäglich. Mathematik jedoch ist nur dann wertvoll, wenn sie das trocken Schablonenhafte überwindet.

DAS BASLER PROBLEM

Kehren wir noch einmal zu Pietro Mengoli und der von ihm betrachteten Summe von 1 und den Kehrwerten aller Quadratzahlen, also zu

$$1+\frac{1}{4}+\frac{1}{9}+\frac{1}{16}+\frac{1}{25}+\frac{1}{36}+\frac{1}{49}+\dots$$

zurück. Natürlich konnte er die ersten fünf Summanden dieser Summe, also von 1 bis zu $1/25$, addieren und den Wert 1.46361... ermitteln. Mit einiger Anstrengung konnte er auch die ersten hundert Summanden dieser Summe, also von 1 bis zu $1/10\,000$, addieren und den Wert 1.63498... ermitteln. Die heutigen Rechenmaschinen erlauben auf Knopfdruck, die ersten hundert Millionen Summanden dieser Summe zu addieren und zum Wert 1.64493... zu kommen. Alle unendlich vielen Summanden addieren kann jedoch keine Rechenmaschine und wird es auch nie können. Allein auf Anwendbarkeit der Wissenschaften und auf Nützlichkeitsdenken ausgerichtete Gemüter stört das nicht. Es sei unnötig, sich darüber Gedanken zu machen. Nirgendwo in der Welt kommt Unendliches vor. Nichts Brauchbares könne man daraus gewinnen.

Pietro Mengoli stellte sich aber dennoch die Frage: Wie groß ist die Summe von 1 und den Kehrwerten aller unendlich vielen Quadratzahlen? Kleiner als 2 muss sie sein. Wie aber lautet sie exakt?

Der in Basel lebende Jakob Bernoulli hörte von diesem Problem. Er und sein mit ihm in steter Konkurrenz und andauerndem Streit lebender Bruder Johann mühten sich, der Summe ihren exakten Wert zu entlocken. Obwohl die beiden Bernoullis zu den einfallsreichsten Mathematikern ihrer Zeit zählten, bissen sie sich an diesem Problem die Zähne aus. Seither wird es nach ihrem Wohnort Basel benannt.

Gottfried Wilhelm Leibniz, der mit den Bernoullis in engem Kontakt stand, rühmte sich, eine Vielzahl von Summen mit unendlich vielen Summanden berechnen zu können. Aber beim Basler Problem versagte sein Talent. Guillaume de l'Hôpital, der über seine mathematisch interessierte Frau Marie-Charlotte de Romilley de la Chesnelaye Kontakt zu den Bernoullis und zu Leibniz aufnahm und das erste Lehrbuch der von Leibniz erfundenen Differential- und Integralrechnung herausgab, nahm sich ebenfalls des Basler Problems an – und scheiterte.

Sir Isaac Newton, der dem ihm zutiefst verhassten Leibniz vorwarf, seine Entdeckung des Kalküls mit Differentialen und Integralen gestohlen zu haben, soll sich ebenfalls mit dem Basler Problem beschäftigt haben. Es wäre ihm ein willkommener Triumph gewesen, wenn er, und nicht die gelehrten Köpfe des Kontinents, die Summe von 1 und den Kehrwerten aller unendlich vielen Quadratzahlen errechnet hätte. Es gelang ihm nicht. Auch nicht seinem ihm hündisch ergebenen Mitstreiter Abraham de Moivre, der wegen seines protestantischen Glaubens aus Frankreich vertrieben in London unter ärmlichen Bedingungen hauste.

Umso erstaunlicher war es, dass ein erst 27-jähriger Mann, der aus Basel stammende Leonhard Euler, von Johann Bernoulli als herausragendes mathematisches Talent erkannt, gefördert und zu Daniel Bernoulli, seinem Sohn, an die Akademie von Sankt Petersburg geschickt, das Basler Problem in den Griff bekam. Und noch erstaunlicher war, wie die Summe von 1 und den Kehrwerten der Quadratzahlen lautet: Euler erhielt sie, indem er π mit sich multiplizierte und das Ergebnis π^2 durch 6 dividierte. Was hat, fragt man sich verblüfft, das Verhältnis π des Kreisumfangs zum Kreisdurchmesser mit den Quadratzahlen zu tun? Das Ergebnis von Euler ist noch viel verwunderlicher als die Einsicht von Torricelli über Gabriels Posaune!

Eulers Erkenntnis gehört sicher zu den »schönsten« Einsichten, die in der jahrtausendelangen Geschichte der Mathematik entdeckt wurden. Was die Frage aufwirft, worauf die »Schönheit« von Mathematik beruht. Jedenfalls auch darauf, dass erstaunlich klare und trotzdem als zauberhaft empfundene Zusammenhänge zwischen scheinbar völlig unverbundenen Sachverhalten bestehen.

Hermann Weyl, der profundeste und tiefsinnigste Mathematiker des

20. Jahrhunderts sagte im hohen Alter bei Betrachtung seines Lebenswerks: »Meine Arbeit zielte immer darauf, das Korrekte mit dem Schönen zu verbinden, und wenn ich gezwungen war, sich für eines von beidem zu entscheiden, wählte ich in der Regel das Schöne.« Gefolgt ist Weyl seiner Devise zum Beispiel, als er 1919 eine sehr schöne Verbindung zwischen der Elektrodynamik von James Clerk Maxwell und der Relativitätstheorie von Albert Einstein entdeckte. Einstein, der die Abhandlung von Weyl begutachtete, wies die Arbeit zurück, weil sie physikalisch nicht stimmig sei. Weyl sah dies ein, bestand aber trotzdem auf der Veröffentlichung seiner Schrift, ihrer mathematischen Schönheit wegen. Der Aufsatz »Eine neue Erweiterung der Relativitätstheorie« wurde auch tatsächlich gedruckt, mit Einsteins ablehnendem Gutachten als Anhang. Wie sich später herausstellte, legte trotz Einsteins wohlbegründeter Skepsis Weyls schöne Theorie – von ihm ein Jahrzehnt später in dem Aufsatz »Elektron und Gravitation« geeignet adaptiert – die Basis der modernen Eichtheorie, welche heute die Physik der Elementarteilchen beherrscht. Die tiefgründige Schönheit hatte sich trotz vordergründiger Unkorrektheit durchgesetzt.

Und was habe ich davon, wenn ich davon erfahre, fragt der allein auf das Nützliche Ausgerichtete. Nichts, lautet die lapidare Antwort.

Auf Tafeln geschriebene Gesetze teilen mit, was sein *soll*. Gesetze über Zahlen teilen mit, was *ist*.

GEHEIMNISVOLLE PRIMZAHLEN UND DIE FRAGE NACH EWIGER GEWISSHEIT

××××

Da macht ein Hauch mich von Verfall erzittern.

Dieses Wort schrieb Georg Trakl 1913, knapp vor dem Untergang einer »Welt von gestern«, in einem seiner schönen Herbstgedichte. Verfall, Auflösung, Zerrüttung bereiten Unbehagen, Sorge, Angst. Erinnern sie doch an die eigene Vergänglichkeit. Diese mit aller Macht überwinden zu wollen unterscheidet den Menschen vom Tier.

In vorgeschichtlichen Zeiten bändigte der Einzelne das Bewusstsein seiner Sterblichkeit, indem er den Stamm, dem er angehörte, als ewig erachtete. Er verzichtete auf Individualität zugunsten der Eingliederung in die Sippe. Doch auch diese war, wenn die Güter schmerzhaft knapp wurden, dem drohenden Verderben geweiht. In den lebensfeindlichen Wüstengegenden, wo allein ein Strom wie der Nil oder ein Flüssepaar wie Euphrat und Tigris Bestand in Aussicht stellen, gelang das Überdauern nur, wenn statt eines chaotischen Geflechts von Stämmen eine straff geführte staatliche Struktur errichtet wurde. Darum entstanden an diesen Orten die ersten Theokratien: Ein von unsterblichen Göttern erkorener Herrscher mit unbeschränkter Entscheidungsmacht regelte – der Legende nach mit den Worten »So soll man es schreiben, so soll es geschehen« – alles, was sich in der Öffentlichkeit ereignete. So hielten es die Pharaonen in Ägypten, so der Gesetzgeber Hammurabi wie auch die anderen Könige von Sumer und Akkad in Babylon. Ihre Autorität bezogen sie von ihrer göttlichen Herkunft. Waren sie doch nach den Worten der Hohepriester, der damaligen Kämmerer und erhabenen Diener des Herrschers, vom Himmel, dem Sitz der Unsterblichen, gesandt. Und dass dort unverrückbare Unwandelbarkeit herrscht, war augenfällig: Alle sahen die Fixsterne des Nachthimmels, alle verfolgten die beharrlichen Rhythmen der Wandelsterne, die stete Abfolge der Phasen des Mondlichts und, am offensichtlichsten, das sich im Tages- und im Jahreszyklus unaufhörlich wiederholende Kreisen und Schwingen der Sonne entlang der Himmelskugel.

THALES, DEMOKRIT, ANAXIMANDER UND PYTHAGORAS

Erst die Griechen tätigten einen gewaltigen Schritt, den die Angehörigen der vor ihnen bestehenden Hochkulturen der Antike nicht zu setzen wagten: Die kühnsten Denker unter den griechischen Lehrern zogen den Glauben an unsterbliche Götter, die das Himmelsgeschehen und alles auf Erden lenken, in Zweifel. Und dies zu Recht. An der Spitze des Olymps, des legendären Wohnsitzes der zwölf dort residierenden Götter, befand sich nichts anderes als Steine. So wurden die alten, von Homer und Hesiod überlieferten Mythen als frei erfunden entlarvt. Sie sind bloß in ein wunderbar poetisches Gewand gehüllte Fabeleien. Aus diesem Grund verstehen wir, weshalb den griechischen Stadtstaaten Theokratie in jener Form, wie sie Ägypten oder Babylon kannte, fremd blieb.

Doch zugleich tat sich damit ein großes Rätsel auf: Worin ist Bestand zu finden, wenn die Himmel leer sind? Worauf beruht, was die Griechen κόσμος, Kosmos, tauften, die sich im Himmelszelt glanzvoll widerspiegelnde Ordnung? Wo findet man das Fundament dieses Kosmos, der unerschütterlich und ewig ist, ganz im Gegensatz zum Chaos, das den Verfall von allem herbeiführt?

Noch heute ringen uns die von der deutschen Romantik »Vorsokratiker« genannten Gelehrten, die so heißen, weil sie vor Sokrates wirkten, mit ihrem von Nüchternheit und Stringenz geprägten Denken Respekt ab. Wiewohl wir die meisten ihrer Ansichten nur mehr schwer nachvollziehen können.

Wenn Thales von Milet zum Beispiel meinte, das Wasser sei der Urgrund von allem, sehen wir ihn das Blau des scheinbar endlosen Meeres bewundern, das am Horizont in das Blau des Himmels übergeht. Also mag, so Thales, auch der Himmel aus ätherisch leichtem Wasser bestehen, das sich zuweilen zu Regen verdichtet. Selbst aus der Erde entspringt Wasser aus Quellen, und auch der menschliche Körper besteht zu einem Großteil aus Wasser. Sogar aus heutiger Sicht ist, wie Walter Thirring in seinem schönen Buch »Kosmische Impressionen« betont, Wasser ein höchst eigenartiger Stoff, bei dem die chemische Formel H_2O keineswegs alle in ihm steckenden Wesensmerkmale wiedergibt. Aber das Fundament des Kosmos ist Wasser freilich nicht.

Scheinbar näher liegt uns die Erklärung von Leukipp und Demokrit, wonach von ihnen erdachte »Atome« die elementaren Bausteine des Kosmos sind. Das Wort kommt vom griechischen ἄτομος, atomos, das unteilbar bedeutet. Die Logik ist bestechend: Das Unteilbare kann nicht zerfallen, folglich ist sein Bestand für immer gesichert. Allein, es gelang weder Leukipp noch Demokrit, den Atomen auf die Spur zu kommen, sie unseren Sinnen zugänglich zu machen. Atome verbergen sich, scheinbar unangreifbar, hinter den Phänomenen. Dies mag ein Grund dafür sein, dass der Atomismus in der Antike nur vereinzelt Anhänger fand: Epikur und Lukrez sind die bekanntesten; in der beginnenden Neuzeit bemühte sich dann Pierre Gassendi, den Atomismus mit dem Christentum zu versöhnen – doch ohne besondere Nachwirkung.

Erst John Dalton, ein Chemiker des 19. Jahrhunderts, griff Demokrits Ansatz wieder auf. Seine Hypothese lautete, dass chemische Elemente aus Atomen einer einzigen Sorte bestehen und die übrigen Stoffe aus Molekülen, Verbindungen verschiedenartiger Atome. Damit, so Dalton, kann man Resultate chemischer Experimente verstehen. Die Physik des 20. Jahrhunderts bestätigte Daltons Annahme, dass sich Materie aus solchen Atomen zusammensetzt. Man kann heutzutage die Atome der Chemie mit einem Rastertunnelmikroskop sogar beobachten. Doch mit der Idee des Atoms, wie Leukipp und Demokrit sie entwarfen, haben die Atome Daltons und seiner Nachfolger nichts gemein. Denn die von der Physik entdeckten Atome sind komplizierte Gebilde, alles andere als unteilbar. Sie setzen sich vielmehr aus Bestandteilen zusammen, sogenannten Elementarteilchen, die dem Wort »elementar« kaum gerecht werden: Auch sie sind keineswegs stabil, sondern bemerkenswert wandelbar.

Da ist die originelle Idee des Anaximander von Milet, eines Schülers von Thales, verführerischer: Dasjenige, so meinte er, woraus alles Endliche, alles dem Zerfall Preisgegebene hervorgeht und in ihm wieder aufgeht, kann selbst nicht endlich, nicht begreifbar, nicht den Sinnen von Sterblichen zugänglich sein. Es ist das uns völlig unzugänglich Grenzenlose. Anaximander nannte es ἄπειρον, Apeiron, das Unendliche. Unausgesprochen nahm Anaximander mit diesem Gedanken die Idee der Transzendenz vorweg. Aber ganz im Gegensatz zu dem in der gleichen Ära sich bildenden jüdischen Glauben, der den Unfassbaren, den mit nichts auch nur annähernd vergleichbaren Ewigen als ein Du anzusprechen wagt, handelt es sich bei Anaximanders Apeiron um eine abstrakte, gänzlich unpersönliche Transzendenz. So sehr war er prosaisch nüchternem, nur auf Logik beruhendem Denken verhaftet.

Man sollte Anaximander nicht aus den Augen verlieren, wenn man über die Vorstellung des Pythagoras von Samos spricht, wonach – wie dieser selbst sagte – alles Zahl sei.

Natürlich hatte es schon vor Pythagoras Zahlen gegeben. Allein: Was bedeutet das Wort »gegeben« in diesem Zusammenhang?

Zahlen kannte man vor Pythagoras allein als Adjektive, als Eigenschaftswörter: zwei Fische und fünf Brote, mit denen der Heiland fünftausend – natürlich nicht die Zahl, sondern so viele Menschen – speiste, zwölf Söhne Jakobs, 613 mosaische Gesetze, 969 Lebensjahre Methusalems. Und in der Welt des Profanen ist es genauso: Die Lehrerin zählt die Köpfe ihrer Kinder, der Kassierer die Münzen, die Ärztin die Pulsschläge pro Minute, der Politiker die auf ihn entfallenen Stimmen. Das Augenmerk richtet sich darauf, was gezählt wird; die Zahl steht für dessen Quantität. Ohne Zählbares gibt es in der Welt, abseits des Pythagoras und seiner Schülerinnen und Schüler (er hatte in seiner Schule auch Frauen aufgenommen), keine Zahl. Dass man eine Zahl für sich allein betrachten kann, wäre außer ihm niemandem eingefallen.

Mag sein, dass manche der Mystik Aufgeschlossene ahnten, dass Zahlen eigenartig geheimnisvolle Geschöpfe sind, wert, für sich allein betrachtet zu werden. Pythagoras selbst war einer von ihnen. Und er sah sich in seinem Glauben durch bemerkenswerte Beobachtungen bestätigt:

ZAHLEN ALS URQUELL DER MUSIK UND DES KOSMOS

Das Monochord, ein aus einer einzigen, über einem Resonanzkasten gespannten Saite bestehendes Musikinstrument, tönt beim Anschlagen der Saite in einem tiefen Ton, dem Grundton. Pythagoras halbierte mittels eines eingeschobenen Keils die Länge der schwingenden Saite. Es ertönte die Oktave des Grundtons. Setzte Pythagoras den Keil so, dass zwei Drittel der ursprünglichen Saitenlänge zum Schwingen gebracht werden, hörte er die Quint des Grundtons. Und setzte er den Keil so, dass drei Viertel der ursprünglichen Saitenlänge schwingen, gelangte die Quart des Grundtons zum Ohr des Pythagoras.

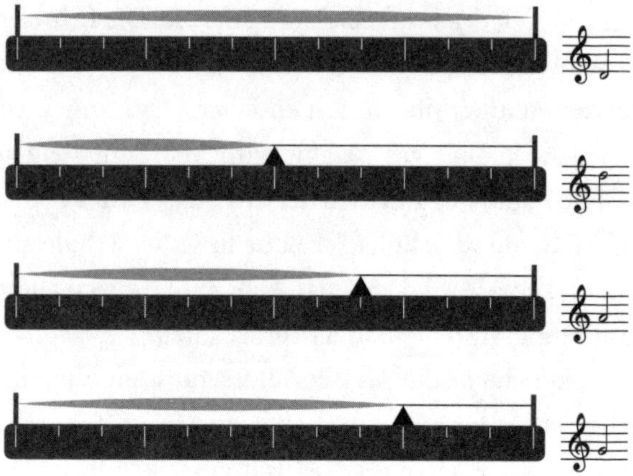

(3.1) Das Monochord: oben der Grundton, darunter seine Oktave, seine Quint und seine Quart.

Also ist Pythagoras zur Erkenntnis gelangt: Das Zahlenverhältnis 1 : 2 kennzeichnet die Oktave, das Zahlenverhältnis 2 : 3 kennzeichnet die Quint, das Zahlenverhältnis 3 : 4 kennzeichnet die Quart.

Vor allem aber stellte Pythagoras fest: Nicht nur beim Monochord, auch bei Flöten zeigt sich das Gleiche. Schwingt beim Monochord eine Saite, ist es bei einer Flöte eine schwingende Luftsäule, die einen Ton erklingen lässt. Löcher an der Flöte sind so angebracht, dass man damit durch Abdecken oder Öffnen die Länge der schwingenden Luftsäule verlängern oder verkürzen kann. Schwang die Luftsäule in der gesamten Flötenlänge, hörte Pythagoras den Grundton der Flöte. Halbierte er die Länge der schwingenden Säule, hörte er dessen Oktave. Bei einer Säule, die im Verhältnis 2 : 3 der gesamten Flötenlänge schwingt, erklingt die Quint des Grundtons. Bei einer Säule, die im Verhältnis 3 : 4 der gesamten Flötenlänge schwingt, erklingt die Quart des Grundtons. Somit ist es nicht das harte Metall der Saite, nicht die flüchtige Luft in der Flöte, sondern es sind die Verhältnisse von Zahlen, welche die musikalischen Harmonien hervorrufen. Verhältnisse kleiner Zahlen wie 1, 2, 3, 4 zueinander erzeugen wohlklingende Konsonanzen. Verhältnisse großer Zahlen zueinander, die sich nicht kürzen lassen, erzeugen verstimmt klingende Dissonanzen. So ist zum Beispiel das Verhältnis 512 : 729 des sogenannten Tritonus, des diabolus in musica, des Teufels in der Musik, eine dämonisch klingende Dissonanz.

Die den Wohlklang hervorrufenden kleinen Zahlen 1, 2, 3, 4 ordnete Pythagoras in einem geometrischen Schema an: ein Punkt, darunter mittig zwei Punkte, darunter mittig drei Punkte, darunter mittig vier Punkte. So entstand τετρακτύς, Tetraktys, die aus zehn Punkten bestehende Vierergruppe. Dreimal paarweise untereinander gelesen, sah Pythagoras in der Tetraktys die musikalischen Intervalle der Oktave 1 : 2, der Quint 2 : 3 und der Quart 3 : 4 verwirklicht.

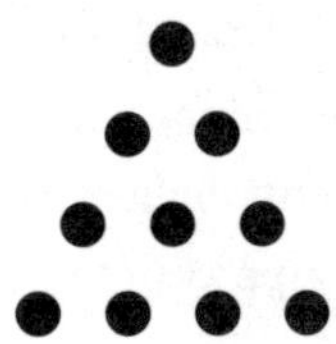

(3.2) Die zehn Punkte der Tetraktys.

Der Tetraktys entnahm Pythagoras überdies die Symbolik der vier klassischen Elemente: 1 für das Feuer, 2 für die Luft, 3 für das Wasser und 4 für die Erde. So, wie diese Zahlen in der Tetraktys von oben bis unten angeordnet sind, sah Pythagoras diese Elemente von der Höhe zur Tiefe reichend. Und Pythagoras meinte in der Tetraktys auch die Dimensionen symbolisiert zu erkennen: 1 steht für den Punkt, 2 steht für die Linie, 3 steht für die Fläche, und 4 steht für den Raum.

Philon von Alexandria, ein von griechischer Bildung geprägter jüdischer Gelehrter der Zeitenwende, hatte im Blick auf die Tetraktys darauf hingewiesen, dass gemäß der biblischen Schöpfungsgeschichte der Ewige die sich im Weltenraum befindlichen Gestirne just am vierten Tage schuf. Hierin spiegelt sich der alte Glaube des Pythagoras, die Zahlen nicht nur als Urgrund der Musik, sondern auch des Himmelsgewölbes zu erahnen.

Die zehn Punkte, aus denen die Tetraktys besteht, seien, so die pythagoreische Lehre, im Himmel in zehn kosmischen Sphären verwirklicht: Diese Sphären, als um einen gemeinsamen Mittelpunkt angeordnete abstrakte Kugeln gedacht, trügen die Himmelskörper. Im Mittelpunkt aller Sphären brenne, so Pythagoras, ein Zentralfeuer, das niemand auf der Erde erblicken könne, weil wir auf jener Seite der Erdkugel lebten, die vom Zentralfeuer abgewendet und nicht seiner tödlichen Hitze ausgesetzt sei. (Pythagoras war bereits überzeugt, dass die Erde Kugelgestalt besitzt.) Die erste Sphäre, dem obersten Punkt der Tetraktys entsprechend, sei jene eines für uns unsichtbaren, weil immer der Erde gegenüber befindlichen und vom Zentralfeuer überstrahlten Himmelskörpers, den Pythagoras ἀντίχθων, Antichthon, die Gegenerde nannte. Die zweite und die dritte Sphäre seien jene von Erde und Mond. Die vierte, fünfte und sechste Sphäre trügen die Sonne, den Merkur und die Venus. Die siebente, achte, neunte und zehnte Sphäre seien jene der übrigen in der Nacht mit freiem Auge sichtbaren Wandelsterne Mars, Jupiter, Saturn sowie jene des Fixsternhimmels.

Die eigenartige Erfindung der Gegenerde mag der folgenden Überlegung geschuldet sein: Bis auf die Erde seien, so glaubte man, alle Himmelskörper ätherisch leicht und erstrahlten, weil sie das Zentralfeuer beleuchtete. Die Erde hingegen besteht neben der Luft auch aus Wasser und Erde, schweren Elementen, wodurch im Kreisen um das Zentralfeuer eine Unwucht entstünde. Pythagoras postulierte die Existenz einer ebenso schweren und der Erde stets gegenüberliegenden Gegenerde, damit das von der Erde erzeugte Ungleichgewicht ausbalanciert wird.

Vor allem aber kam, als Bestätigung seiner Zahlenmystik, die Zehn, die sich in der Tetraktys als Summe $1 + 2 + 3 + 4$ der ersten vier Zahlen offenbart, in den Sphären des Himmels wieder zum Vorschein. Die Himmelssphären, so Pythagoras, riefen in ihrer Bewegung eine in der Tetraktys verborgene Musik hervor und ließen so die Sphärenharmonie erklingen, die allein göttlichen Ohren zugänglich sei. Doch vielleicht, Pytha-

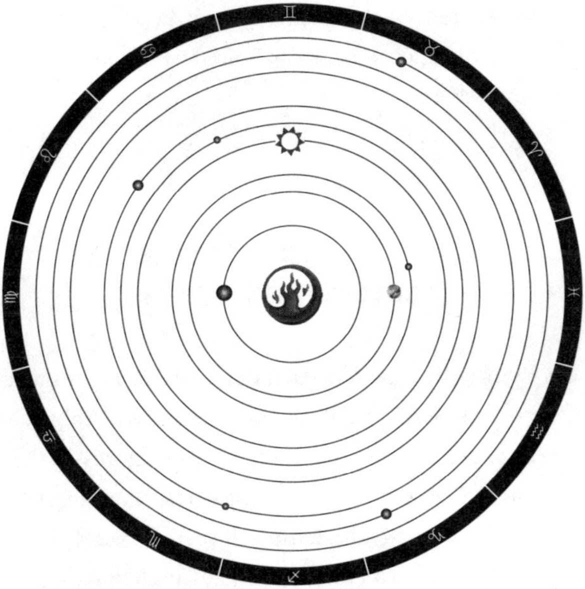

(3.3) Der pythagoreische Kosmos: im Zentrum das Zentralfeuer, konzentrisch die zehn Sphären von Gegenerde, von Erde und Mond, von Sonne, Merkur und Venus, von Mars, Jupiter, Saturn und dem Fixsternhimmel.

goras konnte dies noch nicht wissen, erahnt man sie, wenn die Wiener Philharmoniker die Introduktion der »Sphärenklänge« von Josef Strauss, des Bruders von Johann Strauss, spielen.

An den pythagoreischen Kosmos glaubten allein Pythagoras und die ihm ergebenen Anhänger. Sonst waren andere Weltenbilder entworfen worden: das geozentrische System mit der Erde im Zentrum des Universums sowie – und dies bereits in der Antike! – das heliozentrische System mit der Sonne im Zentrum des Universums. Wir kommen in einem anderen Kapitel darauf zu sprechen. Hier lassen wir es mit der Bemerkung bewenden, dass in beiden genannten Systemen statt der Zahl Zehn, die Pythagoras als »Zahl der Allvollkommenheit« erachtete, zwei andere Zahlen beherrschend sind: Sieben, die Zahl der von der Erde aus mit freiem Auge sichtbaren Wandelgestirne, und Zwölf, die Zahl der Sternbilder am Fixsternhimmel, welche die Sonne während eines Jahres – im heliozentrischen System scheinbar – durchläuft.

UNWANDELBARE, UNBEGREIFBARE UND DOCH VORHANDENE ZAHLEN

Der Idee des Pythagoras, Zahlen seien der Urquell, nicht nur der Musik und des Kosmos, sondern von allem, tat dies keinen Abbruch. Ähnlich wie bei Anaximander können wir auch bei Pythagoras festhalten: Dasjenige, woraus alles Wandelbare, alles dem Zerfall Preisgegebene hervorgeht und in ihm wieder aufgeht, kann selbst nicht wandelbar, nicht begreifbar, nicht den Sinnen von Sterblichen zugänglich sein.

Bei Zahlen trifft dies in der Tat zu.

Zahlen sind nicht wandelbar. Eine Zahl wie Sieben bleibt für immer so, wie sie ist. Nicht die Zahlen, wir sind es, die dem Wandel unterworfen sind, wenn wir zählen. Im Zählen benennen wir Zahlen, die ihrerseits über alle Sprachen, über alle Kulturen, über alle Gesellschaften hinweg immer die gleichen sind.

Noch heute findet man im Zweistromland, auf Lehm geritzt und zu Ton gebrannt, schriftliche Aufzeichnungen. Als Beispiel von Tausenden übersetzen wir hier einen auf einer Tontafel gefundenen, vor rund viertausend Jahren verfassten Satz:

»Sobald Ihr diesen meinen Brief seht, nehmt 300 Krüge Mischbier aus den Schenken von Sippar-Amnanu, sodass sie zur Verfügung stehen.«

Wir wissen nicht, wie viel Inhalt damals ein Krug fasste, wir können nur raten, mit welchen Beigaben Mischbier gebraut wurde, und nur Fachleute der Geografie Mesopotamiens während der sargonidischen, chaldäischen und achämenidischen Zeitalter vermögen noch Sippar-Amnanu zu verorten. Was aber 300 bedeutet, wissen wir alle sofort.

Selbst wenn man sie übersetzen kann, sind uns Botschaften versunkener Welten völlig fremd geworden. Allein Zahlen, die in diesen Botschaften genannt werden, verstehen wir heute genauso gut wie damals.

Und Zahlen sind nicht – das Wort in seinem ursprünglichen Sinn verstanden – begreifbar. Zwar behauptete etwa der vom leitenden IBM-Ingenieur zum Philosophen gewandelte begeisterte Neapolitaner Luciano de Crescenzo in seinem Erstlingswerk »Also sprach Bellavista. Neapel, Liebe und Freiheit«, Pythagoras hätte gelehrt, Zahlen seien sinnlich fassbare Gebilde. Sie wiesen eine gewisse Dicke auf.

Doch das ist natürlich Unsinn.

Von Pythagoras selbst sind uns keine schriftlichen Aufzeichnungen erhalten, wir wissen daher nicht mit letzter Sicherheit, wie er Zahlen verstand. Allein mit Zitaten seiner Epigonen können wir uns an ihn herantasten. Es ist aber höchst unwahrscheinlich, dass er an Zahlen eine Art Körperlichkeit und Plastizität wahrzunehmen vermeinte. Und selbst wenn dies de Crescenzo anhand von Bemerkungen des Speusippos, eines Zeitgenossen Platons, belegen zu können glaubt und es der Fall gewesen sein sollte – uns Heutigen ist jedenfalls klar, dass an Zahlen nichts Sinnliches haftet.

Und doch sind Zahlen vorhanden – wenn »vorhanden« im Sinne von »zuhanden« verstanden wird: Wenn von der Zahl Sieben gesprochen wird, ist es sonnenklar, und es kommt keinerlei Zweifel auf, was man damit meint. Genauso wenig wie bei der Zahl 65 537.

Wiewohl, Ludwig Wittgenstein wies in seinen »Bemerkungen über die Grundlagen der Mathematik« darauf hin, ein gravierender Unterschied zwischen einer kleinen Zahl wie Sieben und einer nicht so kleinen Zahl wie 65 537 besteht. Bei Sieben steht zweifelsfrei fest, dass man diese Zahl anhand von sieben Strichen ||||||| festmachen kann. Wobei es vorteilhaft ist, diese Striche in zwei Dreierbündel und einen einzelnen Strich in der Form ||| ||| | zu unterteilen, um diese Zahl entweder mit einem Blick oder wenigstens mit einem zweifelsfrei sicheren Ablesen erkennen zu können. Bei einer Zahl wie 65 537 ist uns ein solcher unmittelbarer Blick auf die Zahl verwehrt. Wer so viele Münzen auf die Bank bringt, vertraut einer Zählmaschine. Wer bei einer Wahl so viele Stimmen auf sich vereinigt, hat diese Information von einer Schar beflissener Angestellter der Wahlbehörde erhalten und ist darauf angewiesen, sich auf sie alle zu verlassen.

Dass man überhaupt zu einer Zahl wie 65 537 gelangen kann, liegt, wie Wittgenstein luzide feststellte, an *Regeln,* die es erlauben, auch dann von Zahlen zu sprechen, wenn diese unsere Geduld überfordern, bis zu ihnen hin zu zählen. Und zwar im buchstäblichen Sinn: mit eins beginnend und von jeder Zahl durch Zugabe von eins zur nächsten voranschreitend. Allerdings sind alle diese Regeln so gestaltet, dass sie sich, wenn schon nicht praktikabel, so doch wenigstens theoretisch und prinzipiell auf den Zählprozess zurückführen lassen.

DREIECKSZAHLEN, QUADRATZAHLEN, RECHTECKZAHLEN

Im Gegensatz zum Apeiron des Anaximander, das einen Grenzbegriff darstellt, der sich unserem logischen Zugriff grundsätzlich entzieht, sind Zahlen vorhanden, genauer: Sie sind uns *zuhanden.* Wir können uns überdies, wieder im Gegensatz zum Apeiron des Anaximander, Bilder von ihnen machen. Die Tetraktys ist zum Beispiel ein Bild der Zahl 10. Dieser Form verdankt 10, eine Dreieckszahl zu heißen. Vor ihr sind noch 3 und 6 Dreieckszahlen, nach 10 folgen die Dreieckszahlen 15, 21, 28 und so weiter.

Die Additionen der ersten Zahlen $1+2$, $1+2+3$, $1+2+3+4$, und in dieser Weise fortsetzend, liefern die Dreieckszahlen als Summen. Dies ist klar, weil die nächste Dreieckszahl sich aus der vorigen ergibt, indem man in ihrer untersten Zeile einen Punkt mehr malt als Punkte in der untersten Zeile der vorigen Dreieckszahl aufscheinen.

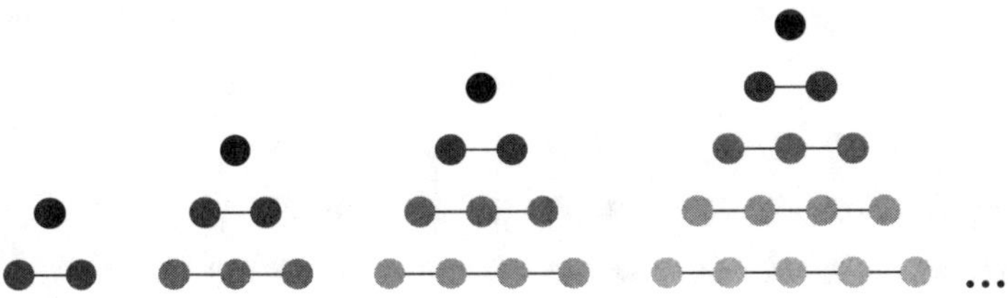

(3.4) Die Dreieckszahlen 3, 6, 10, 15, …

Neben den Dreieckszahlen betrachten wir die Quadratzahlen 4 oder 9. Sie heißen so, weil man vier oder neun Punkte in quadratischer Form anordnen kann. Die nächsten Quadratzahlen sind 16, 25, 36, 49 und so weiter. Man bekommt die Quadratzahlen 4 bzw. 9, indem man die Zahlen 2 bzw. 3 mit sich selbst multipliziert. In einer übertrieben poetischen Sprache erwächst die Quadratzahl 4 wie ein Baum aus der 2 und die Quadratzahl 9 wie ein Baum aus der 3. Diesem Bild verdankt 2, die Wurzel von 4, und verdankt 3, die Wurzel von 9 zu heißen. Ebenso sind die nächsten Zahlen 4, 5, 6 und 7 die Wurzeln der Quadratzahlen 16, 25, 36 und 49.

Die Additionen der ersten ungeraden Zahlen $1 + 3$, $1 + 3 + 5$, $1 + 3 + 5 + 7$, und in dieser Weise fortsetzend, liefern die Quadratzahlen als Summen. Dies ist klar, weil die nächste Quadratzahl sich aus der vorigen ergibt, indem man an die rechte und an die obere Seite des Quadrats der vorigen Quadratzahl so viele Punkte anschließt, wie deren Wurzel beträgt, und dazu noch einen weiteren Punkt rechts oben hinzufügt, um damit das quadratische Bild der nächsten Quadratzahl zu ergänzen. Beispielhaft am Übergang von der Quadratzahl 16, die mit der Summe von $1 + 3 + 5 + 7$ übereinstimmt, zur Quadratzahl 25 verdeutlicht: Die Seiten des Quadrats der Quadratzahl 16 bestehen aus vier Punkten. 4 ist die Wurzel von 16. Vier Punkte werden rechts an das Quadrat geheftet, vier Punkte werden oben an das Quadrat geheftet, insgesamt acht Punkte, und ein zusätzlicher neunter Punkt bildet die rechte obere Ecke des neuen Quadrats, des Bildes der Quadratzahl 25, die deshalb tatsächlich mit $1 + 3 + 5 + 7 + 9$ übereinstimmt.

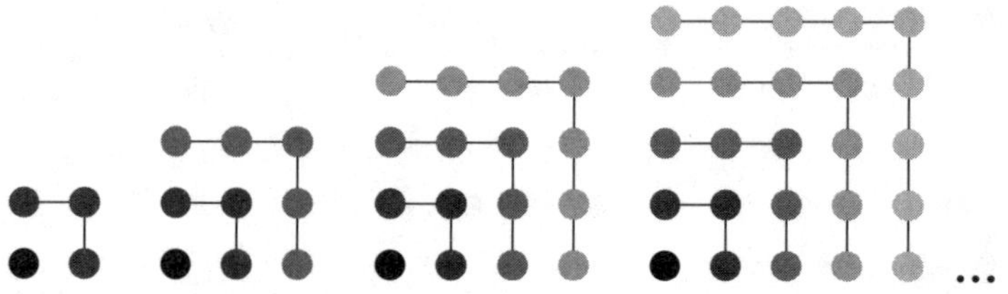

(3.5) Die Quadratzahlen 4, 9, 16, 25, …

Man mag fragen, warum man nicht 1 auch zu den Dreiecks- oder zu den Quadratzahlen rechnet. Eigentlich spricht wenig dagegen, aber den Mathematikern der griechischen Antike wäre dies nicht geheuer. Denn die Zahl 1 nahm in ihren Augen eine Ausnahmeposition ein. Zwar ist sie die erste Zahl und der Ursprung aller weiteren Zahlen. Aber bei 1 selbst gibt es nichts zu zählen. Es ist einfach vorhanden und kein Ergebnis eines Zählprozesses. Die Mathematiker des alten Griechenland sahen 1 deshalb eher als Einheit denn als Zahl wie die auf 1 folgenden unendlich vielen anderen.

Darum nannten sie auch dann erst eine Zahl eine Rechteckzahl, wenn sich Punkte, deren Anzahl mit der genannten Zahl übereinstimmt, zu einem Rechteck anordnen lassen und sowohl die Länge als auch die Breite dieses Rechtecks aus mindestens zwei Punkten bestehen. Wir vereinbaren, wenn die Rechteckzahl nicht zufällig zugleich eine Quadratzahl mit gleich langer Länge und Breite ist, das Rechteck »in Kommodenform« und nicht »in Kastenform« zu zeichnen. Damit meinen wir, dass es gleichsam »liegen« soll: Die waagrechte Länge besteht aus mehr Punkten als die senkrechte Breite. Neben Quadratzahlen sind Zahlen wie 6, 12 oder 15, die sich aus den Rechnungen $6 = 2 \times 3$, $12 = 2 \times 6$ oder $12 = 3 \times 4$, $15 = 3 \times 5$ ergeben, typische Rechteckzahlen. Sie veranschaulichen einprägsam das Multiplizieren: Die Zahl der Punkte der Breite mal der Zahl der Punkte der Länge ergibt die Rechteckzahl.

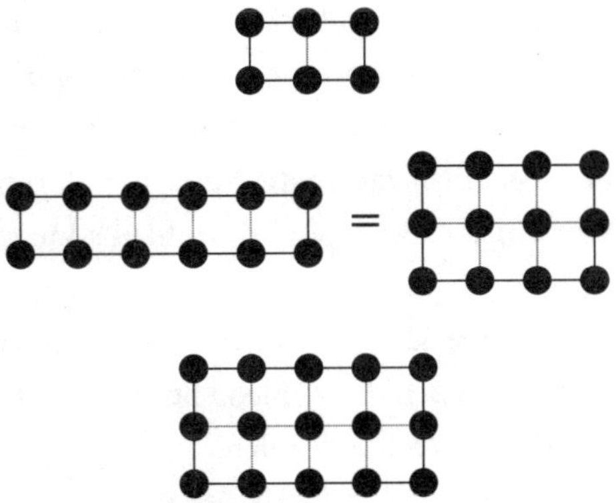

(3.6) Beispiele für Rechteckzahlen: die Zahlen 6, 12, 15.

Umgekehrt zeigt das Bild einer Zahl als Rechteckzahl auch, durch welche zwei Zahlen sie sich ohne Rest teilen lässt, nämlich durch die Zahl der Punkte der Breite und auch durch die Zahl der Punkte der Länge des Rechtecks. Diese beiden Zahlen nennt man echte Teiler der Rechteckzahl. Manche Zahlen wie zum Beispiel 12 oder 60 besitzen mehrere Bilder als Rechteckzahlen. Bei 12 sind es die beiden Möglichkeiten $12 = 2 \times 6$ und $12 = 3 \times 4$, bei 60 die fünf Möglichkeiten $60 = 2 \times 30$, $60 = 3 \times 20$, $60 = 4 \times 15$, $60 = 5 \times 12$ oder $60 = 6 \times 10$. Darum hat 12 die Zahlen 2, 3, 4 und 6 als echte Teiler, und 60 hat die echten Teiler 2, 3, 4, 5, 6, 10, 12, 15, 20 und 30. Neben den echten Teilern gibt es noch unechte Teiler, die jede Zahl hat, sei sie Rechteckzahl oder nicht, nämlich 1 und die Zahl selbst. Aber diese stehen außer Betracht, will man eine Zahl als Rechteckzahl zeichnen.

Mit Ausnahme von 2 ist jede gerade Zahl, also jede der um 2 weiter vermehrten Zahlen 4, 6, 8, 10, 12 und so fort, eine Rechteckzahl. 2 selbst zählen wir *nicht* zu den Rechteckzahlen. Denn gemäß unserer Vereinbarung zeichnen wir zwei Punkte »liegend« und nicht »in Kastenform«. So betrachtet liegt keine Rechteckzahl vor, weil bei 2 die Breite nur aus einem und nicht aus mindestens zwei Punkten besteht.

Allgemein nannten die griechischen Mathematiker der Antike Zahlen, die sich *nicht* als Rechteckzahl schreiben lassen – die Einheit 1 wie immer ausgenommen –, πρῶτοι ἀριθμοί, protoi arithmoi, eigentlich »Urzahlen« oder »erste Zahlen«. Heute heißen sie, abgeleitet vom lateinischen primus, der erste, Primzahlen. Im Sinne der obigen Vereinbarung ist 2 die erste Primzahl. Alle weiteren Primzahlen können nur ungerade Zahlen sein. Wie aber die Beispiele 15 oder 9 zeigen, gibt es auch unter ungeraden Zahlen Rechteckzahlen, sogar Quadratzahlen. Primzahlen, so scheint es, stellen im Reich der Zahlen eher die Ausnahmen dar. Die meisten Zahlen sind wohl Rechteckzahlen.

Primzahlen sind im Folgenden die Helden der Erzählungen in diesem Kapitel.

DIE ERSTEN PRIMZAHLEN

Der in der zweiten Hälfte des dritten vorchristlichen Jahrhunderts in Alexandria an der Mündung des Nils, dem damaligen geistigen Zentrum der Welt, wirkende und universal gebildete Gelehrte Eratosthenes von Kyrene ersann ein sehr leistungsfähiges Verfahren, alle Primzahlen bis hin zu einer bestimmten Größe zu ermitteln. Wir wollen beispielsweise zeigen, wie es ihm gelang, die Primzahlen unter den Zahlen bis 120 auszusondern. Zu diesem Zweck notieren wir diese Zahlen in einer Liste, wobei wir von vornherein 1 weglassen, weil sie als Einheit weder zu den Rechteckzahlen noch zu den Primzahlen gehört. Ebenso können wir schon jetzt bis auf 2, die erste Primzahl, alle geraden Zahlen mit heller Schrift notieren, denn diese können keine Primzahlen sein:

	2	**3**	4	**5**	6	**7**	8	**9**	10	**11**	12	**13**	14	**15**	16	**17**	18	**19**	20
21	22	**23**	24	**25**	26	**27**	28	**29**	30	**31**	32	**33**	34	**35**	36	**37**	38	**39**	40
41	42	**43**	44	**45**	46	**47**	48	**49**	50	**51**	52	**53**	54	**55**	56	**57**	58	**59**	60
61	62	**63**	64	**65**	66	**67**	68	**69**	70	**71**	72	**73**	74	**75**	76	**77**	78	**79**	80
81	82	**83**	84	**85**	86	**87**	88	**89**	90	**91**	92	**93**	94	**95**	96	**97**	98	**99**	100
101	102	**103**	104	**105**	106	**107**	108	**109**	110	**111**	112	**113**	114	**115**	116	**117**	118	**119**	120

Die nach 2 in dieser Liste als nächste verbliebene Zahl ist 3, die zweite Primzahl. Jede weitere dritte Zahl ist der Reihe nach 2×3, 3×3, 4×3 und so weiter. Sie besitzt folglich 3 als echten Teiler und kann daher nicht Primzahl sein. Sollte sie nicht bereits als gerade Zahl gebleicht sein, wird sie nun im nächsten Schritt aufgehellt:

	2	**3**	4	**5**	6	**7**	8	9	10	**11**	12	**13**	14	15	16	**17**	18	**19**	20
21	22	**23**	24	**25**	26	27	28	**29**	30	**31**	32	33	34	**35**	36	**37**	38	39	40
41	42	**43**	44	45	46	**47**	48	**49**	50	51	52	**53**	54	**55**	56	57	58	**59**	60
61	62	63	64	**65**	66	**67**	68	69	70	**71**	72	**73**	74	75	76	**77**	78	**79**	80
81	82	**83**	84	**85**	86	87	88	**89**	90	**91**	92	93	94	**95**	96	**97**	98	99	100
101	102	**103**	104	105	106	**107**	108	**109**	110	111	112	**113**	114	**115**	116	117	118	**119**	120

Die nach 2 und 3 in dieser Liste als nächste verbliebene Zahl ist 5, die dritte Primzahl. Jede weitere fünfte Zahl ist der Reihe nach 2×5, 3×5, 4×5 und so weiter. Sie besitzt folglich 5 als echten Teiler und kann daher nicht Primzahl sein. Sollte sie nicht schon vorher gebleicht sein, wird sie nun im nächsten Schritt aufgehellt:

	2	**3**	4	**5**	6	**7**	8	9	10	**11**	12	**13**	14	15	16	**17**	18	**19**	20
21	22	**23**	24	25	26	27	28	**29**	30	**31**	32	33	34	35	36	**37**	38	39	40
41	42	**43**	44	45	46	**47**	48	**49**	50	51	52	**53**	54	55	56	57	58	**59**	60
61	62	63	64	65	66	**67**	68	69	70	**71**	72	**73**	74	75	76	**77**	78	**79**	80
81	82	**83**	84	85	86	87	88	**89**	90	**91**	92	93	94	95	96	**97**	98	99	100
101	102	**103**	104	105	106	**107**	108	**109**	110	111	112	**113**	114	115	116	117	118	**119**	120

Die nach 2, 3 und 5 in dieser Liste als nächste verbliebene Zahl ist 7, die vierte Primzahl. Jede weitere siebente Zahl ist der Reihe nach 2 × 7, 3 × 7, 4 × 7 und so weiter. Sie besitzt folglich 7 als echten Teiler und kann daher nicht Primzahl sein. Sollte sie nicht schon vorher gebleicht sein, wird sie nun im nächsten Schritt aufgehellt:

	2	**3**	4	**5**	6	**7**	8	9	10	**11**	12	**13**	14	15	16	**17**	18	**19**	20
21	22	**23**	24	25	26	27	28	**29**	30	**31**	32	33	34	35	36	**37**	38	39	40
41	42	**43**	44	45	46	**47**	48	49	50	51	52	**53**	54	55	56	57	58	**59**	60
61	62	63	64	65	66	**67**	68	69	70	**71**	72	**73**	74	75	76	77	78	**79**	80
81	82	**83**	84	85	86	87	88	**89**	90	91	92	93	94	95	96	**97**	98	99	100
101	102	**103**	104	105	106	**107**	108	**109**	110	111	112	**113**	114	115	116	117	118	119	120

Die nach 2, 3, 5 und 7 in dieser Liste als nächste verbliebene Zahl ist 11, die fünfte Primzahl. Bei ihr aber brauchen wir das Aufhellungsverfahren nicht mehr durchzuführen, denn die Zahlen 2 × 11, 3 × 11, 4 × 11 und so weiter bis 10 × 11 sind schon zuvor gebleicht worden, und die nächste aufzuhellende Rechteckzahl, die Quadratzahl 11 × 11 = 121, ist größer als die von uns festgelegte Größe der Liste, die bei 120 endet. Darum sind die bis jetzt in der Liste dunkel verbliebenen Zahlen die Primzahlen zwischen 1 und 120. In einem kleinen Verzeichnis aufgelistet, handelt es sich um die dreißig Zahlen

2	3	5	7	11	13	17	19	23	29
31	37	41	43	47	53	59	61	67	71
73	79	83	89	97	101	103	107	109	113

Zunächst stellen wir, wenn wir das Verzeichnis betrachten, fest, dass es erstaunlich viele Primzahlen zwischen 1 und 120 gibt. Im Vergleich dazu gibt es nur neun Quadratzahlen, nämlich die Zahlen

4	9	16	25	36	49	64	81	100

Sodann stellen wir fest, dass die Abstände der einzelnen Quadratzahlen voneinander in einer überschaubaren Regelmäßigkeit zunehmen. Bei den Primzahlen zwischen 1 und 120 aber ist dies nicht so der Fall: Zwischen 89 und 97 klafft eine Lücke, in die sieben Rechteckzahlen passen, danach aber kommen die Primzahlen 101 und 103 sowie die Primzahlen 107 und 109, die jeweils nur die Lücke für eine einzige Rechteckzahl lassen. Und nach 113 tut sich wieder eine große Lücke auf, denn selbst $121 = 11 \times 11$, $122 = 2 \times 61$, $123 = 3 \times 41$, $124 = 2 \times 62$, $125 = 5 \times 25$ und $126 = 2 \times 63$ sind keine Primzahlen.

ERSTE VERMUTUNGEN

Voreilige mögen angesichts dieser großen Lücken mutmaßen, dass es eine letzte Riesenlücke geben könnte, die sich nie mehr schlösse, dass also das Verzeichnis aller Primzahlen einmal enden werde. Doch angesichts des von Eratosthenes erfundenen Siebs, mithilfe dessen wir im vorigen Abschnitt die Primzahlen zwischen 1 und 120 ermittelten, ist das sehr unwahrscheinlich.

Denn mit seiner Methode siebte Eratosthenes zunächst mit Ausnahme von 2 die geraden Zahlen aus. Es fallen damit die geraden Rechteckzahlen, somit rund die Hälfte der vorhandenen Zahlen weg. In diesem ersten Schritt erweist sich das Sieb als sehr grob. Aber mit jedem folgenden Schritt wird es immer feiner: Dann wird nur mehr rund ein Drittel, danach nur mehr etwa ein Fünftel, danach nur mehr grob geschätzt ein Siebtel der verbliebenen Zahlen ausgesiebt. Und am Ende des Verfahrens, das sich bei jener Primzahl einstellt, die mit sich multipliziert jene Quadratzahl ergibt, die als erste über die letzte Zahl der vorgelegten Liste hinausschießt, sondert das Sieb überhaupt keine Zahl mehr aus.

Dies ist zugegeben nur ein vorläufiges und unzureichendes Argument, aber es hilft doch zu verstehen, dass es gar nicht so überraschend ist, ziemlich viele Primzahlen unter den ersten 120 Zahlen anzutreffen.

Eine Ahnung, eine Mutmaßung oder eine Erwartung zu äußern ist etwas anderes, als Gewissheit zu haben. Tatsächlich werden wir in Kürze verstehen, warum in der Tat die Folge der Primzahlen nie abbricht, genauer: warum die Folge der Primzahlen nie enden *kann*.

Doch zuvor seien noch ein paar Worte über die Verteilung der Primzahlen verloren: Dass es in der Folge der Primzahlen große Lücken geben muss, kann man gut verstehen. Wir können, diesmal sogar hieb- und stichfest, beweisen, dass es zum Beispiel sicher eine Lücke gibt, in die mindestens zehn aufeinanderfolgende Rechteckzahlen passen. Zu diesem Zweck bedienen wir uns der Zahl 11, der um 1 größeren Zahl als 10, und berechnen das aus 10 Faktoren bestehende Produkt $2 \times 3 \times 4 \times 5 \times 6 \times 7 \times 8 \times 9 \times 10 \times 11 = 39\,916\,800$. Diese Zahl besitzt aufgrund ihrer eben beschriebenen Berechnung die Eigenschaft, dass sie durch die Zahlen 2, 3, 4, 5, 6, 7, 8, 9, 10 und 11 teilbar ist. Weil sie durch 2 teilbar ist, wird auch die um 2 vermehrte Zahl 39 916 802 durch 2 teilbar bleiben. Und weil sie durch 3 teilbar ist, wird auch die um 3 vermehrte Zahl 39 916 803 durch 3 teilbar bleiben. Das gleiche Argument sticht für 4, für 5 und für jede weitere Zahl bis hin zu 11. Es sind daher die zehn aufeinanderfolgenden Zahlen

39 916 802	39 916 803	39 916 804	39 916 805	39 916 806
39 916 807	39 916 808	39 916 809	39 916 810	39 916 811

jeweils durch 2, 3, 4, 5, 6, 7, 8, 9, 10 bzw. 11 teilbar. Somit haben wir ein Beispiel von zehn aufeinanderfolgenden Rechteckzahlen gefunden.

Mit der gleichen Methode könnten wir auch ein Beispiel von hundert aufeinanderfolgenden Rechteckzahlen angeben. Allerdings wären es hundert aufeinanderfolgende Zahlenmonster, die aufzuschreiben uns der Platz fehlt.

Dieser Nachweis ist zwar korrekt, aber sehr unbefriedigend. Denn warum muss man eine vergleichsweise große Zahl wie $2 \times 3 \times 4 \times 5 \times 6 \times 7 \times 8 \times 9 \times 10 \times 11 = 39\,916\,800$ heranziehen, um aus ihr zehn aufeinanderfolgende Rechteckzahlen zu gewinnen, wenn wir bereits mit

114	115	116	117	118	119	120	121	122	123

zehn aufeinanderfolgende Rechteckzahlen vor uns sehen, zu denen sogar noch drei weitere anschließen, weil auch 124, 125 und 126 Rechteckzahlen sind?

Tatsächlich sind wir bei dem Produkt $2 \times 3 \times 4 \times 5 \times 6 \times 7 \times 8 \times 9 \times 10 \times 11 = 39\,916\,800$ stark über das Ziel hinausgeschossen: Wenn in ihm schon der Faktor 8 vorkommt, brauchen wir die Faktoren 2 und 4 nicht mehr anzuschreiben, denn eine durch 8 teilbare Zahl ist auch durch 4 und auch durch 2 teilbar. Ebenso brauchen wir wegen der Faktoren 9 und 10 nicht mehr die Faktoren 3 und 5 anzuschreiben. Und weil 8×9 sicher durch 6 teilbar ist, brauchen wir auch den Faktor 6 nicht anzuschreiben. Folglich hätte es genügt, vom Produkt $7 \times 8 \times 9 \times 10 \times 11 = 55\,440$ auszugehen. Auch diese Zahl ist durch die Zahlen 2, 3, 4, 5, 6, 7, 8, 9, 10 und 11 teilbar. Und daher sind

55 442	55 443	55 444	55 445	55 446
55 447	55 448	55 449	55 450	55 451

zehn aufeinanderfolgende Rechteckzahlen. (Nebenbei bemerkt: Sogar den Faktor 10 hätten wir durch den Faktor 5 ersetzen können, also leistet sogar die halb so kleine Zahl 27 720 das Gleiche.)

Mit dieser Verfeinerung des Beweises haben wir uns schon weit von 39 916 800 entfernt, aber wirklich nahe an die Rechteckzahlen 114 bis 123 sind wir damit noch immer nicht gelangt.

Auf der anderen Seite war in dem Verzeichnis der Primzahlen bis 120 bemerkenswert, dass zwischen den aufeinanderfolgenden Primzahlen 3 und 5, 5 und 7, 11 und 13, 17 und 19, 29 und 31, 41 und 43, 59 und 61, 71 und

73, 101 und 103 sowie 107 und 109 sich immer nur die mickrige Lücke für eine einzige Rechteckzahl öffnet. Solche Paare von Primzahlen, die nur eine einzige Rechteckzahl zwischen sich zulassen, nannte der Mathematiker und Historiker Paul Stäckel Primzahlzwillinge. Es dürfte sehr viele geben. Fast alle Koryphäen der Primzahltheorie sind überzeugt, dass die Folge der Primzahlzwillinge nie endet. Doch bis heute fehlt dazu der exakte Beweis.

ERSTE BEWEISE

Schon vor Eratosthenes von Kyrene beschäftigte sich der ebenfalls in Alexandria lehrende Geometer Euklid mit Primzahlen. Im Unterschied zu Eratosthenes war er weniger an der vollständigen Auflistung von Primzahlen interessiert als vielmehr an einer Methode, Primzahlen aufzuspüren.

Eine Idee dafür entspringt der Zahl $7 \times 8 \times 9 \times 10 \times 11 = 55\,440$, die wir kurz zuvor betrachteten und von der wir feststellten, dass sie die Zahlen 2, 3, 4, 5, 6, 7, 8, 9, 10 und 11 sicher als Teiler besitzt. Hatten wir zuvor durch Addition von 2, von 3 und von jeder weiteren Zahl bis 11 erreicht, zehn aufeinanderfolgende Rechteckzahlen zu erhalten, drehen wir nun den Spieß um: Wir addieren zu $7 \times 8 \times 9 \times 10 \times 11 = 55\,440$ die Zahl 1 und bekommen 55 441. Weil diese Zahl bei der Division durch 2, durch 3 und durch jede weitere Zahl bis 11 sicher immer den Rest 1 übrig lässt, ist sie durch keine der Zahlen 2, 3, 4, 5, 6, 7, 8, 9, 10 und 11 teilbar. Damit ist zwar noch nicht gesagt, dass es sich bei ihr um eine Primzahl handelt, aber die Primzahlen 2, 3, 5, 7 und 11 teilen sie sicher nicht.

Nebenbei bemerkt: 55 441 ist wirklich eine Primzahl. Auch wenn man von 55 440 die Zahl 1 subtrahiert und damit ebenfalls eine Zahl erhält, die durch keine der Zahlen 2, 3, 4, 5, 6, 7, 8, 9, 10 und 11 teilbar ist, bekommt man eine Primzahl. Das Zahlenpaar 55 439 und 55 441 ist ein Primzahlzwilling. (Bei der Zahl $7 \times 8 \times 9 \times 5 \times 11 = 27720$ stimmt es auch, dass 27 721 durch keine der Zahlen 2, 3, 4, 5, 6, 7, 8, 9, 10 und 11 teilbar ist, aber sie ist keine Primzahl, sondern wegen $19 \times 1459 = 27721$ eine Rechteckzahl.)

Ein Gedanke wie dieser führte Euklid zu folgender Überlegung: Es sei undenkbar, dass 2, 3 und 5 die einzigen Primzahlen sind. Und zwar nicht bloß deshalb, weil wir wissen, dass außerdem 7 oder 11 oder 13 Primzahlen sind, sondern es ist aus einem prinzipiellen Grund undenkbar: Wären 2, 3 und 5 die einzigen Primzahlen, müsste die Zahl $2 \times 3 \times 5 + 1$ eine Rechteckzahl sein und als solche durch eine unter den einzig vorhandenen Primzahlen 2 oder 3 oder 5 teilbar sein. Das aber stimmt sicher nicht. Denn bei der Teilung von $2 \times 3 \times 5 + 1$ durch 2 oder durch 3 oder durch 5 bleibt immer der Rest 1. Folglich, so schloss Euklid, können 2, 3 und 5 nicht die einzigen Primzahlen sein.

Tatsächlich ist $2 \times 3 \times 5 + 1 = 31$ keine Rechteckzahl, sondern selbst eine Primzahl. Die Argumentation des Euklid funktioniert auch, wenn er statt $2 \times 3 \times 5 + 1$ die Zahl $2 \times 3 \times 5 - 1$ betrachtet. Auch diese Zahl ist weder durch 2 noch durch 3 noch durch 5 teilbar. Und auch sie ist Primzahl, nämlich $2 \times 3 \times 5 - 1 = 29$.

Scheinbar hat Euklid mit seiner Argumentation zugleich ein Verfahren entwickelt, wie man Primzahlen berechnet. Ganz funktioniert es aber nicht. Wiederholen wir sein Argument, wenn wir annehmen, dass 2, 3, 5, 7, 11 und 13 die einzigen Primzahlen wären. Dass jemand käme und uns mit dem Beispiel 17 widerspräche, lassen wir nicht gelten. Denn wir wollen aus einer grundsätzlichen Erwägung heraus verstehen, dass wir mit der Annahme, 2, 3, 5, 7, 11 und 13 seien die einzigen Primzahlen, falschliegen. Ähnlich wie vorher folgern wir aus dieser Annahme, dass $2 \times 3 \times 5 \times 7 \times 11 \times 13 + 1$ als Rechteckzahl durch eine unter den einzig vorhandenen Primzahlen 2, 3, 5, 7, 11 oder 13 teilbar sein müsste. Das aber stimmt sicher nicht. Denn bei der Teilung von $2 \times 3 \times 5 \times 7 \times 11 \times 13 + 1$ durch eine der genannten Primzahlen bleibt immer der Rest 1. Folglich können 2, 3, 5, 7, 11 und 13 nicht die einzigen Primzahlen sein.

Hingegen ist es falsch, dass es sich bei $2 \times 3 \times 5 \times 7 \times 11 \times 13 + 1 = 30\,031$ um eine Primzahl handelt. Tatsächlich ist $30\,031 = 59 \times 509$ eine Rechteckzahl, gebildet als Produkt der Primzahlen 59 und 509, die nicht in der Liste der Primzahlen 2, 3, 5, 7, 11 und 13 vorkommen.

Wollte zum Beispiel Euklid aus dem Verzeichnis der im vorletzten Abschnitt mit dem Sieb des Eratosthenes berechneten ersten 30 Primzahlen nach seiner Methode eine neue Primzahl finden, müsste er diese 30 Primzahlen zunächst miteinander multiplizieren und zu dem erhaltenen Zahlenmonster noch die Zahl 1 addieren. Die 30 Primzahlen aus dem Verzeichnis können diese große Zahl sicher nicht teilen. Aber dass sie deshalb wirklich eine neue Primzahl ist, muss nicht stimmen. Wenn sie aber eine Rechteckzahl ist, sind alle Primzahlen, die sie teilen, mit Sicherheit nicht in der Liste der 30 ersten Primzahlen anzutreffen. Neue Primzahlen kann man also durch Euklids Beweis schon gewinnen. Es ist allerdings mit unverhältnismäßig aufwendiger Mühe verbunden.

Schon bei der noch relativ kleinen Zahl $2 \times 3 \times 5 \times 7 \times 11 \times 13 + 1 = 30\,031$ ist es, rechnet man mit der Hand, eher quälend, bis man endlich auf die in der Liste 2, 3, 5, 7, 11, 13 nicht vorhandene Primzahl 59 stößt, die sie teilt. Wenn man gar die ersten 30 Primzahlen miteinander multipliziert und zu dem gigantischen Produkt noch 1 addiert, bekommt man ein Zahlenungetüm von 46 Stellen. Festzustellen, ob es sich hierbei um eine Primzahl handelt, und, falls dies nicht der Fall ist, die Primzahlen zu ermitteln, deren Produkt diese riesige Zahl ergibt, kann niemand mit der Hand, aber auch nicht mit gängigen Taschenrechnern bewerkstelligen.

So gesehen ist Euklids Beweis, dass kein endliches Verzeichnis von Primzahlen die Gesamtheit der Primzahlen umfassen kann, zwar überzeugend. Aber zum praktikablen Auffinden neuer Primzahlen ist Euklids Beweisführung nutzlos.

Doch eine andere Überlegung kann man, auf die beiden Zahlen $2 \times 3 \times 5 \times 7 \times 11 \times 13 = 30\,030$ und $2 \times 3 \times 5 \times 7 \times 11 \times 13 + 1 = 30\,031 = 59 \times 509$ blickend, ins Spiel bringen: Diese beiden Zahlen unterscheiden sich bloß um 1. Sie sind fast gleich. Fast stimmt das Produkt $2 \times 3 \times 5 \times 7 \times 11 \times 13$

der ersten sechs Primzahlen mit dem Produkt 59×509 der beiden Primzahlen 59 und 509 überein. Kann es sein, so stellt sich die Frage, dass zwei Produkte, beide gebildet aus jeweils verschiedenen Gruppen von Primzahlen, sich überhaupt nicht unterscheiden, sondern exakt übereinstimmen?

Angenommen, das Produkt $2 \times 3 \times 5 \times 7 \times 11 \times 13$ würde nicht mit dem Unterschied von 1, sondern tatsächlich exakt mit dem Produkt 59×509 übereinstimmen und dies wäre die *kleinste* Zahl, die zwei verschiedene Zerlegungen in Produkte von Primzahlen besäße. Zunächst ist klar, dass keine Primzahl, die in der ersten Zerlegung auftaucht, in der zweiten Zerlegung vorkommt. Denn dann könnte man sie bei beiden Zerlegungen weglassen und erhielte eine noch kleinere Zahl mit zwei verschiedenen Zerlegungen. Die kleinste Primzahl, die in den beiden Zerlegungen $2 \times 3 \times 5 \times 7 \times 11 \times 13$ und 59×509 – von denen wir annehmen, sie stellten die gleiche Zahl dar – aufscheint, ist in unserem Beispiel 2, die in der erstgenannten Zerlegung Faktor ist. Wir vertauschen nun in der zweitgenannten Zerlegung die Primzahl 59 durch 2, erhalten mit dem Produkt 2×509 eine kleinere Zahl als 59×509 und mit der Differenz $2 \times 3 \times 5 \times 7 \times 11 \times 13 - 2 \times 509$ eine kleinere Zahl als jene mit den beiden verschiedenen Zerlegungen $2 \times 3 \times 5 \times 7 \times 11 \times 13$ und 59×509. Einerseits zeigt die Rechnung

$$2 \times 3 \times 5 \times 7 \times 11 \times 13 - 2 \times 509 = 2 \times (3 \times 5 \times 7 \times 11 \times 13 - 509),$$

dass diese Differenz durch 2 teilbar sein muss. Weil wir jedoch von der Annahme ausgehen, $2 \times 3 \times 5 \times 7 \times 11 \times 13$ stimme mit 59×509 überein, könnte man diese Differenz auch in der Form

$$59 \times 509 - 2 \times 509 = (59 - 2) \times 509$$

schreiben. Da 2 kein Teiler von 59 ist, kann 2 auch nicht 59 – 2 teilen. Den anderen Faktor 509 kann 2 schon gar nicht teilen. Deshalb hätte die Differenz zwei Zerlegungen in Produkten von Primzahlen: die eine mit dem Faktor 2, die andere ohne den Faktor 2. Dies widerspricht der Voraussetzung, die oben genannte Zahl mit den beiden verschiedenen Zerlegungen $2 \times 3 \times 5 \times 7 \times 11 \times 13$ und 59×509 sei die kleinste ihrer Art.

Das ist ein außerordentlich feinsinniges Argument, so geführt, dass es, unabhängig von dem hier herausgegriffenen konkreten Beispiel, immer sticht. Man muss es wohl mehrmals und mit großer Aufmerksamkeit studieren, um die in ihm enthaltenen Kunstgriffe würdigen zu können. Auf diese Weise versicherte uns der in der ersten Hälfte des 20. Jahrhunderts in Göttingen, Zürich und Freiburg im Breisgau lehrende Ernst Zermelo: *Niemals kann eine Zahl auf zwei grundlegend verschiedene Arten als Produkt von Primzahlen geschrieben werden.* Die Zerlegung einer Rechteckzahl als Produkt von Primzahlen ist – natürlich von der Reihenfolge der Faktoren abgesehen – immer eindeutig.

Schon Euklid wusste das. Er konnte es ebenso stichhaltig begründen wie Ernst Zermelo, allerdings mit erheblich mehr Aufwand.

BEFREUNDETE ZAHLENPAARE UND VOLLKOMMENE ZAHLEN

Im Zuge der bisherigen Betrachtungen trat die ursprüngliche Annahme des Pythagoras, Zahlen seien der Urgrund von allem, schleichend in den Hintergrund und wurde schließlich ganz vergessen. Damit folgten wir in groben Zügen der historischen Entwicklung. Denn schon bei den Pythagoreern traten gut begründete Zweifel darüber auf, ob wirklich, wie Pythagoras einst behauptete, alles Zahl sei. Wir kommen darauf im nächsten Kapitel wieder zu sprechen. Und wir hatten bereits erwähnt, dass das Zentralfeuer und die zehn Sphären, aus denen Pythagoras zufolge der

Kosmos gebildet sei, außerhalb der pythagoreischen Schule keine Anhänger fanden.

Letzte Spuren höchst kuriosen pythagoreischen Denkens finden sich bei Euklid, als sich dieser fragte, welche Zahlen »vollkommen« seien. Dabei übernahm er alte mystische Vorstellungen des Pythagoras über sogenannte »befreundete« Zahlenpaare.

Die Seelen der Menschen, so lehrte Pythagoras, seien, genauso wie alles andere, eigentlich Zahlen. Bei zwei Menschen, so des Pythagoras Behauptung, bestehe unverbrüchliche Freundschaft dann, wenn sich die Zahlen ihrer Seelen so verhalten wie die Zahl 220 zur Zahl 284. Das Zahlenpaar 220 und 284 sei nämlich befreundet.

Der höchst willkürlich dafür erfundene Grund ergibt sich aus den echten Teilern 2, 4, 5, 10, 11, 20, 22, 44, 55 und 110 der Zahl 220 und den echten Teilern 2, 4, 71 und 142 der Zahl 284: Addiert man zur Einheit 1 die echten Teiler von 220, erhält man nämlich die Summe

$$1 + 2 + 4 + 5 + 10 + 11 + 20 + 22 + 44 + 55 + 110 = 284$$

und addiert man zur Einheit 1 die echten Teiler von 284, erhält man die Summe

$$1 + 2 + 4 + 71 + 142 = 220$$

Es gibt neben 220 und 284 viele andere befreundete Zahlenpaare. Die nächsten lauten 1184 und 1210 sowie 2620 und 2924. Pythagoras selbst dürfte nur das Zahlenpaar 220 und 284 als befreundetes Zahlenpaar gekannt haben.

Euklid nannte nun in alter pythagoreischer Tradition eine Zahl vollkommen, wenn sie mit sich selbst befreundet ist. Mit anderen Worten: Addiert man zur Einheit 1 die echten Teiler einer vollkommenen Zahl, so erhält man diese Zahl wieder zurück. Dies ist bei der Zahl 6 der Fall, die 2 und 3 als echte Teiler besitzt, denn es gilt: $1 + 2 + 3 = 6$. Auch die Zahl 28 ist vollkommen, weil sie die echten Teiler 2, 4, 7 und 14 hat und $1+2+4+7+14=28$ stimmt. Es spricht für den scharfen Blick Euklids, dass er aus den Rechnungen $6=2\times 3$ und $28=4\times 7=2\times 2\times 7$ erkannte, welche Gesetzmäßigkeit sich hinter den vollkommenen Zahlen verbirgt. Sie hat mit den sogenannten Zweierpotenzen zu tun, womit wir die in der Liste

$$2^1=2 \quad 2^2=2\times 2=4 \quad 2^3=2\times 2\times 2=8 \quad 2^4=2\times 2\times 2\times 2=16$$
$$2^5=2\times 2\times 2\times 2\times 2=32 \quad \ldots$$

aufgezählten Zahlen meinen. Die hochgestellte kleine, an 2 angeheftete Hochzahl sagt dabei an, wie oft 2 mit sich selbst multipliziert wird. Euklid erkannte damit das Bildungsgesetz der beiden ersten vollkommenen Zahlen:

$$6=2^1\times(2^2-1) \text{ und } 28=2^2\times(2^3-1)$$

Danach folgt die Zahl $2^3\times(2^4-1)$, die sich als $8\times 15=120$ errechnet und keine vollkommene Zahl ist. Denn 120 hat eine große Anzahl von echten Teilern, nämlich 2, 3, 4, 5, 6, 8, 10, 12, 15, 20, 24, 30, 40 und 60, die zur Einheit 1 addiert die viel größere Summe 240 liefern. Der kluge Euklid fand den Grund der Unvollkommenheit von 120 in der Tatsache, dass $2^4-1=15$ keine Primzahl ist. Hingegen ist $2^5-1=31$ wieder Primzahl. Und tatsächlich stellt sich $2^4\times(2^5-1)=16\times 31=496$ als vollkommene Zahl heraus.

Euklid rechnete zur Bestätigung der Vollkommenheit von 496 die Einheit 1 und die echten Teiler von 496 nicht wirklich aus, sondern ging viel geschickter vor: Einerseits hat die Primzahl 31 die beiden Teiler 1 und 31. Und die Zweierpotenz 2^4 hat die Teiler 1, 2, 4, 8 und 16. Somit sind in der aus zwei Teilen bestehenden Liste

$$1\times 1 \quad 2\times 1 \quad 4\times 1 \quad 8\times 1 \quad 16\times 1 \quad \text{und} \quad 1\times 31 \quad 2\times 31 \quad 4\times 31$$
$$8\times 31 \quad 16\times 31$$

alle Teiler von 496, die Einheit 1 und die Zahl 496 mit eingeschlossen, aufgezählt.

Zuerst betrachten wir die im ersten Teil der Liste genannten Zahlen: Bildet man deren Summe, bedeutet dies, dass man die Einheit und die ersten vier Zweierpotenzen addiert:

$$1 \times 1 + 2 \times 1 + 4 \times 1 + 8 \times 1 + 16 \times 1 = 1 + 2 + 4 + 8 + 16 = 1 + 2^1 + 2^2 + 2^3 + 2^4$$

Die Summe lautet 31, sie ist um 1 kleiner als die nächste, in der Summe noch nicht angeschriebene Zweierpotenz $2^5 = 32$. Das ist, wie die nachfolgenden Zeilen zeigen, nicht nur hier, sondern immer der Fall:

$$1 + 2^1 = 3 = 2^2 - 1$$
$$1 + 2^1 + 2^2 = 7 = 2^3 - 1$$
$$1 + 2^1 + 2^2 + 2^3 = 15 = 2^4 - 1$$
$$1 + 2^1 + 2^2 + 2^3 + 2^4 = 31 = 2^5 - 1$$
$$1 + 2^1 + 2^2 + 2^3 + 2^4 + 2^5 = 63 = 2^6 - 1$$
$$\ldots$$

Dass sich die letzte hier angeschriebene Zeile $1 + 2^1 + 2^2 + 2^3 + 2^4 + 2^5 = 2^6 - 1$ aus der vorletzten Zeile $1 + 2^1 + 2^2 + 2^3 + 2^4 = 2^5 - 1$ ergibt, begreifen wir aufgrund des folgenden Schlusses: Wenn man auf der linken Seite der vorletzten Zeile, die das Gleichheitszeichen trennt, noch zusätzlich 2^5 dazuzählt, gelangt man zur linken Seite der letzten Zeile. Für die rechte Seite der vorletzten Seite bedeutet diese Vermehrung, dass auf ihr nun $2 \times 2^5 - 1$ steht, und dies ist dasselbe wie $2^6 - 1$, die rechte Seite der letzten Zeile. Es stimmt also wirklich: *Addiert man zur Einheit* 1 *der Reihe nach Zweierpotenzen, bekommt man stets als Resultat die um* 1 *kleinere nächste Zweierpotenz, die in der Summe noch nicht angeschrieben ist.*

Nun betrachten wir die im zweiten Teil der Liste genannten Zahlen bis auf die letzte Zahl 16×31, die mit 496 übereinstimmt und somit kein echter Teiler von 496 ist. Hier bekommt man die Summe

$$1 \times 31 + 2 \times 31 + 4 \times 31 + 8 \times 31 = (1 + 2 + 4 + 8) \times 31 = 15 \times 31$$

Weil die Summe der im ersten Teil der Liste genannten Zahlen auch 31 beträgt, lautet somit die Summe der Einheit und aller echten Teiler von 496

$$(1 \times 1 + 2 \times 1 + 4 \times 1 + 8 \times 1 + 16 \times 1) + (1 \times 31 + 2 \times 31 + 4 \times 31 + 8 \times 31)$$
$$= 31 + 15 \times 31 = 16 \times 31 = 496$$

Es handelt sich also bei 496 in der Tat um eine vollkommene Zahl.

Kritiker können bemängeln, dass die hier lang und breit dargelegte Überlegung viel mehr Platz und Zeit zum genauen Lesen beansprucht, als wenn man einfach die echten Teiler von 496 der Reihe nach ausrechnet, aufzählt und mit der Rechenmaschine blitzschnell addiert. Das stimmt, aber der Gewinn dieser ausführlichen Erörterung ist dennoch nicht zu verachten: Denn mit ihr konnte Euklid erfolgreich auf die Suche nach noch größeren vollkommenen Zahlen gehen:

Weil $2^6 - 1 = 63$ keine Primzahl ist, darf man nicht erwarten, dass $2^5 \times (2^6 - 1) = 32 \times 63 = 2016$ eine vollkommene Zahl wäre. Und sie ist es tatsächlich nicht. Denn sie hat zu viele echte Teiler. Deren Summe zur Einheit 1 addiert, beläuft sich auf mehr als 2016.

Weil hingegen $2^7 - 1 = 127$ Primzahl ist, erhält man mit $2^6 \times (2^7 - 1) = 64 \times 127 = 8128$ eine vollkommene Zahl. Jetzt lohnt es sich, die Liste der Teiler dieser Zahl, die Einheit und sie selbst mit eingeschlossen, in zwei Teile zu gliedern, nämlich in

$$1 \times 1 \quad 2 \times 1 \quad 4 \times 1 \quad 8 \times 1 \quad 16 \times 1 \quad 32 \times 1 \quad 64 \times 1$$

und in

$$1 \times 127 \quad 2 \times 127 \quad 4 \times 127 \quad 8 \times 127 \quad 16 \times 127 \quad 32 \times 127 \quad 64 \times 127$$

Ähnlich wie schon zuvor berechnet man sowohl die Summe der im ersten Teil genannten Zahlen als auch die Summe der im zweiten Teil genannten Zahlen, die letztgenannte Zahl 64×127 ausgenommen. Diese beiden Summen lauten 127 und 63×127. Sie zusammengezählt, ergibt 64×127, was 8128 als vollkommene Zahl enttarnt.

ZAHLENMYSTIK UND SICHERES WISSEN

Es war ein Fehler Euklids, mit sich selbst befreundete Zahlen wie 6, 28, 496 und 8128 τέλειοι ἀριθμοί, teleioi arithmoi, vollkommene Zahlen zu taufen. Denn sofort stürzten sich der Zahlenmystik Ergebene auf sie. Irgendetwas Vollkommenes, so waren sie überzeugt, muss mit ihnen in Verbindung stehen.

Philon von Alexandria mutmaßte, dass der Ewige die Welt deshalb in sechs Tagen schuf, weil 6 die erste vollkommene Zahl ist. Daran anschließend knüpfte, rund vierhundert Jahre später, einer der großen Kirchenlehrer, der heilige Augustinus, die spitzfindige Frage, ob die Schöpfung sechs Tage dauerte, weil 6 eine vollkommene Zahl ist, oder aber ob der Allmächtige die Zahl 6 deshalb eine vollkommene Zahl sein ließ, weil er Himmel und Erde in so vielen Tagen schuf.

Die nächste vollkommene Zahl, 28, sah Philon in der Zahl der Tage widergespiegelt, die der Mond für einen Umlauf um die Erde benötigt. Dabei bezog sich Philon wohl auf den sogenannten siderischen Monat, gekennzeichnet dadurch, dass sich der Mond nach diesem Umlauf wieder vor den gleichen Sternen des Fixsternhimmels zeigt. Wegen der Bewegung – geozentrisch gesehen – der Sonne um die Erde oder – heliozentrisch gesehen – der Erde um die Sonne dauert der sogenannte synodische Monat, die Zeitspanne von einem Vollmond bis zum nächsten, geringfügig länger, nämlich rund 29 Tage und einen halben Tag. Doch auch der siderische Monat dauert nicht genau 28 Tage, sondern nur

27 Tage und acht Stunden. Ein von Zahlenmystik Überzeugter wie Philon lässt sich nicht beirren, wenn die Tatsachen von seiner Idealvorstellung abweichen. Ganz im Sinne von Hegel würde er sagen: »Umso schlimmer für die Tatsachen.«

Ein wenig näher an den Tatsachen wäre Philon gewesen, hätte er darauf hingewiesen, dass der erste Satz des Schöpfungsberichts, der erste Satz der Bibel überhaupt, im Urtext aus genau 28 Buchstaben besteht: בראשית ברא אלהים את השמים ואת הארץ, von rechts nach links gelesen: b^{e}res^{ch}it b^{a}ra el^{o}him et h^{a}s^{a}m^{a}j^{i}m wet h^{a}ar^{e}s (die hochgestellten Buchstaben haben keine entsprechenden hebräischen Lettern), übersetzt: Am Anfang schuf Gott Himmel und Erde.

Vielleicht haben dies und die von Philon betonte Vollkommenheit der Zahl 28 mit einer im Judentum überlieferten Vorstellung zu tun: Die Sonne vollzöge nach 28 Jahren einen Zyklus und befände sich – dies ereignet sich immer im ersten Frühlingsmonat Nissan knapp nach Sonnenuntergang eines Dienstags – an jener Himmelsstelle, wo sie am darauffolgenden Mittwoch, dem vierten Tag der Schöpfung, gemäß des Bibelwortes erschaffen wurde.

Kirchenlehrer leiteten aus der Vollkommenheit der Zahl 28 her, dass im Jahre 28 nach Christi Geburt, dies war nach dem Lukasevangelium »im fünfzehnten Jahr der Regierung des Kaisers Tiberius«, die Heilsgeschichte mit dem Auftreten von Johannes dem Täufer begann. Ein wenig hatte dabei der um 500 lebende Mönch Dionysius Exiguus mitgeholfen, denn er war es, der aufgrund verwickelter Rechnungen just das 28. Regierungsjahr des Kaisers Augustus als das Jahr 1 der christlichen Ära festlegte. Von dem Staatsakt an, als Octavian den Titel Augustus erhielt und von da an Alleinherrscher des Römischen Reiches war, regierte Augustus 41 Jahre über Rom. Sein letztes 41. Regierungsjahr war zugleich das erste Regierungsjahr seines Stiefsohns und Nachfolgers Tiberius.

Dies sind nur einige von mehreren Beispielen zur Zahlenmystik. Man mag es drehen und wenden, wie man will: All dies klingt eher erzwungen als überzeugend. Und vor allem ist an diesen Beispielen schwer ersichtlich, was letztlich wirklich die Zahlen 6 oder 28 so erhöhen würde, dass sie als »vollkommen« zu betrachten wären.

Tatsächlich wäre es besser gewesen, Euklid hätte jenen Zahlen nicht »Vollkommenheit«, sondern ein völlig inhaltsleeres Adjektiv zugesprochen, die mit der Summe der Einheit 1 mit ihren echten Teilern übereinstimmen. Es hätte uns einiges an verstiegener Spekulation erspart.

Vor allem durchziehen Unwägbarkeiten dieses Stochern im Nebel: Haben die vollkommenen Zahlen 6 und 28 den Autor des biblischen Textes wirklich veranlasst, die Geschichte so zu erzählen und die Buchstaben just so zu wählen? Ist es nicht gewagt, zu vermuten, der Umlauf des Mondes um die Erde richte sich nach willkürlich festgelegten Eigenschaften einer Zahl aus? Und wer glaubt ernsthaft, historische Ereignisse hätten irgendetwas damit zu tun, ob Jahreszahlen Dreieckszahlen, Quadratzahlen, Rechteckzahlen, Primzahlen oder vollkommene Zahlen sind?

Ganz in die Kerbe des wild Spekulativen schlägt ein Rezept eines mittelalterlichen Kurpfuschers, der rät, vor dem Liebesakt auf einen Zettel die Zahl 220 zu schreiben, diesen Zettel zu kauen und zu schlucken sowie den Herzensmenschen dasselbe mit einem Zettel, auf dem die Zahl 284 notiert ist, tun zu lassen. Die großartige Wirkung dieser Prozedur sei garantiert, weil die beiden Zahlen 220 und 284 befreundet sind. Überdies verbürgte sich der Quacksalber für den Erfolg mit der Versicherung, es am eigenen Leibe probiert zu haben.

Von völlig anderer, unvergleichlich hochwertiger Art ist im Gegensatz dazu das Versprechen, auch die Zahl $2^{12} \times (2^{13} - 1) = 4096 \times 8191 = 33\,550\,336$ sei vollkommen, weil $2^{13} - 1 = 8191$ eine Primzahl ist. Dies stimmt nicht deshalb, weil eine für ihre Seriosität bekannte Koryphäe dies so behauptet, sondern weil es von jedem zweifelsfrei überprüft werden kann. Die Methode, dies zu verifizieren, ist zuvor dargelegt worden.

Und was noch mehr beeindruckt: Dass 33 550 336 eine vollkommene Zahl ist, hängt nicht von irgendwelchen schicksalshaften Ereignissen der Weltgeschichte, nicht von irgendwelchen in der Natur vorhandenen Gegebenheiten, nicht von irgendwelchen künstlerischen Einfällen ab. Es stimmt einfach so. Und es stimmt auf ewig.

Wiewohl zugestanden werden muss: Mit dem Wissen, dass 6, 28, 496, 8128 oder 33 550 336 vollkommene Zahlen sind, kann man sich, flapsig gesprochen, nichts kaufen. Es handelt sich um ein abgeschottetes, isoliertes Wissen, von unerschütterlicher Unanfechtbarkeit geadelt, aber völlig nutzlos.

Auch in der heutigen mathematischen Forschung stehen vollkommene Zahlen für eine, wie man nonchalant sagt, »ganz nette Kuriosität«. Interessiert man sich überhaupt noch für irgendetwas im Zusammenhang mit ihnen, dann mit Fragen wie diesen:

Alle bis jetzt gefundenen vollkommenen Zahlen sind gerade Zahlen; gibt es auch eine oder mehrere ungerade vollkommene Zahlen? Tatsächlich weiß man noch nicht die richtige Antwort. Sollte es ungerade vollkommene Zahlen geben, müsste selbst die kleinste ziemlich groß sein, jedenfalls mehr als 1500 Stellen besitzen. Doch angesichts der Tatsache, dass Zählen kein Ende kennt, besagt das wenig. Ein wenig schimmert darum bei dieser Frage das Unendliche, das Apeiron des Anaximander durch, und nur deshalb beschäftigt man sich mit ihr. Denn gäbe es nur endlich viele ungerade Zahlen, könnte man, zumindest im Prinzip, eine Rechenmaschine mit ihrer Beantwortung beauftragen, und die Frage verlöre ihren Reiz.

Es gibt aber auch unendlich viele gerade Zahlen; sind unter diesen auch unendlich viele vollkommene Zahlen zu erwarten? Auch auf diese Frage weiß bisher niemand die richtige Antwort. Der ungeheuer emsige Schweizer Mathematiker Leonhard Euler zeigte fast zweitausend Jahre nach Euklids Begriffsbestimmung der vollkommenen Zahlen, dass die Bauart der von Euklid genannten Beispiele $6 = 2^1 \times (2^2 - 1)$, $28 = 2^2 \times (2^3 - 1)$, $496 = 2^4 \times (2^5 - 1)$, $8128 = 2^6 \times (2^7 - 1)$ bei allen weiteren geraden vollkommenen Zahlen die gleiche sein muss: immer eine Zweierpotenz mit der um 1 verkleinerten nächsten Zweierpotenz zu multiplizieren, wobei die um 1 verkleinerte nächste Zweierpotenz eine Primzahl sein muss.

Doch es ist ein bislang ungelöstes Rätsel, ob sich unter den um 1 verkleinerten Zweierpotenzen unendlich viele Primzahlen befinden. Ein paar Beispiele wie $2^2 - 1 = 3$, $2^3 - 1 = 7$, $2^5 - 1 = 31$, $2^7 - 1 = 127$ oder $2^{13} - 1 = 8191$ auflisten zu können hilft gar nicht weiter. Es müsste unendlich viele Beispiele geben, und eine solche Auflistung überfordert jede Rechenmaschine. Darum ist ein logisches Argument dafür gesucht, dass die um 1 verkleinerten Zweierpotenzen unendlich viele Primzahlen unter sich verbergen. Bis zur jetzigen Stunde kennt es niemand. Auch bei dieser Frage klingt das Unendliche, das Apeiron des Anaximander, an.

EUKLID UND DIE GEOMETRIE

Ob Euklid selbst zu den vollkommenen Zahlen ein so nüchternes Verhältnis hatte wie Mathematiker der Moderne, wird für immer im Dunkel bleiben. Denn man weiß vom Leben des Euklid so gut wie nichts. Selbst in der Antike wurde er selten namentlich erwähnt, sondern bloß der στοιχειώτης, der Stoicheiotes genannt, weil er das Buch στοιχεῖα, Stoicheia, schrieb, das übersetzt »Elemente« heißt und ein elementares – darum der Name – mathematisches Lehrbuch darstellt.

Es gibt sogar Zweifler, die annehmen, Euklid habe gar nicht gelebt, er sei vielmehr eine Erfindung einer Gruppe von Gelehrten, die in Alexandria wirkten und das berühmte Lehrbuch unter dem Pseudonym Euklid herausgaben. Ganz abwegig ist diese Meinung nicht. Im 20. Jahrhundert hatte jedenfalls eine Gruppe französischer Mathematiker so gehandelt und ihr großes, unvollendet gebliebenes Lehrwerk unter dem Pseudonym Nicolas Bourbaki veröffentlicht, das sie, sicher mit dem Blick auf Euklid, »Éléments de mathématique« übertitelten, übersetzt: »Elemente der Mathematik«.

Bemerkenswert an Euklids Lehrbuch ist, dass es sich bei ihm weniger um ein Buch über Zahlen, vielmehr um ein Buch über Geometrie handelt. Zwar kommen die Begriffe der Teiler von Zahlen, der Primzahlen und auch, wie zuletzt beschrieben, der vollkommenen Zahlen darin vor. Aber Zahlen sind in Euklids »Elementen« bloß Hilfsbegriffe. Sie haben ihre von Pythagoras und seiner Schule behauptete Stellung als Grund- und Ecksteine der Welt längst verloren. Das Einzige, was von ihnen blieb, sind die Sicherheit, mit der man mit ihnen rechnen kann, und die Gewissheit, dass sie die Eigenschaften ewig besitzen, die mithilfe logischer Überlegungen an ihnen zu entdecken sind.

Euklid lehrte, dass Geometrie die gleichen Vorzüge aufweist: Sie verleiht dem exakten Zeichnen mit Zirkel und Lineal Sicherheit. Und die mithilfe logischer Überlegungen an Punkten, Strecken, Flächen, an Winkeln, Dreiecken, Kreisen, Pyramiden, Kugeln sowie an allen anderen geometrischen Objekten entdeckten Eigenschaften besitzen diese ewig und gewiss.

Bausteinartig geht Euklid dabei in seinem Lehrbuch vor. Das Fundament bilden Einsichten, die seiner Meinung nach so grundlegend sind, dass man sie nicht bezweifeln kann: dass man in der Zeichenebene an zwei Punkten ein Lineal anlegen und ihm entlang eine Strecke zeichnen kann, welche die beiden Punkte verbindet. Dass man jede Strecke mit dem Lineal geradlinig verlängern kann. Dass man mit dem Zirkel, der in einem Punkt der Zeichenebene eingestochen und einem bestimmten Radius weit geöffnet wurde, einen Kreis zeichnen kann. Dass alle rechten Winkel gleich groß sind. Postulate wie diese nannte Euklid αἰτήματα, aitemata, Forderungen.

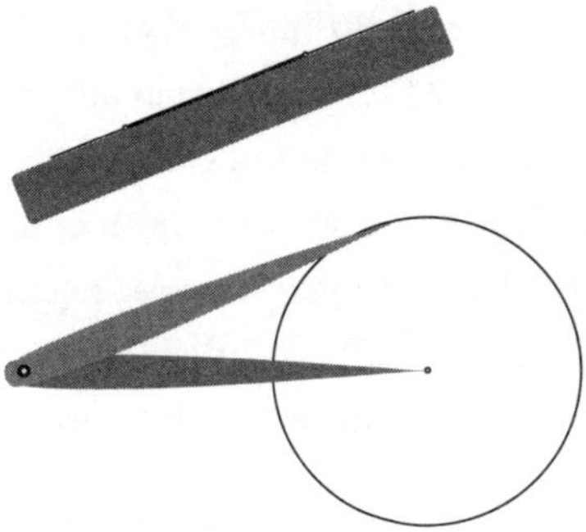

(3.7) Mit dem Lineal kann man Punkte zu einer Strecke verbinden und eine Strecke zu einer geraden Linie verlängern. Mit dem Zirkel kann man um einen Punkt einen Kreis mit einem vorgegebenen Radius ziehen.

Daneben formulierte er noch κοιναὶ ἔννοιαι, koinai ennoiai, offenkundig richtige Aussagen, zum Beispiel dass untereinander gleich ist, was demselben gleich ist, dass Gleiches zu Gleichem addiert Gleiches ergibt, dass Gleiches übrig bleibt, wenn Gleiches von Gleichem weggenommen wird, dass gleich ist, was sich deckt, dass das Ganze größer ist als der Teil.

Nur bei einem Postulat tat sich Euklid schwer. Er formulierte es sehr umständlich so: »Bewirkt der Schnitt einer geraden Linie mit zwei anderen geraden Linien, dass die sich innen auf der gleichen Seite befindlichen Winkel addiert weniger als zwei rechte Winkel ergeben, dann schneiden einander die beiden zuletzt genannten geraden Linien in Richtung dieser Seite, wenn man sie nur genügend weit verlängert.«

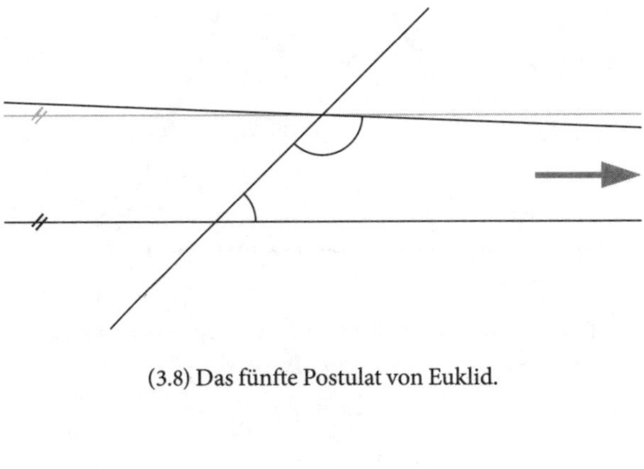

(3.8) Das fünfte Postulat von Euklid.

Wohl war dem Autor der »Elemente« bei diesem Postulat sicher nicht. Denn die beiden »zuletzt genannten geraden Linien« muss man außerordentlich weit verlängern, bis man deren Schnittpunkt findet, wenn die Summe der »sich innen auf der gleichen Seite befindlichen Winkel« nur um einen Hauch kleiner als zwei rechte Winkel ist. Möglicherweise reicht alles Zeichenpapier der Welt nicht dafür aus. So offensichtlich wie die anderen vier zuvor genannten Postulate ist dieses fünfte Postulat keineswegs.

Euklid saß in der Zwickmühle. Ohne dieses fünfte Postulat konnte er nicht einmal beweisen, dass die Summe der Innenwinkel eines Dreiecks exakt zwei rechte Winkel beträgt. Und dann brächen ihm all die schönen geometrischen Sätze weg, beginnend mit dem Satz von Thales, die Euklids Vorgänger als gültig erachteten. Darum entschloss er sich, an diesem fünften Postulat trotzdem festzuhalten.

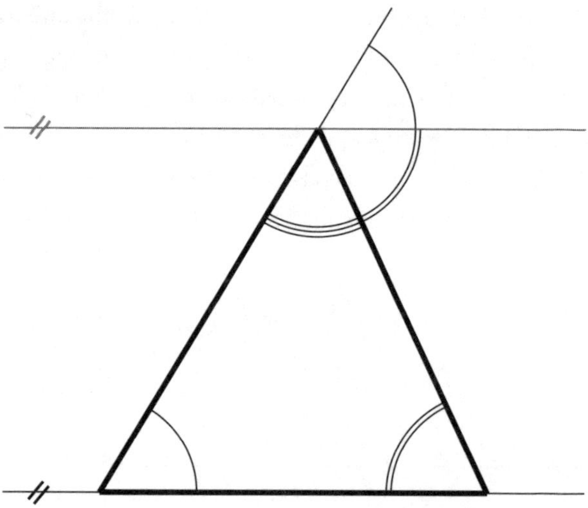

(3.9) Beweis dafür, dass die Summe der drei Innenwinkel eines Dreiecks addiert zwei rechte Winkel ergeben.

Später versuchten Euklids Epigonen, das fünfte Postulat in einen beweisbaren Satz zu verwandeln. Sie hofften, allein von den restlichen Postulaten und offenkundig richtigen Aussagen ausgehend, dieses fünfte Postulat logisch sicher herleiten zu können. Niemandem gelang es.

Im 11. Jahrhundert beschrieb der persische Mathematiker Omar Khayyam, wie eine Geometrie aussähe, in der das fünfte Postulat *falsch* wäre. Den gleichen Gedanken entwickelte, knapp vor seinem Tod im Jahre 1733, der Jesuitenpater Giovanni Girolamo Saccheri. Auch er erkannte, dass in einer Geometrie, in der das fünfte Postulat falsch ist, die Summe der Innenwinkel im Dreieck entweder größer oder aber kleiner als zwei rechte Winkel sein muss. Beim Fall, dass die Summe der Innenwinkel im Dreieck größer als zwei rechte Winkel wäre, entdeckte Saccheri einen Widerspruch zum zweiten Postulat Euklids: Strecken ließen sich nicht beliebig mit einem Lineal verlängern. Beim Fall, dass die Summe der Innenwinkel im Dreieck kleiner als zwei rechte Winkel wäre, fand Saccheri zwar keinen logischen Widerspruch, aber folgerte aus ihm Eigenartiges: dass Dreiecke keine beliebig großen Flächen umspannen könnten. Dass zwei Dreiecke mit paarweise gleichen Innenwinkeln bereits deckungsgleich wären. Dies alles schien Saccheri so sehr »der Natur widersprechend«, dass er auch diesen zweiten Fall zu verwerfen genötigt sah.

Knapp hundert Jahre später erkannten jedoch, unabhängig voneinander, der russische Mathematiker Nikolai Iwanowitsch Lobatschewski und der aus dem ungarischen Teil der Donaumonarchie stammende Mathematiker János Bolyai, dass ein Widerspruch »zur Natur« noch nicht die abstrakte Möglichkeit einer Geometrie ausschließt, in der das fünfte Postulat Euklids nicht gilt. Und sie zeigten, dass eine solche Geometrie zwar eigenartig, aber ohne den geringsten logischen Widerspruch denkmöglich ist. Wobei der Stolz Bolyais über seine Entdeckung einer nicht euklidischen Geometrie durch einen eigenartigen Umstand getrübt wurde: Bolyai erstattete seinem Vater Bericht, der die Entdeckung seines Sohnes seinem alten Studienfreund Carl Friedrich Gauß, dem schon damals berühmtesten aller Mathematiker, zukommen ließ. In seinem Antwortbrief vom 6. März 1832 schrieb Gauß: »Jetzt Einiges über die Arbeit Deines Sohnes: Wenn ich damit anfange ›dass ich solche nicht loben darf‹: so wirst Du wohl einen Augenblick stutzen. Aber ich kann nicht anders. Sie loben hieße mich selbst loben: Denn der ganze Inhalt der Schrift, der Weg, den Dein Sohn eingeschlagen hat, und die Resultate zu denen er geführt ist, kommen fast durchgehend mit meinen eigenen, zum Teil schon seit 30, gar 35 Jahren angestellten Meditationen überein. In der Tat bin ich dadurch auf das Äußerste überrascht.«

Es waren also weder Lobatschewski noch Bolyai, es war Gauß, der als Erster die Denkmöglichkeit einer Geometrie ohne das fünfte Postulat Euklids erkannte. Doch er zögerte, darüber zu schreiben, weil er befürchtete, er würde die meisten seiner Zeitgenossen mit dieser Erkenntnis überfordern. Er habe, so schrieb er, »nur wenige Menschen gefunden, die das, was ich ihnen mitteilte, mit besonderem Interesse aufnahmen«. Und er versuchte – in János Bolyais Augen nicht mit ausreichendem Lob verbunden – die Leistungen des Sohnes seines Brief- und ehemaligen Studienfreundes nicht zu schmälern: »Dagegen war meine Absicht, mit der Zeit alles so zu Papier zu bringen, dass es wenigstens mit mir dereinst nicht unterginge. Sehr bin ich also überrascht, dass diese Bemühung mir nun erspart werden kann. Und höchst erfreulich ist es mir, dass gerade der Sohn meines alten Freundes es ist, der mir auf eine so merkwürdige Art zuvorgekommen ist.«

GAUSS UND SEIN »GROSSES DREIECK«

1856, nur ein Jahr nach dem Tod von Carl Friedrich Gauß, ließ Georg V., König von Hannover, eine Gedenkmünze mit der Widmung »Mathematicorum Principi«, übersetzt: »dem Fürsten der Mathematiker«, für den großen Gelehrten prägen. Tatsächlich reicht bis heute niemand, von Archimedes und Sir Isaac Newton vielleicht abgesehen, an Gauß' Ideenreichtum, Gedankentiefe und mathematische Auffassungsgabe heran. Gauß selbst verwendete für seine herausragenden Kollegen gerne Begriffe wie »illustris« oder »praeclarus«, übersetzt »berühmt« oder »glänzend«. Allein Newton nannte er »summus«, der Größte. Nur mit ihm fühlte er sich auf Augenhöhe.

Geboren wurde Gauß 1777 in bescheidenen Verhältnissen in Braunschweig. Seine blitzgescheite Mutter, die ein biblisches Alter erreichte und stolz die Karriere ihres einzigen Kindes mitverfolgen konnte, war zeitlebens Analphabetin. Sein Vater verdingte sich in einfachen Handwerks- und Kaufmannsberufen. Entdeckt wurde das stupende Talent des Volksschulkindes vom Direktor der Catharinenschule Johann Georg Büttner, der ihn zu fördern versuchte und zusammen mit seinem Assistenzlehrer Martin Bartels erreichte, dass er ins Gymnasium Martino-Katharineum gehen konnte. Mit vierzehn Jahren wurde er als mathematisches Wunderkind Herzog Karl Wilhelm Ferdinand von Braunschweig vorgestellt, der den weiteren Studiengang in Braunschweig und später in Göttingen beförderte. Die Unterstützung durch die Herrscherhäuser von Braunschweig und später von Hannover bewirkten in Gauß ein stetes Gefühl der Dankbarkeit ihnen gegenüber. Daher nimmt es nicht wunder, dass er sich als wohlbestallter Professor der Mathematik und Astronomie in Göttingen 1820 zu einer Kärrnerarbeit bereitfand: Es galt, das nach dem Wiener Kongress neu begründete Königreich Hannover mit mathematischer Exaktheit zu vermessen.

Es fällt uns Heutigen schwer, sich Vorstellungen von den Mühen und

Beschwernissen zu machen, die mit dieser Aufgabe verbunden waren. Gauß konstruierte eine eigene Apparatur, die er Heliotrop nannte, mit der man das Licht der Sonne (ἥλιος, helios, ist die Sonne) so spiegeln und in eine bestimmte Richtung lenken konnte (τρόπος, tropos, ist die Wendung), dass ein viele Kilometer weit entfernter Beobachter untertags dieses gespiegelte Licht wie einen hell strahlenden Stern erblickte. In der Regel erklommen zwei Helfer von Gauß, jeder von ihnen mit einem Heliotrop ausgerüstet, eine markante Stelle der Landschaft, die Gauß selbst von einem dritten markanten Punkt der Landschaft einsehen konnte. Gauß richtete ein Zielfernrohr auf die vom einen Heliotropen herrührende punktförmige Lichtquelle, schwenkte das Fernrohr und visierte danach das vom anderen Heliotropen herkommende Licht an. Den Winkel, den das Fernrohr beim Schwenken überstrich, maß er an der beim Gerät angebrachten Skala ab. Und er führte diesen Vorgang mehrfach durch, denn jedes Mal ergab sich ein klein wenig anderer Wert für diesen Winkel. Erst wenn Gauß den Durchschnitt all der gemessenen Werte berechnete, konnte er ziemlich sicher sein, Messfehler so gut wie es nur ging, auszuschließen.

Dies war aber nur eine Messung von Tausenden. Über 2500 markante Landschaftspunkte wurden für Winkelmessungen herangezogen. Dazu kamen einzelne Abstandsmessungen, die mit besonderer Genauigkeit durchzuführen waren, damit von ihnen keine Fehler vererbt werden. In den fünf Sommern von 1821 bis 1825 kletterte Gauß auf unzählige Berge und Kirchtürme, um über möglichst weite Distanzen messen zu können. Seine Helfer und er mussten die Geräte mit großer Sorgfalt schleppen, denn fielen sie zu Boden, wären sie unbrauchbar. Und hie und da spielte das Wetter nicht mit. Zuweilen musste er tagelang warten, bis gute Sichtverhältnisse herrschten. Schlechte Verkehrsverbindungen und armselige Unterkünfte kamen zu den vielen Belastungen hinzu.

Mehr als eine Million erhobener Daten verarbeitete Gauß danach zwanzig Jahre lang in lästigster Rechenarbeit, bis er endlich, als alter Mann von 68 Jahren, das Werk 1845 vollendete. Und das Traurigste war:

Wissenschaftliche Erkenntnis schien aus dieser Herkulesarbeit nicht hervorzugehen.

Oder vielleicht doch? Jedenfalls war es für Gauß wichtig, dass er die Innenwinkel des, wie er es nannte, »großen Dreiecks« mit staunenswerter Genauigkeit vermaß. Die Ecken des »großen Dreiecks« befinden sich auf Bergspitzen: auf dem Hohen Hagen und dem 69 Kilometer von ihm entfernten Brocken sowie auf dem vom Brocken 107 Kilometer entfernten Inselsberg, der seinerseits 85 Kilometer vom Hohen Hagen entfernt ist. Trotz der großen Entfernungen vermochte Gauß die vom Heliotrop gesendeten Lichtstrahlen, wie von einem Stern stammend, anzuvisieren. Und weil sich Licht entlang gerader Linien fortpflanzt, handelt es sich bei dem »großen Dreieck« nicht um ein sphärisches Dreieck, das sich wie aufgeklebt auf der krummen Erdoberfläche befände, sondern um ein ebenes Dreieck. Gauß addierte die drei von ihm gemessenen Innenwinkel des »großen Dreiecks« und erhielt im Rahmen seiner ohnehin hochgradigen Messgenauigkeit den exakten Wert zweier rechter Winkel.

Warum tat er dies, könnte man naiv fragen. Er müsste als Mathematiker doch wissen, dass bereits Euklid bewies: Die Summe der Innenwinkel eines Dreiecks stimmt mit der zweier rechter Winkel überein.

Eine mögliche Antwort auf diese Frage stammt vom Gauß-Biografen Wolfgang Sartorius von Waltershausen: Gauß, so vermutete er, habe an seinem »großen Dreieck« feststellen wollen, ob die Wirklichkeit das fünfte Postulat in Euklids Lehrbuch verletzt. Dann würde sie der Geometrie Euklids widersprechen. Eine andere Geometrie, wie zum Beispiel die des Sohnes von Gaußens Studienfreund Bolyai, wäre vielleicht der Wirklichkeit angemessen. Auch der Physiker und Philosoph Moshe Jammer war dieser Deutung nicht abgeneigt. Zumal Albert Einstein als Folgerung seiner Allgemeinen Relativitätstheorie herleitete, dass Euklids Geometrie durch eine andere Geometrie zu ersetzen ist, wenn Körper mit sehr großen Massen ins Spiel kommen. Doch der Begriff »Masse« ist physikalischer, nicht mathematischer Natur. Die reine, mathematische Geometrie kann dem fünften Postulat Euklids folgen, sie kann es auch verwerfen, und unabhängig davon sind die gezogenen logischen Folgerungen im jeweilig vereinbarten Rahmen korrekt – allein, sie haben nichts mit der Wirklichkeit zu tun. Die »physikalische« Geometrie hingegen beruft sich auf Messungen, die an wirklichen Objekten vorgenommen wird – allein, sie verliert damit den Anspruch auf unbestreitbare Gewissheit.

Doch Sartorius von Waltershausen mag mit dieser Deutung einer Fehlinterpretation erlegen sein. Vielleicht ging Gauß wie selbstverständlich davon aus, dass die Dreiecke, die in seiner Landvermessung abgesteckt wurden, in der Geometrie Euklids unter Einschluss des fünften Postulats gut aufgehoben sind. Dann wäre eine andere mögliche Antwort: Gauß wollte mit der Addition der Innenwinkel des »großen Dreiecks« nur bestätigt bekommen, dass er wirklich sehr genau gemessen hat.

GAUSS UND DIE PRIMZAHLEN

Geometrie beinhaltet die beiden Wörter *γῆ*, ge, die Erde, und *μέτρον*, metron, das Maß. Ursprünglich bedeutet sie daher »Erdmessung«. Seine Jahrzehnte beanspruchende Arbeit an der Vermessung Hannovers zeichnet Gauß im buchstäblichen Sinn als »Geometer« aus.

Aber seit Euklid – und Gauß denkt in dessen Tradition – schottet sich die Geometrie von Messungen an realen Gegebenheiten ab und lebt in der von Euklids Lehrbuch abgesteckten, abstrakten, wirklichkeitsfernen Welt. Der Verlust an Realitätsnähe wird durch die Gewissheit ersetzt, dass logische Folgerungen aus den Postulaten Euklids ewig gültige Sätze sind. Nur an den geometrischen Begriffen mag man noch den nun verloren gegangenen Bezug zur Wirklichkeit erahnen: wenn Euklid von Punkten spricht, die man sich als Markierungen in der Zeichenebene vorstellt. Wenn er von geraden Linien spricht, die man mit einem Lineal zeichnen kann. Wenn er von Kreisen spricht, die sich mit einem Zirkel konstruieren lassen.

Zahlen sind sogar noch abstrakter als geometrische Begriffe. Über den gescheiterten Versuch der Pythagoreer, die Geometrie auf Zahlen zu gründen und sie damit vollends in die abstrakte Welt von 1, 2, 3, … aufgehen zu lassen, berichten wir im nächsten Kapitel. Hier sei nur auf das Motiv hingewiesen, dies tun zu wollen: Den Postulaten Euklids, vor allem seinem fünften Postulat, ist noch ein Maß an Willkür eigen. Das Rechnen mit Zahlen hingegen kennt keine Postulate, auf die man sich bei einer Beweisführung zurückziehen müsste. Denn es ist schlichtweg offensichtlich: Das Zählen beginnt mit 1. Von jeder Zahl ausgehend, zählt man mit der um 1 vermehrten Zahl weiter. Und mit diesem Zählen erreicht man schließlich jede Zahl.

Um es plakativ festzustellen: Es ist denkbar, dass jemand Zweifel daran hegt, dass die Summe der Innenwinkel im Dreieck mit zwei rechten Winkeln übereinstimmt. Denn er könnte, würde man ihm mit Euklids Beweis antworten, auf das dabei verwendete fünfte Postulat verweisen, das ihm nicht evident scheint. Hingegen ist $6 \times 7 = 42$ über jeden Zweifel erhaben. Und würde jemand bezweifeln, dass es zu jeder Zahl eine noch größere Primzahl gibt, kann man ohne Berufung auf irgendwelche Postulate diesen Zweifel ein für alle Male zerstreuen.

Wegen ihrer unbezweifelbaren Gewissheit hielt Gauß, so berichtet Sartorius von Waltershausen, die Mathematik zwar für die Königin der Wissenschaften, die Zahlentheorie aber für die Königin der Mathematik.

Nicht von ungefähr hatte das große zahlentheoretische Werk von Gauß, das er lateinisch unter dem Titel »Disquisitiones Arithmeticae« herausgab, einen Umfang von 668 Seiten. Sein später erschienenes und ebenfalls mit höchst tiefsinnigen Ergebnissen besticktes geometrisches Werk »Disquisitiones generales circa Superficies curvas« hingegen umfasst nur 50 Seiten.

Schon von Kindesbeinen an war Gauß mit Zahlen wie mit guten Freunden vertraut. Weniger das Rechnen, das er wie kaum jemand anderer exzellent beherrschte, feuerte ihn an. Vielmehr war er emsig bestrebt, die Gesetze zu finden, die hinter Rechnungen stecken. Mit vierzehn Jahren bekam er ein Tabellenwerk von Johann Heinrich Lambert in die Hand, worin alle Zahlen von 2 bis 100 000 aufgelistet waren und bei jeder Zahl stand, ob sie Primzahl sei oder nicht, und wenn sie Rechteckzahl ist, stand die kleinste Primzahl daneben, welche diese Zahl teilt. Der junge Gauß war davon fasziniert. Und sofort fertigte er eine kleine Tabelle an, in deren linke Spalte er die Zehnerpotenzen 10, 100, 1000, 10 000 und 100 000 schrieb und jeweils daneben in der rechten Spalte notierte, wie viele Primzahlen es bis zu dieser Zehnerpotenz gibt:

Zehnerpotenz	Anzahl der Primzahlen bis zur Zehnerpotenz
10	4
100	25
1 000	168
10 000	1 229
100 000	9 592

Sodann dividierte er die jeweilige Zehnerpotenz durch die rechts neben ihr stehende Anzahl von Primzahlen und bekam so, auf zwei Nachkommastellen gerundet, die Werte $10:4=2.50$, dann $100:25=4.00$, dann $1000:168=5.95$, dann $10\,000:1229=8.14$ und schließlich $100\,000:9592=10.43$.

Gauß fühlte, einer Gesetzmäßigkeit auf der Spur zu sein: Die von ihm berechneten Quotienten nehmen schrittweise zu. Am Anfang nur um 1.50, dann um 1.95, dann um 2.19, dann um 2.29. Er vermutete, dass sich der Wert dieser Zunahme bei den nächsten, daran anschließenden Zehnerpotenzen auf rund 2.3 einpendeln werde. Denn dieser Wert 2.3 war ihm, der schon mit vierzehn Jahren viel gewandter auch höhere Rechenarten beherrschte als die besten Abiturienten seines Gymnasiums, als der sogenannte »Logarithmus von 10« wohlbekannt.

Wie Gauß im hohen Alter, 1849, schrieb, beschäftigte ihn die hier angedeutete Vermutung während seiner ganzen restlichen Schulzeit. Aber schreiben darüber wollte er nichts, denn er fand keinen stichhaltigen Beweis. Die Devise des römischen Dichters Lucanus war ihm heilig: »Nil actum credens cum quid superesset agendum«, übersetzt: »Nichts ist getan, wenn noch etwas zu tun übrig ist«.

Sein in Göttingen lehrender Kollege und späterer Nachfolger Gustav Lejeune Dirichlet kannte die Vermutung von Gauß und vermochte sie noch schärfer zu fassen. Er fand aus einer Unzahl von Rechnungen heraus, dass es der sogenannte »Integrallogarithmus« der Zehnerpotenz ist, welcher der Anzahl der Primzahlen bis zu dieser Zehnerpotenz besonders nahe kommt.

Es ist hier nicht der Platz, eine Definition für den Integrallogarithmus zu geben. Es genügt zu wissen, dass man diesen, bis auf 1, von jeder Zahl berechnen kann. Dirichlet brauchte für solche Auswertungen des Integrallogarithmus, selbst unter Verwendung von Rechentafeln, noch einiges an Rechenarbeit mit Bleistift und Papier. Heute erledigt eine hinreichend bestückte Rechenmaschine diese Berechnungen in Millisekunden. Wir wollen uns zunächst damit begnügen, die obige Tabelle durch eine dritte Spalte zu ergänzen, in der die Werte des Integrallogarithmus für die jeweiligen Zehnerpotenzen eingetragen sind:

Zehnerpotenz	Anzahl der Primzahlen bis zur Zehnerpotenz	Integrallogarithmus der Zehnerpotenz
10	4	6
100	25	30
1 000	168	178
10 000	1 229	1 246
100 000	9 592	9 630

Das sieht so schlecht nicht aus. Doch wirklich beeindruckend sind weniger Tabellen, sondern Grafiken, die den Sachverhalt deutlicher zum Ausdruck bringen.

In der Abbildung 3.10 stellen wir uns entlang der waagrechten und entlang der senkrechten geradlinigen Achsen vom gemeinsamen Schnittpunkt 0 beginnend die Zahlen, waagrecht bis zur Zahl 35, in gleichen Abständen aufgelistet vor. Die hellgrau gezeichnete, bei 2 auf der waagrechten Achse beginnende Treppe steigt bei jeder nachfolgenden Zahl um einen weiteren Schritt höher. Die davor liegende, mittelgrau gezeichnete Treppe steigt bei 2 noch genauso an wie die hellgraue Treppe, danach wird aber bei jeder weiteren zweiten Zahl die Stufe abgeflacht. Die wiederum davor liegende, dunkelgrau gezeichnete Treppe steigt bei 2 und bei 3 noch genauso an wie die mittelgraue Treppe, danach wird aber bei jeder weiteren dritten Zahl die Stufe abgeflacht, so sie nicht schon zuvor bei der mittelgrauen Treppe abgeflacht war. Die Abflachungen erfolgen somit bei den Zahlen 9, 15, 21, 27 und 33. Und die noch einmal davor liegende, schwarz gezeichnete Treppe steigt bei 2, bei 3 und bei 5 noch genauso an wie die dunkelgraue Treppe, danach wird aber bei jeder weiteren fünften Zahl die Stufe abgeflacht, so sie nicht schon zuvor bei der dunkelgrauen Treppe abgeflacht war. Die Abflachungen erfolgen somit nur bei den Zahlen 25 und 35.

Wir sehen somit das Sieb des Eratosthenes in dieser Grafik bildlich dargestellt. Und anhand der so erhaltenen schwarzen Treppe können wir unmittelbar ablesen, wie viele Primzahlen es bis zu einer Zahl gibt, die an der waagrechten Achse markiert ist: Wir brauchen nur zu schauen, wie hoch die schwarze Treppe bei dieser Zahl bereits geworden ist. Mit anderen Worten: Die schwarze Treppe stellt die Anzahl der Primzahlen bis zu einem bestimmten Wert grafisch dar.

Die Abbildung 3.11 zeigt die gleiche schwarze Treppe, nun aber mit einer bis zur Zahl 500 verlängerten waagrechten Achse. Es ist zudem zu beachten, dass die senkrechte Achse anders skaliert ist als die waagrechte

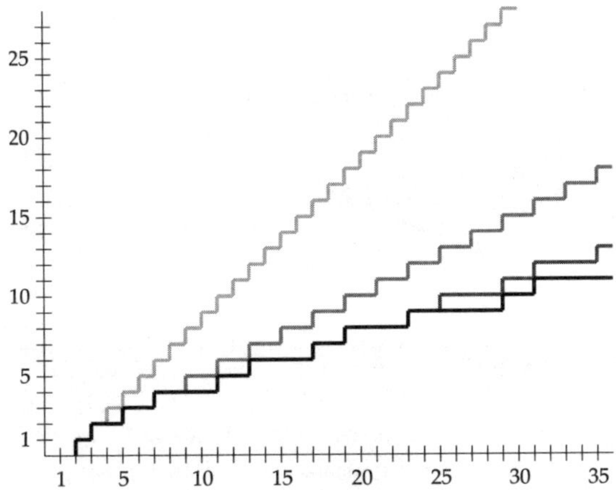

(3.10) Grafische Darstellung vom Sieb des Eratosthenes.

Achse: Die Strecke von 0 bis 100 ist auf der waagrechten Achse 40 Prozent kürzer als auf der senkrechten Achse. So gelingt es nämlich, entlang der waagrechten Achse bis zu 500 vorzudringen, ohne dass die senkrechte Achse unansehnlich gestaucht wird.

Zusätzlich zur schwarzen Treppe ist grau eingetragen die Kurve des Integrallogarithmus. Es handelt sich dabei um eine sehr glatt verlaufende Linie, die oberhalb der schwarzen Treppe völlig schwankungsfrei verläuft.

Es war weder Gauß noch Dirichlet gegönnt, über die ersten Zehnerpotenzen 10, 100, 1000, 10 000, 100 000 hinaus zu blicken, weil ihnen dafür nicht die Rechengeräte zur Verfügung standen. Mit den modernen elektronischen Rechnern ist dies nun, fast zweihundert Jahre später, kein Problem. Wie bei den Zweierpotenzen schreibt man auch die Zehnerpotenzen, vor allem wenn sie groß sind, mit Hochzahlen:

$10^1 = 10 \qquad 10^2 = 10 \times 10 = 100 \qquad 10^3 = 10 \times 10 \times 10 = 1000$

$10^4 = 10 \times 10 \times 10 \times 10 = 10\,000 \quad \ldots$

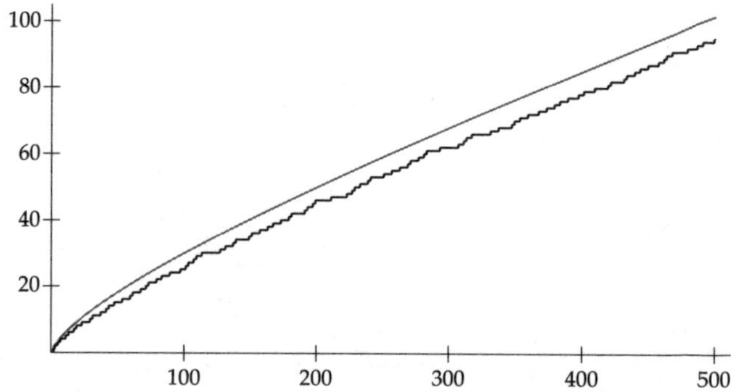

(3.11) Die schwarze Treppe beschreibt die Anzahl der Primzahlen bis zum jeweiligen Wert auf der waagrechten Achse. Die glatte graue Linie beschreibt den Integrallogarithmus.

Die Hochzahl gibt an, wie oft 10 als Faktor auftaucht. Sie teilt damit zugleich mit, wie viele Nullen bei der Zehnerpotenz an die Ziffer 1 folgen.

Die Abbildung 3.12 zeigt das Ergebnis einer Computerrechnung: Die Anzahl der Primzahlen bis zu den in der waagrechten Achse eingetragenen Werten wird mit dem Integrallogarithmus verglichen. Zuvor teilen wir einige Zahlenwerte mit, die wir in einer ähnlichen Tabelle wie zuvor, nur hier mit größeren Zehnerpotenzen bestückt, auflisten:

Zehnerpotenz	Anzahl der Primzahlen bis zur Zehnerpotenz	Integrallogarithmus der Zehnerpotenz
10^4	1 229	1 246
10^8	5 761 455	5 762 209
10^{12}	37 607 912 018	37 607 950 281
10^{16}	279 238 341 033 925	279 238 344 248 557
10^{20}	2 220 819 602 560 918 840	2 220 819 602 783 663 484

Wie hervorragend der Integrallogarithmus mit wachsenden Zehnerpotenzen die Anzahl der Primzahlen bis zu diesen Zehnerpotenzen erfasst, ersehen wir, wenn wir die Zahlen der zweiten Spalte durch die der dritten

Spalte dividieren, beginnend mit 1 229 : 1 246. Man bekommt die folgenden Quotienten:

0.986 356 340   0.999 869 147   0.999 998 982   0.999 999 988

Und bei der letzten Division muss man sogar noch mehr Nachkommastellen ermitteln, bis man zum ersten Mal nicht die Ziffer 9 bekommt: 0.999 999 999 899.

In der Abbildung 3.12 sieht man diese fantastisch gute Annäherung des Integrallogarithmus von Größen an die Anzahlen der Primzahlen bis zu diesen Größen sehr deutlich: Die Kurve beschreibt bei wachsenden Zehnerpotenzen (die waagrechte Skala ist, wie man sagt, logarithmisch skaliert) die nach dem obigen Schema berechneten Quotienten. Zu Beginn flattert sie noch ziemlich hin und her, aber dann schmiegt sie sich ausnehmend gut dem Wert 1 an.

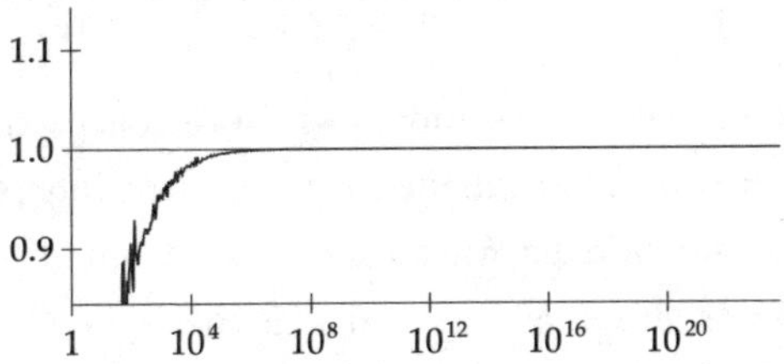

(3.12) Annäherung des Verhältnisses zwischen Integrallogarithmus und der Anzahl der Primzahlen bis zum jeweiligen Wert der waagrechten Achse an die Zahl 1.

Die folgende Beobachtung bekräftigt, wie gut diese Annäherung ist:

Wir kehren, um unser Auge dafür zu schärfen, noch einmal zur zuletzt betrachteten Tabelle zurück, bei der wir in der zweiten und in der dritten Spalte einige der in ihr vorkommenden Ziffern fett hervorheben, die anderen aber bleichen:

Zehnerpotenz	Anzahl der Primzahlen bis zur Zehnerpotenz	Integrallogarithmus der Zehnerpotenz
10^4	**1**229	**1**246
10^8	**5761**455	**5762**209
10^{12}	**37607**912018	**37607**950281
10^{16}	**279238341**033925	**279238344**248557
10^{20}	**2220819602**560918840	**2220819602**783663484

Die fett hervorgehobenen Ziffern sind offenbar jene, die in der jeweiligen Zeile sowohl bei der Anzahl der Primzahlen bis zur Zehnerpotenz wie auch beim Integrallogarithmus der Zehnerpotenz den gleichen Beginn der berechneten Zahlen markieren. Erst ab den aufgehellten Ziffern tritt der Unterschied der beiden Werte zutage. Dies ist vielleicht noch eindrucksvoller als die Grafik, will man die hervorragende Beschreibung der Anzahl der Primzahlen bis zu Größen durch den Integrallogarithmus dieser Größen aufzeigen.

Und wir unterstreichen dies, indem wir in der nächsten Tabelle in einer vierten Spalte die Unterschiede zwischen dem Integrallogarithmus von Zehnerpotenzen und der Anzahl der Primzahlen bis zu diesen Zehnerpotenzen in den einzelnen Zeilen anschreiben:

Zehnerpotenz	Anzahl der Primzahlen bis zur Zehnerpotenz	Integrallogarithmus der Zehnerpotenz	Unterschied
10^4	1229	1246	17
10^8	5761455	5762209	754
10^{12}	37607912018	37607950281	38263
10^{16}	279238341033925	279238344248557	3214632
10^{20}	2220819602560918840	2220819602783663484	222744644

An dieser Stelle kommt Bernhard Riemann ins Spiel. Er war nach Dirichlet der zweite Nachfolger von Gauß an der Universität Göttingen. Gauß selbst konnte im hohen Alter Riemann noch als Studenten und später, pikanterweise anlässlich seines Vortrags mit dem Titel »Über die Hypothesen, welcher der Geometrie zugrunde liegen«, kennenlernen und war von der großen Begabung und von der erstaunlichen Ernsthaftigkeit des damals noch sehr jungen Mannes tief beeindruckt. Riemann hat in seinem kurzen Leben – er starb, nicht einmal vierzigjährig, an Tuberkulose – nur wenig veröffentlicht. Was er aber der Nachwelt hinterließ, war von außerordentlichem mathematischem Wert. So auch eine nur acht Seiten umfassende »Mitteilung« mit dem Titel »Über die Anzahl der Primzahlen unter einer gegebenen Größe«, in der er unter anderem eine Vermutung äußerte, bei der er die folgenden Worte verwendete: Es wäre von ihr »ein strenger Beweis zu wünschen; ich habe indes die Aufsuchung desselben, nach einigen flüchtigen vergeblichen Versuchen vorläufig beiseitegelassen.« Dies ist sehr schade. Denn aus der Riemannschen Vermutung ergibt sich ein Verfahren, wie man die in der vierten Spalte der Tabelle eingetragenen Unterschiede eingrenzen kann.

Bei einer vorliegenden Zehnerpotenz läuft das Verfahren so: Zuerst multipliziert man die Hochzahl der Zehnerpotenz mit 2.3, dem Logarithmus von 10. Sodann multipliziert man diese Zahl mit der Zehnerpotenz, bei der die Hochzahl halbiert ist (es ist die Wurzel der gegebenen Zehnerpotenz). Und zum Schluss dividiert man diese Zahl durch 25. Bei der Zehnerpotenz 10^4, die in der ersten Zeile der Tabelle steht, sehen diese Rechnungen so aus:

$$4 \times 2.3 = 9.2 \qquad 9.2 \times 10^2 = 920 \qquad 920 : 25 = 36.8 \approx 37$$

(Zum Schluss runden wir der Einfachheit halber auf die nächstgrößere ganze Zahl auf.) Wir nennen die so erhaltenen Werte die Toleranzen beim Integrallogarithmus. In der folgenden Tabelle finden wir sie in der vierten Spalte:

Zehnerpotenz	Anzahl der Primzahlen bis zur Zehnerpotenz	Integrallogarithmus der Zehnerpotenz	Toleranz
10^4	1229	1246	37
10^8	5761455	5762209	7360
10^{12}	37607912018	37607950281	1104000
10^{16}	279238341033925	279238344248557	147200000
10^{20}	2220819602560918840	2220819602783663484	18400000000

Die Tabelle zeigt im Vergleich zur letzten Tabelle: Der Unterschied zwischen dem Integrallogarithmus der Zehnerpotenz und der Anzahl der Primzahlen bis zur Zehnerpotenz ist immer kleiner, ja sogar erheblich kleiner als die jeweils rechts angeschriebene Toleranz.

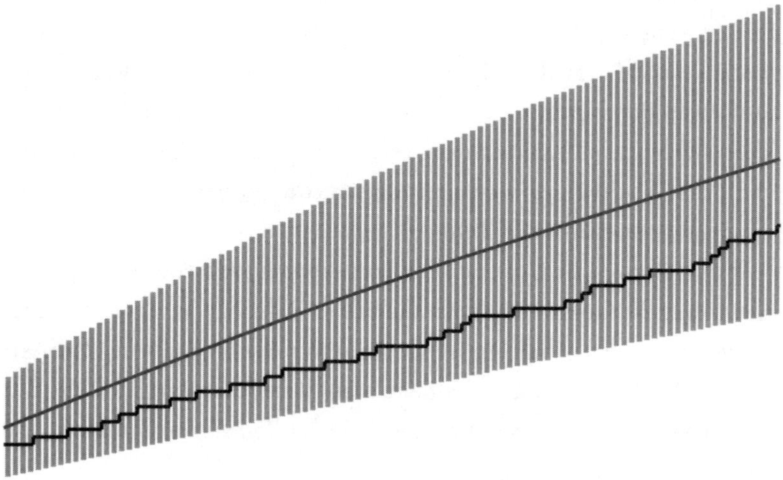

(3.13) Um die graue Kurve des Integrallogarithmus ist der hellgraue Bereich der Toleranzen gelegt. In diesem Bereich bewegt sich – wenn die Riemannsche Vermutung stimmt – die Treppe, welche die Anzahl der Primzahlen bis zur jeweiligen Größe beschreibt.

Die Abbildung 3.13 verdeutlicht, was mit den Toleranzen gemeint ist: Die dunkelgraue Kurve des Integrallogarithmus ist in eine hellgrau schraffierte »Straße« als Mittellinie eingebettet. Von dieser Mittellinie aus gemessen ist die obere und die untere Breite der beiden »Fahrbahnen« dieser »Straße« die dort ermittelte Toleranz. Und es zeigt sich, dass die Treppe, die grafisch die Anzahl der Primzahlen bis zur jeweiligen Größe symbolisiert, in diese »Straße« eingebettet ist.

BEWEISE UND VERMUTUNGEN

Blickt man auf die Tabellen und die Grafiken, wird man zur Überzeugung verlockt, dass der Integrallogarithmus der, wie Riemann schrieb, »Anzahl der Primzahlen unter einer gegebenen Größe« tatsächlich sehr nahekommt. »Nahekommen« jedenfalls in dem Sinn, dass das Verhältnis der Anzahl der Primzahlen bis zu einer Größe zum Integrallogarithmus dieser Größe – die Abbildung 3.12 ist hierin am deutlichsten – bei zunehmenden Größen gegen die Zahl 1 strebt. Man nennt diese Aussage den »Primzahlsatz«.

Tatsächlich gelang Ende des 19. Jahrhunderts zwei Mathematikern, dem Belgier Charles-Jean de La Vallée Poussin und dem Franzosen Jacques Hadamard, dafür der stringente Beweis. Beide fanden ihn zur fast gleichen Zeit, ohne voneinander zu wissen. Nach den Vorarbeiten von Riemann lag der Beweis gleichsam in der Luft. Und im Unterschied zu Riemann erreichten beide ein biblisches Alter: De La Vallée Poussin wurde 95 und Hadamard wurde 97 Jahre alt. Anfang der Sechzigerjahre, als beide noch lebten, witzelten manche, wer den Primzahlsatz beweise, werde unsterblich.

Blickt man auf die Tabellen und die Grafiken, wird man zudem zur Überzeugung verlockt, dass die Toleranzen, die sich aus der Riemannschen Vermutung errechnen lassen, viel zu weit gefasst seien: Denn die Unterschiede zwischen dem Integrallogarithmus einer Größe und der Anzahl der Primzahlen bis zu dieser Größe muten weitaus kleiner an, als es die scheinbar allzu großzügig bemessenen Toleranzen erlauben. Doch diesmal trügt der Schein. 1914 zeigte der britische Mathematiker John Edensor Littlewood: Würde man beim Verfahren zur Berechnung der Toleranzen Wesentliches weglassen, scherte die Treppe, welche die Anzahl der Primzahlen bis zu einer Größe darstellen, aus der »Straße« aus.

Die Tabellen würden zum Beispiel nahelegen, dass man die Wurzel der jeweiligen Zehnerpotenzen als Toleranzen heranziehen könnte: bei der Zehnerpotenz 10^4 die Toleranz 10^2, bei der Zehnerpotenz 10^8 die Toleranz 10^4, bei der Zehnerpotenz 10^{12} die Toleranz 10^6 und so weiter. Doch Littlewood bewies: Würde man dies immer so annehmen, irrte man sich. Irgendwo in den Gefilden gigantischer, sogar von Computern unerreichbarer Größen übertrifft der Unterschied zwischen dem Integrallogarithmus der Größe und der Anzahl der Primzahlen bis zu dieser Größe deren Wurzel.

Blickt man auf die Tabellen und die Grafiken, wird man ferner zur Überzeugung verlockt, dass die glatte Kurve des Integrallogarithmus einer Größe sich stets oberhalb der Treppe befindet, welche die Anzahl der Primzahlen bis zu dieser Größe darstellt. Auch hier zeigt sich, dass der Schein trügt. Wieder zeigte Littlewood in seiner Arbeit von 1914: Irgendwo in den Gefilden bombastischer Größen überschreitet die Treppe die Kurve des Integrallogarithmus. Sie wird sogar später wieder unter die Kurve des Integrallogarithmus zurückkehren, danach, in unvorstellbarer Ferne, sie aber nochmals überschreiten, und dieses Hin-und-her-Pendeln findet kein Ende.

Littlewood beauftragte Stanley Skewes, einen seiner Studenten, herauszufinden, wie weit man höchstens in der Grafik nach rechts gehen muss, bis die Treppe zum ersten Mal die Kurve des Integrallogarithmus übertrifft. Skewes berechnete eine solche Größe, einen mehrstöckigen Turm von Zehnerpotenzen, von der Littelwoods Kollege Godfrey Harold Hardy meinte, sie sei »die größte Zahl, die je einem bestimmten Zweck in der Mathematik gedient hat«. In neuerer Zeit konnte der Wert von Skewes erheblich verkleinert werden: Carter Bays und Richard Hudson bewiesen im Jahr 2000, dass irgendwo vor dem Wert 10^{317} die Treppe die

Kurve des Integrallogarithmus überschreitet, und dies dort sogar in einem Bereich von mindestens 10^{153} aufeinanderfolgenden Zahlen.

Die Riemannsche Vermutung indes harrt immer noch ihrer Begründung. Jacques Hadamard behauptete 1896, dass der niederländische Mathematiker Thomas Jean Stieltjes, ein unbestreitbar überragendes Talent, knapp vor seinem allzu frühen Tode die Riemannsche Vermutung bewiesen habe, aber dies nicht mehr veröffentlichen konnte. Im Jahr 1900 erhob der Göttinger Mathematiker David Hilbert, damals einer der ganz Großen seines Fachs, anlässlich eines internationalen Kongresses in Paris die Riemannsche Vermutung zu einem von 23 Problemen, welche die Mathematik des 20. Jahrhunderts beschäftigen werde. Es beschäftigt sie immer noch. Hundert Jahre nach Hilberts Vortrag hat das vom Bostoner Geschäftsmann Landon T. Clay und dessen Frau Lavinia D. Clay gegründete Institut das Preisgeld von einer Million Dollar für die Bestätigung oder die Widerlegung der Riemannschen Vermutung ausgeschrieben.

Immer wieder tauchen Meldungen auf, die Riemannsche Vermutung sei endlich bewiesen worden. Oft ahnt man im Vorhinein, dass es sich nur um Zeitungsenten handeln kann. Doch vor Kurzem, September 2018, wurde angekündigt, dass Sir Michael Atiyah die Riemannsche Vermutung hergeleitet habe. Die Fachwelt horchte auf. Denn Sir Michael Atiyah ist mehrfach preisgekrönter Mathematiker, unter anderem Träger der Fields-Medaille und des Abelpreises, beide dem Nobelpreis vergleichbar, nur dass es eben für die Mathematik keinen Nobelpreis gibt. Beim Heidelberg Laureate Forum der dortigen Universität sprach die mittlerweile 89-jährige mathematische Koryphäe über die Riemannsche Vermutung, und alle lauschten ob ihrer Ankündigung, dafür einen Beweis zu präsentieren. Der Vortrag war sehr launig, kurzweilig, informativ, man erfuhr einiges über die Geschichte des Problems. Aber das, worauf alle warteten, nahm am Vortragsende nur zwei der Vortragsfolien ein. Von einem überzeugenden Beweis keine Spur. Das war, wie die »Frankfurter Allgemeine« noch freundlich zurückhaltend schrieb, »allenfalls eine Skizze, wie ein Beweis aussehen könnte«.

GEWISSHEIT UND EXISTENZ

Somit gelangen wir zu zweierlei Erkenntnissen.

Erstens: Nichts anderes in der Welt ist so sicher wie eine durch einen Beweis fundierte Aussage über Zahlen. Allein die Geometrie kommt an diese Gewissheit heran. Aber der Zahlentheorie ebenbürtig ist sie nicht, wie uns die Geschichte des fünften Postulats in Euklids Geometriebuch lehrt. Mit scharfer Logik gezogene geometrische Schlüsse sind nur dann gewiss, wenn man sich von vornherein auf die Gewissheit der grundlegenden Forderungen und der offenkundig richtigen Annahmen geeinigt hat. Die Gewissheit von beweisbaren Aussagen über Zahlen ist im Gegensatz dazu völlig voraussetzungsfrei.

Diese Gewissheit erschöpft sich jedoch nicht in Banalitäten. Natürlich gibt es offensichtliche Aussagen über Zahlen, die so auf der Hand liegen, dass sie keiner weiteren Erklärung bedürfen. Die Rechnung $6 \times 7 = 42$ ist, wie unzählig andere Rechnungen, die tagaus, tagein von Hand oder mit der Maschine getätigt werden, von dieser Art. Manche Unkundige meinen gar, Mathematik erschöpfe sich darin – schlimmer kann man gar nicht irregehen. Aber auch die Aussage, dass es zu jeder Zahl eine noch größere Quadratzahl gibt, ist banal. Die Aussage jedoch, dass es zu jeder Zahl eine noch größere Primzahl gibt, ist hingegen beweiswürdig. Und Euklid hat dafür einen Beweis gefunden, der seit Jahrtausenden überzeugt und auch weiterhin überzeugen wird.

Genauso beweiswürdig ist, dass sich jede Rechteckzahl – abgesehen von der Reihenfolge der Faktoren – nur auf eine einzige Weise als Produkt von Primzahlen schreiben lässt. Auch hierfür stammt von Euklid ein Beweis. Ernst Zermelo fand eine andere, ebenso verlässliche Herleitung, die in diesem Buch andeutungsweise skizziert wurde. Wobei diese Aussage nicht nur richtig, sondern auch vielsagend ist. Denn sie erklärt, wie das ganze Zahlenreich mit dem Multiplizieren von Primzahlen erschlossen werden kann.

Darüber hinaus sind Aussagen über Zahlen von Interesse, wenn sie Sachverhalte mitteilen, die einem zunächst alles andere als zwingend erscheinen. Die 1914 von Littlewood gefundenen Ergebnisse sind zum Beispiel dieser Art. Oder auch andere, in jüngerer Zeit über Primzahlen entdeckte Tatsachen. So bewiesen zum Beispiel im Jahr 2008 der australische Mathematiker Terence Tao und der britische Mathematiker Ben Joseph Green die folgende Aussage über Primzahlen: Man greife irgendeine Zahl heraus, sie kann beliebig groß sein. Dann gibt es genauso viele Primzahlen mit der Eigenschaft, dass jede von der nächstgrößeren immer gleich weit entfernt ist. Für die Zahl 10 besitzen zum Beispiel die zehn Primzahlen

199 409 619 829 1039 1249 1459 1669 1879 2089

diese Eigenschaft: Die nächste ist immer um 210 größer als die vorherige. Es muss aber nach dem Satz von Tao und Green auch eine Billion Primzahlen mit der Eigenschaft geben, dass die nächstgrößere von der vorherigen immer gleich weit entfernt ist. Das ist auf den ersten Blick schier unglaublich. Und man kennt natürlich dafür kein Beispiel.

Man kennt nicht einmal ein Beispiel von hundert Primzahlen mit dieser Eigenschaft.

Älter ist eine Erkenntnis, die der russische Mathematiker Iwan Matwejewitsch Winogradow bewies: Von 7 an ist jede ungerade Zahl die Summe von drei Primzahlen. Die Beispiele

$$7 = 2 + 2 + 3 \qquad 9 = 3 + 3 + 3 \qquad 11 = 3 + 3 + 5 \qquad 13 = 3 + 3 + 7 \quad \ldots$$

zeigen, dass dies zumindest für 7, 9, 11 und 13 stimmt, und man kann es unschwer für weitere kleine ungerade Zahlen bestätigen. Winogradow aber bewies: Von einer bestimmten Größe an können alle – und dies sind unendlich viele! – ungeraden Zahlen als Summen von jeweils drei Primzahlen geschrieben werden. Dies ist eine genuine und eines Beweises würdige mathematische Aussage. Denn durch simples Nachrechnen wie hier bei 7, 9, 11 und 13 kann man sie nicht bestätigen. Nur bis zu dieser bestimmten Größe hin kann man – zumindest theoretisch – mit Computerrechnungen gelangen. (Tatsächlich stimmt das Wort »theoretisch«, denn Winogradows Größe war 10^{1346}, und dieser Gigant überfordert die derzeit mächtigsten Computer.)

Verwandt zum Satz von Winogradow ist eine Vermutung, die Christian Goldbach 1742 brieflich Leonhard Euler, dem emsigsten aller Mathematiker, mitteilte: Goldbach nahm an, dass sich ab 4 jede gerade Zahl als Summe zweier Primzahlen schreiben lässt. Die Beispiele

$$4 = 2 + 2 \quad 6 = 3 + 3 \quad 8 = 3 + 5 \quad 10 = 3 + 7 \quad 12 = 5 + 7 \quad 14 = 3 + 11 \ \ldots$$

zeigen, dass dies zumindest für 4, 6, 8, 10, 12 und 14 stimmt, und bisher haben alle Rechnungen mit Hand und Computer die Vermutung bestätigt. Doch dass sie wirklich stimmt, ist damit natürlich nicht gewiss. Tatsächlich kennen wir bis heute keinen Beweis der Goldbachschen Vermutung.

Nur mit rigider Strenge des Denkens gelangt man zur Gewissheit.

Zweitens: Nichts in der Welt ist so offenkundig vorhanden und vor jeglichem Verfall bewahrt, wie es die Zahlen sind. Man mag in diesem Zusammenhang an René Descartes denken, der eines Abends, bequem im Fauteuil eines luxuriösen Salons lehnend, vom knisternden Kaminfeuer wohlig gewärmt, das Glas eines edlen Rotweins vor Augen, plötzlich dem Gedanken verfiel, all dies, was er hier sehe, höre, fühle, spüre, schmecke, könnte in Wahrheit vielleicht gar nicht vorhanden sein. Er mag dies vielleicht alles träumen. Ja, es gibt sogar Träume, die einem zu träumen vorgaukeln. Ein Dämon, so dachte sich Descartes, könnte ihn verführen und an die Existenz einer Welt glauben lassen, die es gar nicht gäbe. Es scheine doch nichts zu geben, so war sein – nicht in Verzweiflung, sondern als Gedankenspiel gefasster – Schluss, woran sich nicht zweifeln ließe.

Sonderbarerweise verfiel Descartes, der nicht nur Philosoph, sondern auch Mathematiker war, nicht auf den Gedanken, dass an der Existenz der Zahlen nicht zu zweifeln ist. Denn selbst wenn man von Zahlen träumte und wenn ein böser Dämon den Träumenden mit dem Albdruck belastete, es stimme 6 × 7 mit 43 überein, wüsste man sofort, einer schurkischen Täuschung ausgesetzt zu sein.

Allerdings erfuhren wir im Laufe des Kapitels, dass Zahlen nur in dem Sinne *vorhanden* sind, als sie uns *zuhanden* sind. Notiert man Zahlen in der ursprünglichen Bedeutung als Ergebnis eines Zählens mit Strichen, sind bloß kleine Zahlen auf einen Blick zu erfassen: Worum es sich bei I, II, III, IIII handelt, sieht man gleich. Doch nur wirklich gut Geschulten oder Inselbegabten gelingt es, buchstäblich in einem Augenblick bei IIIIIIIIIIII zu sehen, um welche Zahl es sich handelt. Hier fasst man die Striche des Symbols zu Bündeln wie zu III III III III oder zu IIII IIII IIII zusammen, man beginnt das Zählen um ein Regelwerk zu bereichern, das zu großen Zahlen vorstoßen hilft. So sehr sind wir von dem Regelwerk überzeugt, dass wir auch von Primzahlen sprechen, die größer als der von Skewes berechnete Turm von Zehnerpotenzen sind. Es gibt sie. Wiewohl keines Menschen Auge je eine solche Primzahl zu Gesicht bekommen wird.

Descartes hingegen kommt bei seinem Gedankenexperiment des totalen Zweifelns nicht auf die Zahlen, sondern auf sich selbst zu sprechen. An allem, so meint er, könne er zweifeln, doch dass er dabei zweifle, ist gewiss. Eigenartigerweise stellt er aber nicht sich, sondern seinen Zweifel als das Fundamentum inconcussum, als den unerschütterlichen Grundstein hin, auf dem die ganze Wirklichkeit ruht. Darin irrte er. Nicht sein Zweifel ist das Fundamentum inconcussum, sondern er selbst. Denn ohne ihn gäbe es seinen Zweifel nicht. Dem gleichen Irrtum verfiel Pythagoras, der meinte, die Zahlen bildeten den Grundstein der Wirklichkeit. Ihm ist ähnlich zu antworten wie Descartes: Wie der Zweifel, so existieren auch Zahlen nicht grundlos. Ihr Vorhandensein hängt von der Existenz derjenigen Person ab, die sie staunend betrachtet.

Die von Carl Friedrich Gauß vorgeschlagene Pflanzung von Pinien.

DIE WUNDERSAME ANWENDBARKEIT DER QUADRATZAHLEN

XXXX

Der Legende nach war es Carl Friedrich Gauß, der größte Mathematiker der Neuzeit, dem wir den folgenden Vorschlag verdanken: Um dem »Manne auf dem Monde« – im 19. Jahrhundert war unter Naturgelehrten der Glaube verbreitet, auch auf anderen Trabanten um die Sonne, namentlich auf Mond, Mars und Venus, gäbe es intelligente Lebewesen – mitteilen zu können, dass hier auf Erden eine denkende Spezies haust, solle man auf einem großen, ebenen Areal der sibirischen Tundra eine spezielle Pflanzung vornehmen: Das gesamte Areal bebaue man mit Weizen. Nur in seiner Mitte, weitab von Wäldern oder Behausungen, pflanze man Pinien. Diese werden innerhalb von drei großen quadratischen Feldern und darin im jeweils gleichen Abstand voneinander in die Erde gesetzt. Das größte der Quadrate beinhaltet 5 × 5, also 25 Bäume. An seiner rechten oberen Ecke schließt schräg das mittlere der Quadrate an, das 4 × 4, also 16 Bäume umfasst. An dessen oberer Ecke schließt wieder schräg das kleinste der Quadrate so an, dass dessen untere Ecke die linke obere Ecke des größten Quadrates trifft. Dieses kleine Quadrat umfasst 3 × 3, also 9 Bäume. Offenkundig umschließen die drei Quadrate ein Dreieck, das nach dem Satz des Pythagoras rechtwinklig sein muss.

Auf diese Weise könne, so meinte Gauß, ein außerirdischer Beobachter feststellen, dass auf der Erde Wesen existieren, die sich mit Mathematik beschäftigen. Selbstverständlich wusste Gauß, dass das hier beschriebene Gefilde zu klein wäre, um zum Beispiel vom Mond aus betrachtet werden zu können. Ein viel größeres Areal der Tundra wäre zu roden und für die Darstellung des pythagoreischen Lehrsatzes aufzubereiten. Die drei Quadrate könnten zum Beispiel jeweils 50 × 50 = 2500, 40 × 40 = 1600 und 30 × 30 = 900 Pinien umfassen. Und wenn dies auch noch zu klein sein sollte, könnte man auch drei Quadrate auswählen, die jeweils 137 × 137 = 18 769, 105 × 105 = 11 025 und 88 × 88 = 7 744 Pinien umfassen. Denn auch diese Quadrate schließen, genauso wie oben aneinandergefügt, ein rechtwinkliges Dreieck ein, weil die Summe der Quadratzahlen 7 744 und 11 025 tatsächlich die erstgenannte Quadratzahl 18 769 ergibt.

Heute sind wir sicher, dass es, abseits unseres eigenen blauen Planeten, nirgends Trabanten im Sonnensystem gibt, die intelligente Lebewesen beherbergen. So wie Gauß es sich angeblich vorstellte, lässt sich eine Mitteilung an Außerirdische nicht verwirklichen, die – wenn es sie überhaupt gibt, woran man begründet zweifeln darf – so weit von uns entfernt sind, dass sie selbst mit den besten Fernrohren nicht auf die sibirische Tundra blicken könnten.

Doch abgesehen von der Bizarrheit des Vorschlags drängen sich drei Fragen auf: Wie gelangt man zu zwei Quadratzahlen, deren Summe wieder eine Quadratzahl ist? Wie ist die Verbindung von Quadratzahlen und rechtwinkligen Dreiecken zu fassen? Und warum ist der rechte Winkel von so grundlegender Bedeutung? Beginnen wir mit der dritten dieser Fragen.

RECHTE WINKEL, RAUM UND ZEIT

Bereits Steinzeitmenschen erblickten im rechten Winkel ein außerordentlich wichtiges Instrument. Auf waagrechtem Boden stehend trieb der Klügste des Stammes einen geraden Stab senkrecht in die Erde. Dass der Stab tatsächlich senkrecht in die Erde gesteckt wurde, kontrollierte er mit dem Lot, einem an einer Schnur hängenden Senkblei: Der Stab muss in gleicher Weise in die Tiefe weisen wie die Schnur. Und dass der Boden in der Umgebung des Stabes waagrecht ist, bestätigte er ebenfalls mit einer hinreichend langen Schnur: Er befestigt sie mit dem einen Ende an der Spitze des Stabes und mit dem anderen Ende graviert er, die Schnur gespannt haltend und um den Stab wandernd, einen Kreis in die Erde. Sodann bindet er die Schnur am Fußpunkt des Stabes fest, wo er den Erdboden berührt, spannt sie wieder bis hin zu einem Punkt des eben in die Erde geritzten Kreises und wandert wieder mit der so gestrafften Schnur um den Stab herum. Nur wenn der Boden wirklich waagrecht ist, wird der gleiche Kreis Punkt für Punkt noch einmal in die Erde graviert.

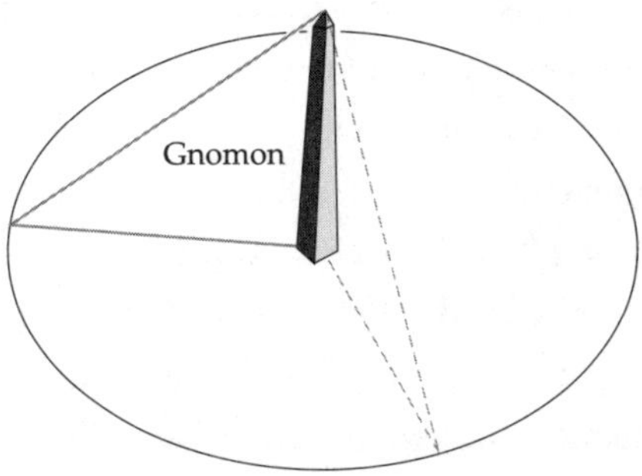

(4.1) Um einen senkrecht in die Ebene gerammten Stab, den Gnomon, wird von seiner Spitze und von seinem Fußpunkt aus der gleiche sogenannte »indische Kreis« gezogen, um bestätigen zu können, dass die Ebene waagrecht ist.

Es bildet, so gesehen, die zuletzt vom Fußpunkt des Stabes bis zu den Punkten des Kreises gespannte Schnur eine Kathete eines rechtwinkligen Dreiecks, und die andere Kathete ist der von seinem Fußpunkt bis zu seiner Spitze reichende Stab. Das griechische καθιέναι, kathienai, bedeutet hinablassen: Der Stab zeigt die Richtung, in der ein Senkblei hinabgelassen wird. Die zuvor von der Spitze des Stabes zu den Punkten des Kreises reichende Schnur ist in dem rechtwinkligen Dreieck die Hypotenuse. Der Wortbedeutung nach ist sie auf der verkehrten Seite, denn ὑπό, hypo, bedeutet unten und τείνειν, teinein, bedeutet sich erstrecken. Hier aber erstreckt sich die Hypotenuse nicht unterhalb, sondern oberhalb der Katheten. Manchmal sind Wörter nur Schall und Rauch. Worauf es ankommt, ist, dass die beiden Katheten des Dreiecks einen rechten Winkel einschließen und dass die Hypotenuse als längste Seite dieses Dreiecks dem rechten Winkel gegenüberliegt.

Jedenfalls fixiert der Steinzeitmensch mit diesem Stab die Richtung vom Nadir, dem Mittelpunkt der Erde, zum Zenit, dem senkrecht über der Ebene befindlichen Punkt auf der Himmelskugel. Gnomon nannten die Griechen der Antike einen solchen Stab. Das Wort entstammt dem Verb γιγνώσκειν, gignoskein, das beobachten, wahrnehmen oder verstehen bedeutet. Denn mit dem Gnomon, vor allem mit dem Schatten, den er wirft, erfassen wir Raum und Zeit.

Mit dem Gnomon erfassen wir den Raum: Wir markieren auf dem mit der Schnur erhaltenen Kreis jenen Punkt, auf den vor Erreichen des Mittags der Schatten der Spitze des Stabes weist. Nach Erreichen des Mittags markieren wir genauso jenen Kreispunkt, der jetzt den Durchgang der Spitze des Stabschattens anzeigt. Mit dem Fußpunkt des Stabes als Scheitel wird von diesen beiden so erhaltenen Punkten des Kreises ein Winkel eingeschlossen. Ziehen wir durch den Fußpunkt des Stabes die Halbierende dieses Winkels, erhalten wir die Nord-Süd-Richtung. Nach Norden weist der Schatten des Stabes, wenn die Sonne zu Mittag am höchsten über dem Horizont steht. Dieser speziellen Eigenschaft einer Himmelsrichtung verdanken Landkarten, immer »genordet« zu sein, das heißt auf dem Papier eine senkrecht von unten nach oben weisende Richtung nach Norden hin zu besitzen.

Die Ost-West-Richtung ist die zur Nord-Süd-Richtung im rechten Winkel liegende Richtung. Nur an zwei Tagen des Jahres geht die Sonne haargenau im Osten auf und haargenau im Westen unter: Es sind die Tage des Frühlings- und des Herbstbeginns, die sogenannten Tag- und Nachtgleichen. Nur an diesen beiden Tagen steht die Sonne genauso lange über

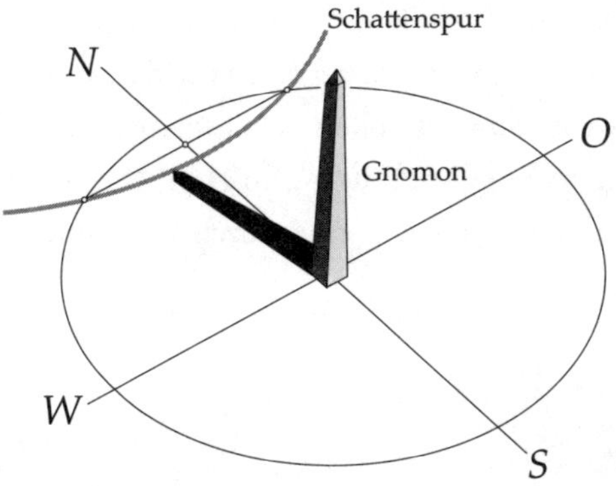

(4.2) Die Schattenspur der Stabspitze während eines Tages erlaubt, die vier Kompassrichtungen einzutragen.

dem Horizont, wie die jeweils beiden Nächte davor und danach dauern. In den Tagen des weiteren Frühlings und des Sommers geht die Sonne früher und nördlich vom Osten auf, zieht eine höhere Bahn entlang der Himmelskugel und geht später und nördlich vom Westen unter. In den Tagen des weiteren Herbstes und des Winters geht die Sonne später und südlich vom Osten auf, zieht eine niedrigere Bahn entlang der Himmelskugel und geht früher und südlich vom Westen unter.

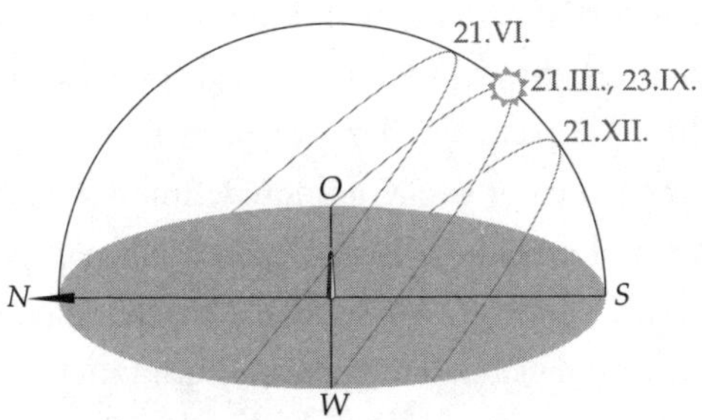

(4.3) Der scheinbare Lauf der Sonne auf der Himmelskugel am 21. Juni, am 21. März oder am 23. September und am 21. Dezember.

Warum die Sonne im Jahreslauf so hin und her schwankt, wussten die Weisesten der Steinzeitkulturen nicht. Doch dass dies der Fall ist, war ihnen wohl bewusst. So ist zum Beispiel die Steinanlage in Stonehenge so errichtet, dass genau bei Frühlings- und Herbstbeginn die Strahlen der auf- und der untergehenden Sonne durch markante Öffnungen hindurchleuchten.

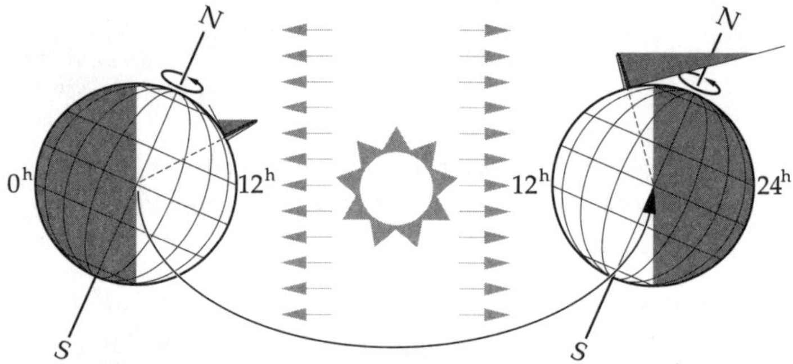

(4.4) Die Schräge der Erdachse bewirkt im Jahreslauf, also beim Lauf der Erde um die Sonne, die verschiedenen Schattenlängen eines senkrecht errichteten Stabes.

Drei rechte Winkel gehen vom Fußpunkt des Gnomons aus: der rechte Winkel zwischen der Nord-Süd-Richtung und der Ost-West-Richtung, der die horizontale Ebene aufspannt, entlang der wir uns bewegen, und die beiden rechten Winkel zwischen der Nord-Süd-Richtung sowie der Ost-West-Richtung und der vom Gnomon definierten Richtung von Nadir zu Zenit, die in die Höhe weist. Die durch den Fußpunkt des Gnomons in diese drei Richtungen weisenden Achsen bilden ein Koordinatensystem des dreidimensionalen Anschauungsraumes, in dem wir uns zurechtzufinden versuchen.

Mit dem Gnomon erfassen wir die Zeit: Während des Sonnenlaufs eines Tages wandert der Schatten des Gnomons von westlicher Richtung über den Norden nach östlicher Richtung (jedenfalls auf der Nordhalbkugel der Erde, auf die wir uns konzentrieren wollen). Ein Blick auf die Halde Hoheward im Ruhrgebiet lässt uns dies am besten verstehen: Dort ist auf einer waagrecht liegenden kreisrunden Fläche mit einem Durchmesser von 62 Meter ein achteinhalb Meter hoher Obelisk aus Edelstahl senkrecht errichtet. Dieser Obelisk – ὀβελίσκος, obeliskos, heißt eigentlich Bratspieß – ist eine Miniatur der großen ägyptischen Vorbilder eines Gnomons, und an seiner Spitze ist eine kleine Kugel montiert, die man den Nodus, den Knoten, nennt und der in der Abbildung 4.5 mit dem Buchstaben *N* bezeichnet ist. Während des Tages verfolgt man den Schattenweg des Nodus. In der Abbildung sieht man die Spuren der Wanderungen des Schattens für verschiedene Tage des Jahres in dunkelgrauen Linien auf der waagrechten Fläche eingraviert. (Auf der Halde Hoheward sind dies, sehr präzise ausgeführt, zwanzig Zentimeter breite Bahnen von dunklen Pflastersteinen, die sich von den hellgrauen Pflastersteinen der übrigen Oberfläche abheben.)

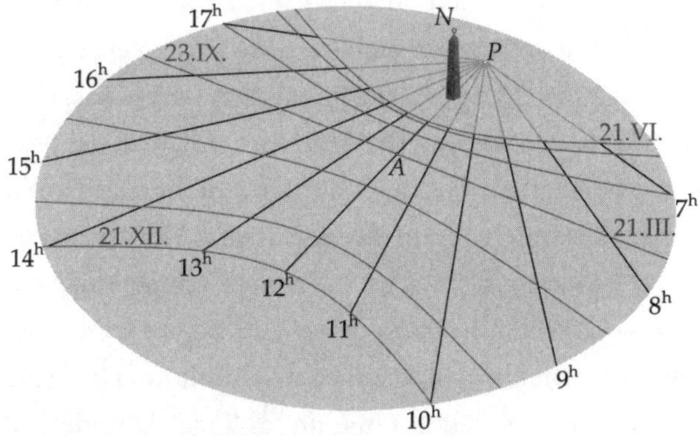

(4.5) Die grauen Schattenspuren vom Nodus *N* des Obelisken ziehen, für bestimmte Tage des Jahres eingetragen, während dieser Tage an den schwarzen Stundenlinien vorbei. Die Stundenlinien gehen vom Punkt *P* hinter dem Fußpunkt des Obelisken hervor. Am 21. März beziehungsweise am 23. September fällt um Mittag der Schatten des Nodus auf den Punkt *A*.

In der Mitte von jeweils drei nach außen und nach innen gekrümmten dunkelgrauen Linien befindet sich eine schnurgerade dunkelgraue Linie. Diese durchläuft der Schatten des Nodus von West nach Ost am 21. März und am 23. September, den Tagen der Tag- und Nachtgleiche. Die am stärksten nach innen gekrümmte Linie ist jene, die der Schatten des Nodus am 21. Juni, dem Tag der Sommersonnenwende, durchläuft. Und die am stärksten nach außen gekrümmte Linie ist jene, die der Schatten des Nodus am 21. Dezember, dem Tag der Wintersonnenwende, durchläuft. Die anderen nach innen gekrümmten Linien sind jene für entsprechende Tage im Mai beziehungsweise im Juli sowie im April beziehungsweise im August, und die anderen nach außen gekrümmten Linien sind jene für entsprechende Tage im November beziehungsweise im Januar sowie im Oktober beziehungsweise im Februar.

Von einem Punkt *P* hinter dem Obelisken ausgehend sieht man ferner strahlenförmige gerade Linien, die Stundenlinien. Sie stehen für die Uhrzeiten, an denen der Schatten des Nodus an ihnen vorübergleitet. Jene Abschnitte der Stundenlinien, die tatsächlich vom Schatten des Nodus erfasst werden, sind in Schwarz gehalten. Ihre Verlängerungen nach hinten bis zu dem gemeinsamen Punkt *P*, von dem sie alle ausgehen, sind in einem hellen Grau gehalten. In der Mitte von ihnen ist die Stundenlinie für zwölf Uhr, bei dem die Sonne am höchsten über dem Horizont steht. Es ist dies jener besondere Strahl, der genau nach Norden weist.

Wenn sich jemand am 21. März oder am 23. September entlang der Stundenlinie von zwölf Uhr so flach auf den Boden legt, dass sich sein Auge genau über dem mit *A* bezeichneten Schnittpunkt der Stundenlinie mit der geraden dunkelgrauen Linie dieses Tages befindet, erlebt er – einen wolkenlosen Himmel vorausgesetzt – um Mittag ein beeindruckendes Ereignis: Die Sonne wird vom Nodus überdeckt. Ganz ähnlich, wie bei einer Sonnenfinsternis der Mond die Sonne überdeckt und so mitten am Tag für eine Abendstimmung sorgt. Zwar kann man auch an anderen Tages- und Uhrzeiten dieses Phänomen, das Auge nur an die richtige Position gebracht, erleben. Aber die oben beschriebene Position

A für das Auge ist von besonderer Bedeutung. Denn die vom Nodus zum Auge führende Strecke schließt mit der vom Punkt *P* zum Nodus führenden Strecke einen rechten Winkel ein. Wir nennen die vom Punkt *P* zum Nodus führende Strecke eine Polstrecke. Denn ihre Verlängerung über den Nodus hinaus durchsticht an der Himmelskugel den Ort des Polarsterns. Um diesen scheint sich innerhalb von 24 Stunden das Himmelsgewölbe zu drehen.

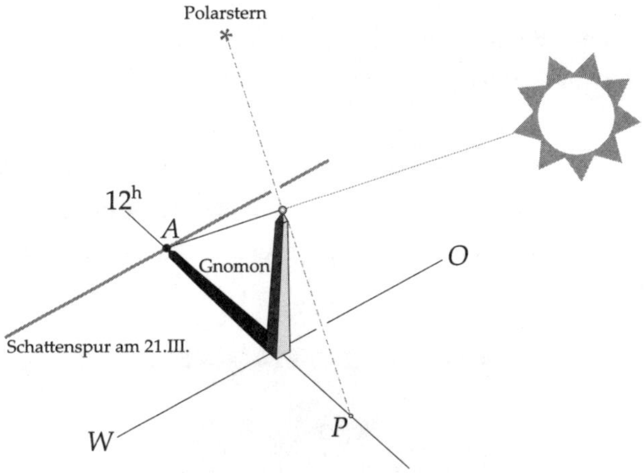

(4.6) Der am 21. März zu Mittag auf den Nodus gerichtete Sonnenstrahl schließt mit der vom Punkt *P* durch den Nodus laufenden geraden Linie in Richtung Polarstern einen rechten Winkel ein.

Tatsächlich ist die Verbindung von Süd- zu Nordpol der Erde zu dieser Polstrecke parallel, und es ist die Eigendrehung der Erde um die von Süd- zu Nordpol reichende Achse, welche die scheinbare Drehung des Himmelsgewölbes hervorruft.

Sehr oft trifft man auf Sonnenuhren, bei denen sich der Stab nicht wie bei einem Obelisken senkrecht vom waagrechten Boden erhebt, sondern schräg von ihm wegweist. Einen solchen Schattenwerfer nennt man einen Polstab. Bei ihm kann man aus dem Schatten des ganzen Stabes und nicht nur seiner Spitze die Uhrzeit ablesen. Trotz seiner Schräge ist es ein rechter Winkel, der lehrt, wie an einem Ort der Polstab zu fixieren ist: Jener rechte Winkel, den die Sonnenstrahlen am 21. März oder am 23. September um zwölf Uhr mittags mit dem Polstab einschließen.

RECHTE WINKEL UND QUADRATE

Bei zwei ebenen Figuren spielt der rechte Winkel eine überragende Rolle: beim rechtwinkligen Dreieck und beim Rechteck. Und diese beiden Figuren stehen in innigem Zusammenhang. Denn beim Ziehen einer Diagonale im Rechteck entstehen zwei rechtwinklige Dreiecke und umgekehrt kann man durch Aneinanderfügen eines rechtwinkligen Dreiecks mit seinem um zwei rechte Winkel gedrehten deckungsgleichen Zwilling ein Rechteck bilden.

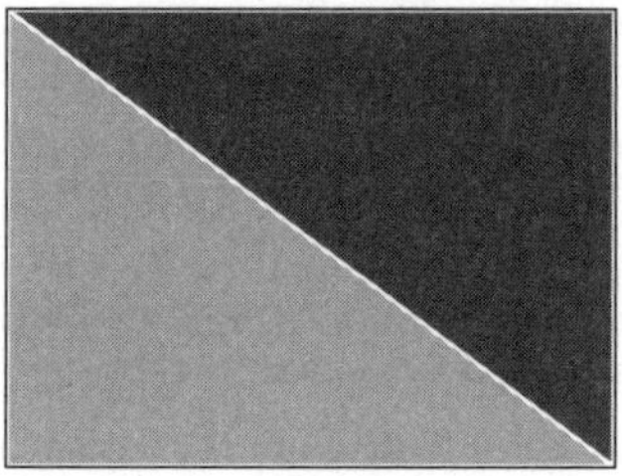

(4.7) Eine Diagonale zerlegt ein Rechteck in zwei deckungsgleiche rechtwinklige Dreiecke.

Es waren schon lange vor Pythagoras Gelehrte aus Babylon, aus China und vielleicht auch aus anderen frühen Hochkulturen, die zwei deckungsgleiche Rechtecke auf die eben beschriebene Weise in vier deckungsgleiche rechtwinklige Dreiecke zerlegten: Die beiden Rechtecke sollen, damit wir etwas Konkretes vor Augen haben, 4 Zentimeter als Länge und 3 Zentimeter als Breite besitzen. Das in Abbildung 4.8 links oben abgebildete Rechteck hat Kommodenform, mit anderen Worten: Es ist mit waagrechter Länge und senkrechter Breite gezeichnet. Sein rechter unterer Eckpunkt ist zugleich der linke obere Eckpunkt des deckungsgleichen, aber in Kastenform abgebildeten Rechtecks: Seine Länge ist senkrecht und seine Breite waagrecht gezeichnet. Beide Rechtecke werden in Abbildung 4.8 von einem Quadrat umschlossen, das 3 + 4, also 7 Zentimeter Seitenlänge besitzt. Zwei kleine Quadrate befinden sich in ihm, die von den beiden Rechteckflächen ausgespart bleiben: eines mit 4 Zentimeter als Seitenlänge und eines mit 3 Zentimeter als Seitenlänge.

Nun ziehen wir im oberen, kommodenförmigen Rechteck eine Diagonale vom linken unteren zum rechten oberen Eckpunkt. Ebenso ziehen wir im rechten, kastenförmigen Rechteck eine Diagonale vom linken oberen zum rechten unteren Eckpunkt. Damit sind die Rechteckbreiten zu den kurzen Katheten, die Rechtecklängen zu den langen Katheten und die Diagonalen zu den Hypotenusen der Dreiecke geworden. Sodann verschieben wir die beiden unteren Dreiecke innerhalb des großen Quadrats: das linke nach links, das rechte nach oben. Schließlich verschieben wir das rechte von den beiden oberen Dreiecken nach unten rechts. Die zwei kleinen Quadrate, die von den beiden Rechteckflächen ausgespart blieben, sind nun verschwunden. An ihrer statt bleibt im großen Quadrat ein von den vier Dreiecken freigelassenes Quadrat mit den Hypotenusen als Seiten zurück.

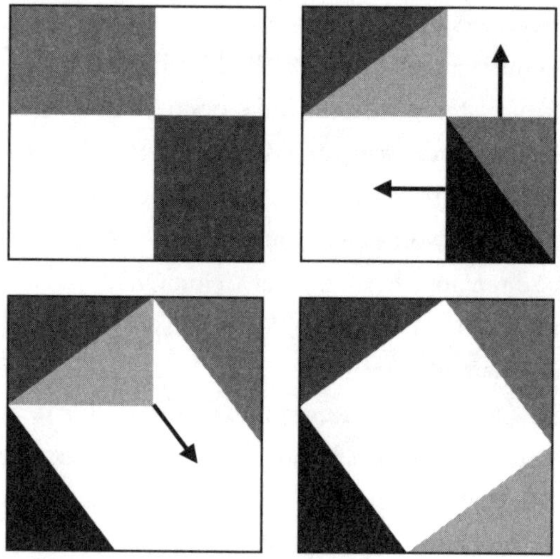

(4.8) Beweis des Satzes von Pythagoras.

Die beiden zuvor von den Rechtecken ausgesparten Quadrate hatten die Katheten der Dreiecke als Seitenlängen, man nennt sie daher die Quadrate »über den Katheten«. Ebenso nennt man das von den vier Dreiecken freigelassene Quadrat mit den Hypotenusen als Seiten das Quadrat »über der Hypotenuse«. Und da dieses im großen Quadrat den gleichen Flächeninhalt einnimmt, wie es jene beiden Quadrate zuvor taten, ist der fälschlicherweise nach Pythagoras benannte Satz bewiesen: *Der gemeinsame Flächeninhalt der Quadrate über den Katheten stimmt mit dem des Quadrats über der Hypotenuse überein.*

Im vorliegenden Beispiel der rechtwinkligen Dreiecke mit Katheten, die 3 Zentimeter und 4 Zentimeter lang sind, besitzen die Quadrate über den Katheten 3×3, also 9 Quadratzentimeter und 4×4, also 16 Quadratzentimeter als Flächeninhalte. Wegen $9 + 16 = 25$ umfasst das Quadrat über seiner Hypotenuse eine Fläche von 25 Quadratzentimeter. Und weil 25 eine Quadratzahl mit der Wurzel 5 ist, muss die Hypotenuse exakt 5 Zentimeter lang sein. Wir kommen damit auf jenes Dreieck zurück, von dem wir zu Beginn des Kapitels sprachen, als wir vom Vorschlag des Carl Friedrich Gauß erzählten, eine der bedeutendsten Erkenntnisse der Menschheit intelligenten außerirdischen Wesen mitzuteilen.

Diese Erkenntnis geht sicher nicht auf Pythagoras zurück. Sie wurde schon viel früher gewonnen. Wohl aber dürfen wir annehmen, dass sich Pythagoras ihrer intensiv gewidmet hat. Denn es sind nicht nur die drei Zahlen 3, 4 und 5, die, mit Zentimeter oder irgendeiner anderen Längeneinheit versehen, die Längen der beiden Katheten und der Hypotenuse eines rechtwinkligen Dreiecks sind. Auch andere Dreiergruppen von Zahlen, man nennt sie heute »pythagoreische Tripel«, eignen sich dafür. Die drei Zahlen 88, 105 und 137 hatten wir zu Beginn des Kapitels bereits erwähnt. Doch auch kleinere Dreiergruppen sind pythagoreische Tripel, so zum Beispiel 5, 12 und 13 oder 8, 15 und 17 oder 7, 24 und 25. Auch bei ihnen stellt man fest, dass die Summe von $5 \times 5 = 25$ und $12 \times 12 = 144$ dasselbe wie $13 \times 13 = 169$ ergibt, dass die Summe von $8 \times 8 = 64$ und $15 \times 15 = 225$ dasselbe wie $17 \times 17 = 289$ ergibt und dass die Summe von $7 \times 7 = 49$ und $24 \times 24 = 576$ dasselbe wie $25 \times 25 = 625$ ergibt.

Ein pythagoreisches Tripel teilt nur mit, welche Form das ihm entsprechende rechtwinklige Dreieck besitzt, nicht aber, wie groß es ist. Die Größe des Dreiecks hängt vom Maßstab ab, mit dem es gezeichnet wird. Die Längeneinheit spielt dabei die Rolle des Skalierungsfaktors: Ein rechtwinkliges Dreieck mit Katheten, die 12 709 und 13 500 Millimeter lang sind, und einer Hypotenuse von 18 541 Millimetern, ist viel kleiner als ein rechtwinkliges Dreieck mit 3 Kilometer und 4 Kilometer langen Katheten und einer Hypotenuse von 5 Kilometern.

QUADRATZAHLEN UND RECHTWINKLIGE DREIECKE: ERSTE ERFOLGE

Schon die Babylonier führten Listen von pythagoreischen Tripeln. In der George-Arthur-Plimpton-Sammlung der Columbia University von New York findet man unter der Katalognummer 322 eine Keilschrifttafel aus dem 18. vorchristlichen Jahrhundert, auf der fünfzehn pythagoreische Tripel aufgelistet sind. Mit einem Blick auf ein Tabellenwerk, in moderner Schrift folgendermaßen notiert

1. Kathete	2. Kathete	Hypotenuse
3	4	5
5	12	13
15	8	17
7	24	25
21	20	29
…	…	…

konnten Kinder in den Schulen Babylons Aufgaben der folgenden Art lösen: »Ein ursprünglich an eine senkrechte Wand gelehnter 17 Fuß langer Balken ist von oben 2 Fuß herabgerutscht. Wie weit hat er sich dabei waagrecht am Boden von der Wand entfernt?«

Tatsächlich findet sich eine Aufgabe dieser Art auf einer im Londoner Britischen Museum aufbewahrten Keilschrifttafel aus der Zeit Hammurabis. Und sogleich wird die Lösung mitgeteilt: »2 von 17 abgezogen: 15 siehst du.« Der Ersteller der Aufgabe weist damit auf das rechtwinklige Dreieck hin, das 17 Fuß – die Länge des Balkens – als Hypotenuse und 15 Fuß – den senkrechten Abstand des abgerutschten Balkens vom Boden – als Kathete besitzt. Nun braucht man nur noch auf die Tabelle zu schauen und festzustellen, dass die andere Kathete 8 Fuß lang sein muss.

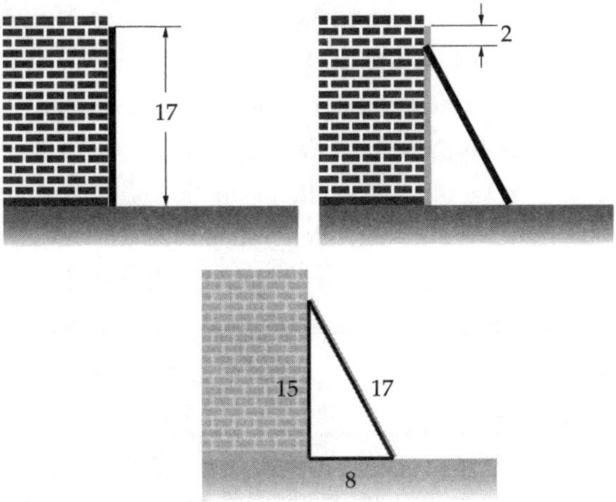

(4.9) Rechenaufgabe, die man mit dem Satz von Pythagoras und pythagoreischen Tripeln lösen kann.

Genau diese Lösung teilt uns der babylonische Lehrer mit: »8 Fuß am Boden hat er sich entfernt.« Und der pedantische Babylonier lässt mit seinem prüfenden Fragen nicht locker: »Wenn sich der Balken 15 Fuß am Boden entfernt hat, wie viel ist er herabgekommen?«

Auf der Keilschrifttafel Plimpton 322 findet man bemerkenswert große pythagoreische Tripel, wie zum Beispiel die bereits zuvor erwähnte Dreiergruppe der Zahlen 12 709, 13 500 und 18 541. Allein durch zufälliges Probieren dürften die babylonischen Gelehrten nicht auf diese Zahlen gekommen sein. Sie hatten sicher Verfahren zur Verfügung, möglicherweise solche, die später Euklid in sein Lehrbuch aufgenommen hat:

Zur Gewinnung eines pythagoreischen Tripels ging Euklid von zwei verschiedenen Quadratzahlen aus. Er bildete deren Summe und erhielt so die in der Spalte der Hypotenuse einzutragende Zahl. Er bildete deren Differenz und erhielt so die in der Spalte der ersten Kathete einzutragende Zahl. Schließlich verdoppelte Euklid das Produkt der Wurzeln seiner beiden Quadratzahlen und trug das Ergebnis in der Spalte der zweiten Kathete ein. Wir führen Euklids Methode am Beispiel der Quadratzahlen

16 und 9 vor, deren Wurzeln 4 und 3 lauten: Die Summe von 16 und 9 beträgt 25; dies ist die in die Spalte der Hypotenuse einzutragende Zahl. Die Differenz zwischen 16 und 9 beträgt 7; dies ist die in die Spalte der ersten Kathete einzutragende Zahl. Und das doppelte Produkt der Wurzeln 4 und 3 lautet $2 \times 4 \times 3 = 24$; dies ist die in die Spalte der zweiten Kathete einzutragende Zahl. In der folgenden Tabelle findet man ein paar Beispiele (es sind solche, bei denen die Zahlen der Katheten und der Hypotenuse, abgesehen von 1, keinen gemeinsamen Teiler besitzen):

1. Quadratzahl	2. Quadratzahl	1. Kathete	2. Kathete	Hypotenuse
$9 = 3 \times 3$	$4 = 2 \times 2$	$9 - 4 = 5$	$2 \times 3 \times 2 = 12$	$9 + 4 = 13$
$16 = 4 \times 4$	$9 = 3 \times 3$	$16 - 9 = 7$	$2 \times 4 \times 3 = 24$	$16 + 9 = 25$
$25 = 5 \times 5$	$4 = 2 \times 2$	$25 - 4 = 21$	$2 \times 5 \times 2 = 20$	$25 + 4 = 29$
$25 = 5 \times 5$	$16 = 4 \times 4$	$25 - 16 = 9$	$2 \times 5 \times 4 = 40$	$25 + 16 = 41$
$36 = 6 \times 6$	$25 = 5 \times 5$	$36 - 25 = 11$	$2 \times 6 \times 5 = 60$	$36 + 25 = 61$
$49 = 7 \times 7$	$4 = 2 \times 2$	$49 - 4 = 45$	$2 \times 7 \times 2 = 28$	$49 + 4 = 53$

Das Verfahren funktioniert auch, wenn man die Einheit 1 als mögliche zweite Quadratzahl mit betrachtet, was zwar der antiken griechischen Definition der Quadratzahlen widerspricht, aber wegen $1 \times 1 = 1$ trotzdem sinnvoll ist. Dann bekommt man zum Beispiel mit $16 = 4 \times 4$ als erster Quadratzahl für die erste Kathete den Wert $16 - 1 = 15$, für die zweite Kathete den Wert $2 \times 4 \times 1 = 8$ und für die Hypotenuse den Wert $16 + 1 = 17$. Auch das beim Beweis des Satzes von Pythagoras betrachtete Dreieck mit Katheten von $4 - 1 = 3$ Zentimeter und $2 \times 2 \times 1 = 4$ Zentimeter Länge und einer $4 + 1 = 5$ Zentimeter langen Hypotenuse gewinnt man durch das Verfahren, das Euklid beschrieb.

Es lässt sich somit eine nie endende Fülle von pythagoreischen Tripeln erstellen. Ihnen entsprechen rechtwinklige Dreiecke der vielfältigsten Formen. Pythagoras nahm – so dürfen wir vermuten – an, dass sogar *alle* in der Wirklichkeit vorkommenden rechtwinkligen Dreiecke dadurch erfasst werden. Doch hierin sollte er sich gründlich irren.

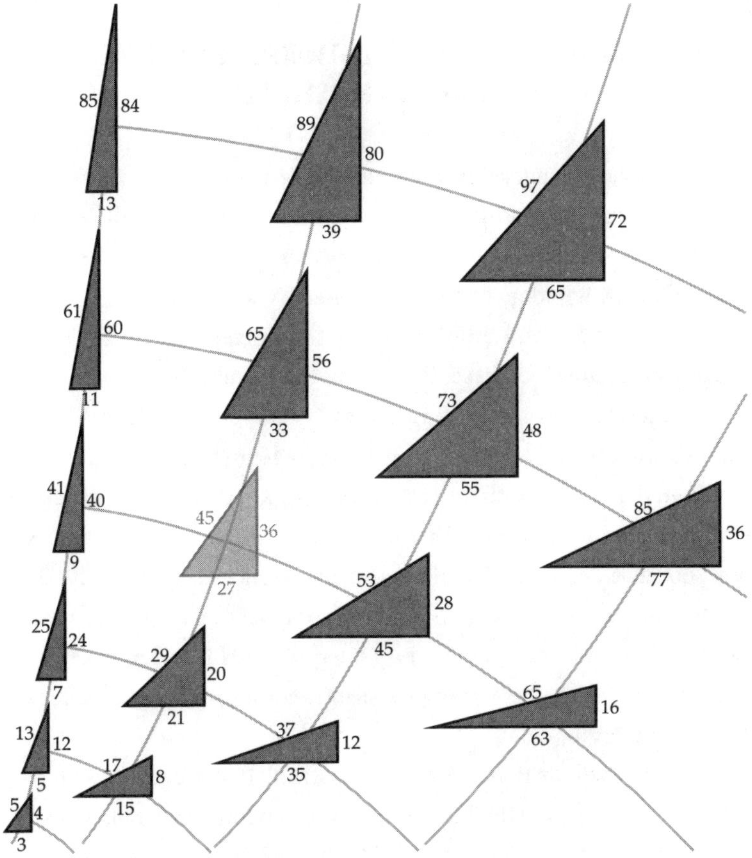

(4.10) Rechtwinklige Dreiecke mit eingetragenen pythagoreischen Tripeln. Bei den pythagoreischen Tripeln entlang der von links unten nach oben weisenden Linien sind die Unterschiede der Wurzeln der beiden Quadratzahlen, aus denen sie nach Euklids Verfahren gebildet werden, konstant. Bei den pythagoreischen Tripeln entlang der von links nach rechts unten weisenden Linien sind die Summen dieser Wurzeln konstant. Die Zahlen 27, 36, 45 der Katheten und der Hypotenuse des hellgrau eingetragenen Dreiecks haben einen größeren gemeinsamen Teiler als 1; das Dreieck ist zu einem bereits eingetragenen kleineren Dreieck ähnlich.

QUADRATZAHLEN UND RECHTWINKLIGE DREIECKE: DER GROSSE MISSERFOLG

In den bisherigen, zugegeben kleinen Tabellen, die wir für Katheten und Hypotenusen rechtwinkliger Dreiecke erstellten, kam der Fall, dass beide Katheten die gleiche Länge aufweisen, bisher nicht vor. Ganz knapp verfehlt jenes rechtwinklige Dreieck mit einer Hypotenuse, die 29 Zentimeter lang ist, und dessen Katheten mit 20 Zentimeter und mit 21 Zentimeter fast gleich lang sind, dieses Ziel. Kann man es überhaupt erreichen?

Der Legende nach war es Hippasos von Metapont, ein Mitglied der pythagoreischen Schule, der höchst gewitzt folgendermaßen argumentierte: Sollten die beiden Katheten eines rechtwinkligen Dreiecks gleich lang sein, müssten die Quadrate über den beiden Katheten gleich groß sein, somit ein und derselben Quadratzahl entsprechen. Das Doppelte dieser Quadratzahl wäre nach dem Satz des Pythagoras jene Quadratzahl, die dem Quadrat über der Hypotenuse entspricht. Folglich müsste es eine Quadratzahl geben, die verdoppelt, also mit 2 multipliziert, wieder eine Quadratzahl ergibt.

Betrachten wir als Beispiel die Quadratzahl 400: Wegen $20 \times 20 = 400$ lautet ihre Wurzel 20. Die Zahl 20 schreibt sich folgendermaßen als Produkt von Primzahlen: $20 = 2 \times 2 \times 5$. Hieraus ergibt sich die Zerlegung der Quadratzahl 400 als Produkt von Primzahlen: $400 = 2 \times 2 \times 2 \times 2 \times 5 \times 5$. Der Primfaktor 2 kommt in 20 zweimal und daher in 400 viermal vor, der Primfaktor 5 kommt in 20 einmal und daher in 400 zweimal vor. Mit anderen Worten: In jeder Quadratzahl kommen Primzahlen doppelt so oft als Faktor vor, wie sie in ihrer Wurzel als Primfaktoren aufscheinen. Daher kommen Primfaktoren in Quadratzahlen immer in einer *geraden* Anzahl vor.

Verdoppelt man eine Quadratzahl, kommt in dieser mit dem Faktor 2 multiplizierten Zahl die Primzahl 2 einmal mehr vor, als sie als Primfaktor in der Quadratzahl aufscheint. Die Primzahl 2 kommt daher in einer verdoppelten Quadratzahl in einer *ungeraden* Anzahl vor. Deshalb kann eine verdoppelte Quadratzahl keine Quadratzahl sein.

Darum, so schloss Hippasos messerscharf, wird ein rechtwinkliges Dreieck mit gleich langen Katheten nicht von pythagoreischen Tripeln erfasst. Zuweilen kommen pythagoreische Tripel vor, bei denen sich die Katheten kaum unterscheiden. Nicht nur 20, 21 und 29, auch 119, 120 und 169 sowie 696, 697 und 985 sind Beispiele dafür. Aber niemals wird der Fall eintreten, dass die Zahlen der Katheten exakt übereinstimmen.

Diese Erkenntnis stiftete in der pythagoreischen Schule wohl erhebliche Verwirrung. Denn einerseits behauptete ihr Gründer, die gesamte Wirklichkeit beruhe auf Zahlen. Andererseits zerlegt man ein Quadrat durch Ziehen einer Diagonale in zwei rechtwinklige Dreiecke, die gleich lange Katheten besitzen. Solche rechtwinkligen Dreiecke, die es wirklich zu geben scheint, findet man aber nicht unter den pythagoreischen Tripeln. Wie kann man ihre Existenz erklären, wenn sie nicht auf Zahlen gründen?

Da schriftliche Aufzeichnungen der Zeitgenossen des Pythagoras und des Hippasos fehlen, sind den Erzählungen zwischen Dichtung und Wahrheit Tür und Tor geöffnet. Man berichtet, dass Hippasos seine Entdeckung nicht im Kreise der Pythagoreer bewahrt, sondern nach außen hin verkündet habe und somit den Gründer der Schule verunglimpfte. Er sei aus der Gemeinschaft der Pythagoreer verbannt worden. Schließlich habe er im Meer den Tod durch Ertrinken gefunden – für die Anhänger des Pythagoras ein Zeichen göttlicher Strafe …

Jedenfalls zog die griechische Mathematik daraus die Folgerung, sich mehr der Geometrie als den Zahlen zuzuwenden. Denn jene hat nicht nur den Vorzug, unmittelbar den Sehsinn anzusprechen, sie dürfte zudem ein größeres Feld für mögliche Erkenntnisse bereithalten, als dies das Zahlenreich vermag. Rechtwinklige Dreiecke mit gleich langen Katheten gibt es jedenfalls in der Geometrie, obwohl sich diese einer Deutung mit Zahlen verweigern.

Und diese Geometrie sahen die Griechen im Kosmos verwirklicht.

DIE VERTREIBUNG DER GEOMETRIE AUS DEM KOSMOS

Das von Aristoteles und später von Claudius Ptolemäus geprägte Weltbild zeichnet sich durch die Unterscheidung zweier Welten aus: Zum einen gibt es die sublunare, also unter der Luna, unter dem Mond befindliche Welt, die aus den vier Elementen Erde, Wasser, Luft und Feuer besteht. Die Erdkugel – Aristoteles konnte aufgrund des kreisförmigen Schattens der Erde auf dem Mond bei einer Mondfinsternis ein für alle Male beweisen, dass die Erde Kugelgestalt besitzt – befindet sich in deren Zentrum. Es handelt sich um eine unvollkommene, gleichsam um eine vorläufige Welt. Aber dem menschlichen Auge ist es gegönnt, in die geometrisch vollkommene zweite Welt, den translunaren, also ab dem Monde beginnenden Kosmos zu blicken. Sonne und Mond waren für Aristoteles vollkommene Kugeln und die Wandelsterne bewegen sich vor der riesigen Himmelskugel der Fixsterne auf exakten Kreisen um den Erdball. Der geheimnisvolle Äther, die »Quinta Essentia«, das fünfte Element, beherrscht als masselose, unveränderliche, ewige Substanz die translunare Welt. Aristoteles führte für seine Mutmaßungen nur Beobachtungen, aber keine genauen Messungen durch. Er dürfte sich auf die Ansichten des Eudoxos von Knidos gestützt haben.

Schon bald entdeckten Astronomen, dass die Bewegungen der Planeten nicht so einfach gestaltet sind, wie es Aristoteles möglicherweise dachte. Merkur und Venus findet man nur in der Nähe der Sonne: Merkur ist höchstens eine Stunde nach Sonnenuntergang oder eine Stunde vor Sonnenaufgang zu beobachten, und auch Venus, der Abend- und Morgenstern, ist nie zu Mitternacht sichtbar, wohl aber zuweilen am Tag, wenn man ungefähr weiß, wo sie sich am Himmel aufhält. Diese Beobachtung dürfte Herakleides Pontikos, einen Zeitgenossen von Aristoteles, zur Annahme verleitet haben, dass die Sonne zwar die Erde auf einem Kreis um-

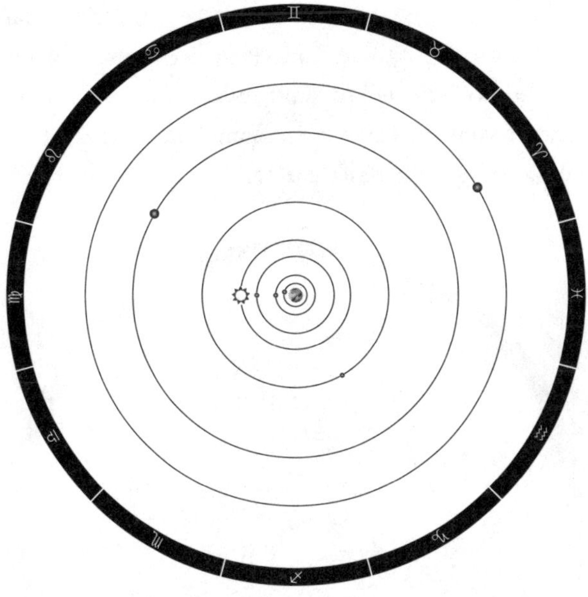

(4.11) Der aristotelische Kosmos: im Zentrum die Erde, konzentrisch die sieben Sphären von Mond, Merkur, Venus, Sonne, Mars, Jupiter, Saturn und als achte Sphäre der Fixsternhimmel.

laufe, dass aber Merkur und Venus ihrerseits auf Kreisen die Sonne umrunden.

Zusätzlich führen Planeten in ihrem von der Erde aus betrachteten Weg entlang des Himmelszeltes eigenartige Schleifenbewegungen durch. Es war ein in Alexandria wirkender Zeitgenosse des Archimedes, Apollonius von Perge, der eine Erklärung dafür vorschlug: Eigentlich bewegt sich der Planet auf einem kleinen Kreis, dessen Mittelpunkt auf einem großen, die Erde umrundenden Kreis entlangläuft. Da die Wörter »Kreis« und »auf« griechisch κύκλος, kyklos, und ἐπί, epi, heißen, nannte Apollonius diese kleinen Kreise Epizyklen. Der große Kreis um die Erde, der den kleinen Kreis trägt, heißt, weil das lateinische deferre hintragen bedeutet, der Deferent. Der im zweiten nachchristlichen Jahrhundert wirkende Astronom Claudius Ptolemäus ließ alle sieben mit freiem Auge sichtbaren Wandelgestirne, Mond, Merkur, Venus, Sonne, Mars, Jupiter und Saturn, entsprechend dieser Epizyklentheorie vor den zwölf Sternbildern des Jahreskreises die Erde umrunden, wobei sein ziemlich kompliziertes System vollkommen mit den damals durchgeführten Beobachtungen und Messungen übereinstimmte.

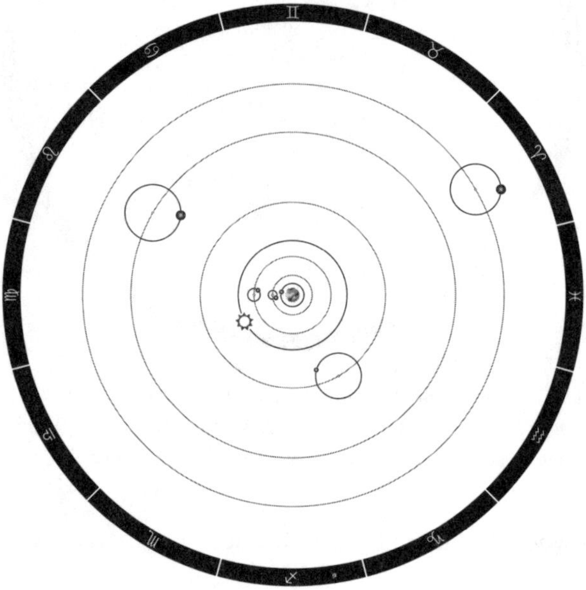

(4.12) Der aristotelische Kosmos nach Korrektur durch Claudius Ptolemäus: die Planeten bewegen sich auf Kreisen, die ihrerseits auf konzentrischen Kreisen mit der Erde als Mittelpunkt kreisen.

Auf diese vollkommene Übereinstimmung kam es den Astronomen bis zur frühen Neuzeit an: Wie kompliziert das System auch sein mag: Stets müssen die perfekt kugelförmigen Himmelskörper entlang perfekt gezogener Kreise ihre Bahnen ziehen. Auch als Nikolaus Kopernikus 1543 eine schon vom alexandrinischen Gelehrten Aristarch von Samos erwogene Idee wieder aufleben ließ, dass nicht die Erde, sondern die Sonne im Zentrum des Universums stünde, ließ er ebenfalls die Planeten entlang exakter Kreise die Sonne umrunden. Damit kann man ohne Einführung von Epizyklen erklären, warum von der Erde aus gesehen die anderen Planeten scheinbare Schleifenbewegungen vollziehen. Aber das heliozentrische System des Kopernikus stimmte nicht mit den Beobachtungsdaten überein. Die einzige denkbare Korrektur, um auch hier perfekten Einklang zu erzielen, bestand auch bei seinem System darin, Epizyklen einzubauen.

Ebenso war Tycho de Brahe, der am Prager Hof Kaiser Rudolfs II. wirkte und als letzter Astronom ohne Fernrohr mit unerhört scharfem Blick den Himmel vermaß, überzeugt, dass die translunare Welt jene der Geometrie ist: Er griff die Idee des Herakleides wieder auf, setzte die Erde ins Zentrum des Kosmos, ließ Mond und Sonne die Erde umkreisen, während die anderen Planeten die Sonne umkreisen sollten. Das Wesentliche war aber auch bei ihm: Die vollkommene translunare Welt darf nur exakte Kreise als Bahnen zulassen.

Zwei Giganten der Wissenschaft leiteten die Revolution ein, die fälschlich mit Kopernikus in Verbindung gebracht wird: Galileo Galilei und Johannes Kepler.

Galilei betrachtete mit dem Fernrohr, das er aufgrund seines offensichtlichen Nutzens für Seehandel und Militär um teures Geld Venezianern als seine Erfindung verkaufte, den Himmel. Er entdeckte, dass die Milchstraße aus einer Unzahl von Sternen besteht, dass Jupiter Monde besitzt, dass die Venus Phasen zeigt wie der Mond und dass unser eigener Mond genauso Gebirge besitzt wie die Erde. Galilei, der Bildende Kunst studierte und mit Malern wie Lodovico Cigoli befreundet war, fertigte meisterhafte Tuschzeichnungen an, wie sich der Halbmond in seinem Fernrohr zeigt: Den Grenzbereich zwischen beleuchteter und dunkler Mondhälfte vergleicht Galilei mit dem Sonnenaufgang auf der Erde, »wenn wir die noch nicht mit Licht erfüllten Täler sehen, die Berge aber, die sie auf der von der Sonne abgewandten Seite umgeben, bereits voll erglänzen«. Kurz gesagt: Die aristotelische Unterscheidung einer sublunaren unvollkommenen und einer translunaren vollkommenen Welt ist

Unfug. Der Mond ist keine perfekte Kugel. Genauso wenig ist es die Sonne, auf der Galilei eigenartige Flecken entdeckte.

Kepler, der mit Galilei in brieflichem Kontakt stand, hatte noch als Mathematiklehrer in Graz ein »Mysterium Cosmographicum« verfasst. Das von ihm dargestellte »Weltgeheimnis« sollte darin bestehen, dass zwischen den sechs damals bekannten Planeten die fünf regelmäßigen Körper, Oktaeder, Ikosaeder, Dodekaeder, Tetraeder und Würfel, so eingelagert sind, dass jeder der fünf Körper von je zwei benachbarten Planetensphären berührt wird. 1596, als Kepler dieses Werk schrieb, war er als Vertreter der kopernikanischen Lehre noch glühender Verfechter des Glaubens, der Kosmos sei im Grunde Geometrie.

Unwillig musste er sich davon lösen, als er in Prag bei Tycho de Brahe lernte, dass man Messungen zu vertrauen habe. An ihnen bestätigt sich allzu oft das Wort Thomas Huxleys, die größte Tragödie der Wissenschaft bestehe im Schlachten einer schönen Vermutung durch hässliche Fakten. Tatsächlich fand Kepler anhand der Messdaten der Bahn des Planeten Mars, dass sich dieser *nicht* entlang eines Kreises um die Sonne bewegt. Die Planetenbahnen, so stellt Kepler 1609 in der »Astronomia nova«, der »neuen Astronomie«, fest, sind Ellipsen, ovale Kurven. Die Sonne befindet sich bei einer solchen Ellipse nicht im Mittelpunkt, sondern in einem ihrer beiden Brennpunkte. Dies sind jene zwei Punkte der Zeichenebene mit der Eigenschaft, dass die Summe ihrer Abstände von jedem Ellipsenpunkt stets den gleichen Wert besitzt.

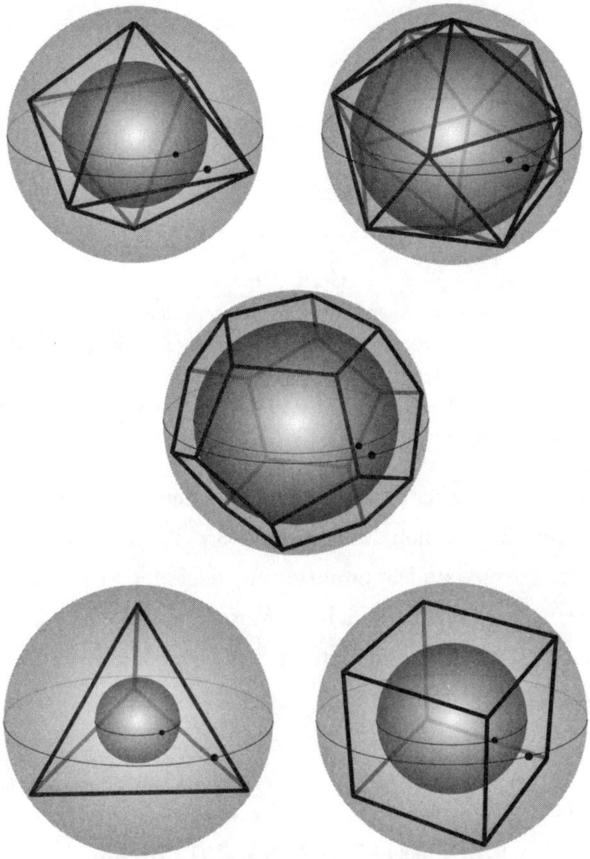

(4.13) Keplers »Mysterium Cosmographicum«: die Sphären von Merkur und Venus mit dem Oktaeder dazwischen, die Sphären von Venus und Erde mit dem Ikosaeder dazwischen, die Sphären von Erde und Mars mit dem Dodekaeder dazwischen, die Sphären von Mars und Jupiter mit dem Tetraeder dazwischen und die Sphären von Jupiter und Saturn mit dem Hexaeder, dem Würfel, dazwischen.

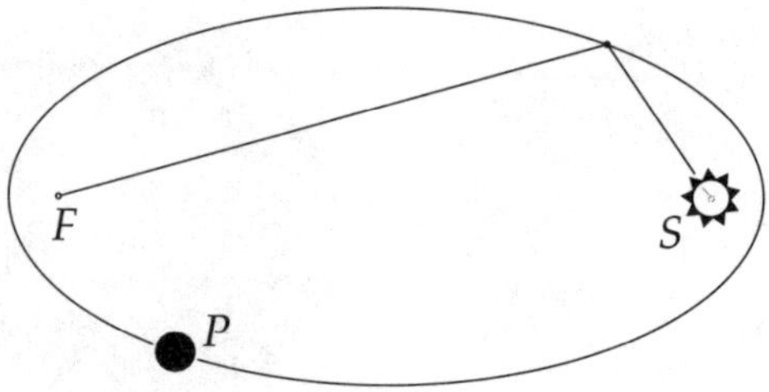

(4.14) Keplers erstes Gesetz: Der Planet *P* bewegt sich entlang einer Ellipse um die Sonne, die sich in einem der beiden Brennpunkte der Ellipse befindet; die Summe der Abstände eines Ellipsenpunktes von den beiden Brennpunkten *F* und *S* ist konstant.

Ähnlich wie Galilei erkennt Kepler: Das »Mysterium Cosmographicum« ist zerbrochen. Die Bahnen der Himmelskörper sind alles andere als perfekte Kreise. Kosmos und Geometrie sind zweierlei. Zuerst müssen Zahlen zur Verfügung stehen, die sich aus Messungen kosmischer Phänomene ergeben. Erst danach kann man die Wirklichkeit geometrisch zu illustrieren versuchen.

DIE EINKEHR DER QUADRATZAHLEN IN DEN KOSMOS

Julian Barbour, britischer theoretischer Physiker und profunder Kenner der Geschichte dieser Wissenschaft, betonte in einem mit dem Autor geführten Gespräch die außerordentliche Geisteskraft Keplers. Sie hätte ihn wohl zu einer Erklärung der eigenartigen elliptischen Bahnen der Planeten geführt, wäre Kepler nicht vorzeitig gestorben. Unter großen nervlichen Anspannungen bemühte sich Kepler mehr als fünf Jahre hindurch, seine Mutter Katharina, eine Kundige für Heilkräuter, vor der drohenden Verurteilung wegen Hexerei zu bewahren. Nachdem er ihr endlich wieder Freiheit verschafft hatte, starb sie einige Monate später an den Folgen der Folter. Danach bedrückten Kepler die Wirren des Dreißigjährigen Krieges, sein Förderer Wallenstein konnte ihm, den Geldsorgen quälten, nicht mehr helfen. Beim Reichstag in Regensburg wollte er Gehaltsforderungen stellen, erkrankte dort schwer und starb, keine sechzig Jahre alt.

So war es Isaac Newton vergönnt, der Mutmaßung Keplers, eine von der Sonne ausgehende Kraft zwinge die Planeten in elliptische Bahnen, das mathematische Fundament zu verleihen. Zum einen präzisierte Newton, was eine Kraft bewirkt: Aristoteles meinte, dass Kräfte Körper bewegen, aber Galilei stellte fest, dass dies so nicht ganz stimmt: Ein Wagen rollt auch dann weiter, wenn keine Kraft auf ihn einwirkt. Dass der Wagen zum Stillstand kommt, ist hingegen auf eine Kraft zurückzuführen: die Reibung, die für die Verlangsamung des Wagens sorgt. Allgemein, so findet Newton heraus, bewirkt eine Kraft, dass sich die Geschwindigkeit eines Körpers ändert. Dabei setzt sich ein Körper umso träger der Kraft entgegen, er lässt umso weniger eine Änderung seiner Geschwindigkeit zu, je größer die in Kilogramm gemessene Masse dieses Körpers ist. Einen Tennisball zu werfen fällt uns leichter als eine Kanonenkugel. Man spricht dementsprechend von der »trägen Masse«, die einem Körper zu eigen ist.

Dass hochgehaltene Körper, einmal losgelassen, fallen und die Fallgeschwindigkeit ständig zunimmt, ist ebenfalls auf eine Kraft zurückzuführen: Es ist die Schwerkraft, die Körper Richtung Erdmittelpunkt treibt. Die Schwerkraft wirkt auf einen Körper umso stärker, je schwerer dieser Körper ist. Einen Tennisball mit ausgestrecktem Arm zu halten und so an seinem Fallen zu hindern fällt uns leichter, als dies mit einer Kanonenkugel zu tun. Eigentlich ist es sehr eigenartig, dass die Schwere eines Körpers, die man die »schwere Masse« nennt, mit dessen träger Masse übereinstimmt. Galilei ist es zwar aufgefallen, weil alle Körper – sieht man vom Widerstand der umgebenden Luft ab – gleich schnell im Fallen beschleunigt werden. Doch er registrierte es nur. Erst drei Jahrhunderte später erahnte Albert Einstein, auf seinem Sessel des Berner Patentamtes sitzend und darüber sinnierend, was sich dahinter verbirgt. Er sprach später davon, dass dies »der glücklichste Gedanke« seines Lebens gewesen sei.

Doch wir eilen der Zeit voraus. Kehren wir zu Newton zurück. Auch bei ihm dürfte das Fallen eines Apfels auf seinen Kopf – glaubt man der von Voltaire verbreiteten Legende – zum glücklichsten Gedanken seines Lebens geführt haben: Nicht nur der Apfel, auch der Mond wird mit der Schwerkraft von der Erde angezogen. Und die Erde sowie alle anderen Planeten werden mit der Schwerkraft von der Sonne angezogen. Das direkte, geradlinige Fallen ist nur eine der möglichen Bewegungsformen, die sich daraus ergeben. Wirft man einen Ball von sich weg, fällt dieser entlang einer Kurve. Sind vielleicht auch elliptische Bahnen mögliche Formen der Bewegung, die von der Schwerkraft herrühren?

Innerhalb eines einzigen Jahres, des »annus mirabilis«, des wundersamen Jahres 1666, stellte Newton mit eigens dafür von ihm erfundenen mathematischen Methoden fest, dass dies wirklich der Fall ist. Als Vorbedingung dafür musste er sich über das Wesen der Schwerkraft im Klaren sein. In welcher Weise zieht die Sonne Planeten an sich? Einfallsreich, wie er war, ging er davon aus, dass diese Kraft in gleicher Weise von der schweren Masse des Planeten als auch von der schweren Masse der Sonne abhängt: Je größer jede dieser Massen ist, umso größer ist die Schwerkraft. Doch das ist nur die eine Seite der Medaille. Die andere besteht darin, dass Newton, wie zuvor schon sein ihm bis ins Innerste verhasster Kollege Robert Hooke, davon ausging, dass die Schwerkraft mit zunehmendem Abstand des Planeten von der Sonne abnimmt. Aber in welcher Weise?

Es war ein Geniestreich Newtons, von dem Ansatz auszugehen, dass man die Zahl, welche die Meilen des Abstandes vom Planeten zur Sonne mitteilt, quadrieren, also mit sich selbst multiplizieren muss. Genau in dem Verhältnis dazu, wie die Quadratzahlen zunehmen, die sich aus den Abständen von Merkur bis Saturn zur Sonne ergeben, nimmt die Schwerkraft ab, mit der die Sonne diese Planeten an sich zieht. Das Gleiche gilt für Apfel und Mond, die beide der Schwerkraft der Erde ausgesetzt sind: Der Apfel ist rund 6400 Kilometer vom Erdmittelpunkt entfernt (das ist der Erdradius), der Mond rund 384 000 Kilometer. Der Mond ist somit 60-mal weiter vom Erdmittelpunkt entfernt als der Apfel. Und weil $60 \times 60 = 3600$ ist, beträgt die Schwerkraft, mit der die Erde einen Apfel auf dem Monde an sich zöge, ein 3600-stel von jener, mit der sie den Apfel zum Fallen auf Newtons Kopf veranlasst.

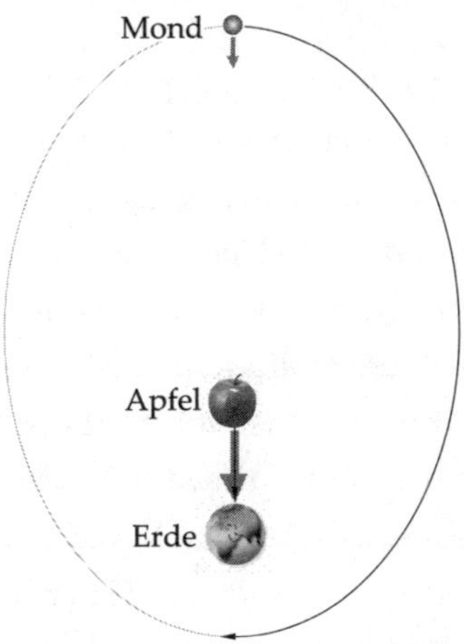

(4.15) Apfel und Mond werden von der gleichen Schwerkraft von der Erde angezogen. Die Größe der Schwerkraft nimmt mit dem Quadrat des Abstandes vom Erdmittelpunkt ab.

Carl Friedrich von Weizsäcker beschrieb in seinem Buch »Die Einheit der Natur«, was geschah, als Newton die Schwerkraft zu fassen versuchte, mit der die Erde auf den Mond wirkt: »Diese Anziehungskraft verglich Newton in ihrer Größe mit der Anziehung der Erde auf den Apfel, und er machte die Hypothese, diese Anziehung variiere umgekehrt proportional zum Quadrat der Entfernung vom Erdmittelpunkt. Und was herauskam, war falsch. Newton stellte fest, dass die Formel nahezu, aber nicht genau stimmte. Er ließ die Sache auf sich beruhen. Zehn oder fünfzehn Jahre lang kümmerte er sich nicht mehr um das Problem.

Dann kamen neue Messungen des Erddurchmessers und damit der Mondentfernung, und es zeigte sich, dass mit den neuen, verbesserten

Daten Newtons Rechnung genau stimmte. Erst in diesem Augenblick wagte er, die Sache wieder aufzunehmen, und daran knüpfte seine Aufstellung des allgemeinen Gravitationsgesetzes an.«

Es sind Abstandsquadrate, die für die Anziehung von massereichen Körpern sorgen. Seien dies die Erde und ein Apfel, seien es die Erde und der Mond, seien es die Sonne und die Planeten. Aus Newtons Gesetz von den Abstandsquadraten folgt, dass Planeten in Ellipsen um die Sonne wandern, wobei sich die Sonne jeweils in einem der Brennpunkte der Ellipsen befinden muss.

Etwa hundert Jahre später vermutete der britische Theologe und Naturforscher Joseph Priestley, dass ein ganz ähnliches Gesetz von Abstandsquadraten die Kräfte beschreibt, die zwischen kugelförmigen, elektrisch geladenen Körpern auftreten. Elektrische Phänomene waren seit der Antike bekannt. ἤλεκτρον, elektron, bedeutet Bernstein, das mit Wolle oder Seide gerieben, Papierschnipsel oder Stofffasern an sich zu ziehen vermag. Aber erst im 17. Jahrhundert begann man mit der Erforschung elektrischer Phänomene, vielfach noch um bei Hofe für Belustigung des adeligen Publikums zu sorgen. Dass sich dahinter mehr verbirgt als eine Laune der Natur, von Gewitterblitzen über Leidener Flaschen bis hin zu Bewegungen kleiner Holundermarkkügelchen mit geriebenen Glasstäben reichend, wurde erst allmählich klar. Den entscheidenden Schritt setzte 1785 der französische Physiker Charles-Augustin de Coulomb. Mit ausgeklügelten Experimenten und genauen Messungen stellte er fest, dass Joseph Priestley mit seiner Analogie zum Schwerkraftgesetz Newtons recht hatte. Nicht nur für kugelförmige Massen, auch für kugelförmige Ladungen gilt für die Kräfte zwischen den Körpern ein Gesetz des Abstandsquadrats.

Und bei der Krönung der Astronomie durch Gauß traten noch einmal die Quadratzahlen in einem ganz anderen Zusammenhang als maßgebende Größen auf.

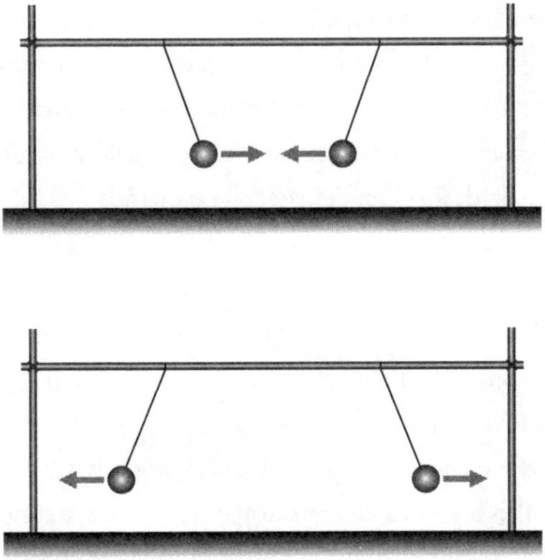

(4.16) Coulombs Gesetz: Ungleichnamige Ladungen ziehen einander an, gleichnamige Ladungen stoßen einander ab; die Größe dieser elektrischen Kraft nimmt mit dem Quadrat des Abstandes der beiden Ladungen voneinander ab.

DIE METHODE DER KLEINSTEN QUADRATE

In der Öffentlichkeit war Carl Friedrich Gauß eher als Astronom denn als Mathematiker bekannt. Unsterblichen Ruhm erlangte er schon als 24-jähriger Mann, als es ihm gelang, einen in der Neujahrsnacht des Jahres 1801 vom Theatinerpater und Astronomen Giuseppe Piazzi neu entdeckten Himmelskörper wieder aufzufinden. Piazzi sprach von einem »neuen Stern«, den er entdeckte. Er taufte ihn Ceres Ferdinandea, nach Ceres, der Göttin des Ackerbaus, und nach Ferdinand IV., dem König von Neapel und Sizilien. Zuerst hielt er Ceres, wie der Himmelskörper heute heißt, für einen Fixstern. Doch in den beiden auf die Neujahrsnacht folgenden Nächten stellte Piazzi fest, dass sich Ceres vor dem Hintergrund der Fixsterne bewegt. Ceres könnte, so vermutete Piazzi, ein neu entdeckter Planet sein, was einer Sensation gleichkam. Etwas zurückhaltend sprach Piazzi davon, dass Ceres vielleicht auch nur ein Komet sein könne. In den ersten Februartagen des Jahres 1801 verlor er indes seine Spur, da sich das Wetter verschlechterte und zu allem Überdruss Piazzi schwer erkrankte. Ceres, deren Bahn in den darauffolgenden Monaten in das Licht der Sonne trat, war verschwunden. Die wenigen Bahndaten, die aus Piazzis veröffentlichten Messungen zur Verfügung standen, genügten scheinbar nicht, Ceres zu finden, obwohl sich Astronomen aller Sternwarten darum bemühten. Gauß jedoch hatte bereits als junger Mann eine Methode entwickelt, aus ungenauen Messdaten das Optimum an Information zu entnehmen. Dieses von ihm »Methode der kleinsten Quadrate« genannte Verfahren wandte er an und sagte voraus, in welche Richtung zu einem bestimmten Zeitpunkt das Teleskop zu justieren sei, um Ceres wieder auffinden zu können. Tatsächlich traf in der Nacht des 7. Dezember 1801 Franz Xaver von Zach den gesuchten Wandelstern an der von Gauß vorhergesagten Stelle an.

Die Wiederentdeckung der Ceres, die sich nun endgültig als Zwergplanet zwischen Mars und Jupiter entpuppte, empfand die damalige Gelehrtenwelt als Sensation. Gauß erlangte mit einem Schlag unerhörte Berühmtheit, auch über den engen Zirkel der Mathematiker und Astronomen hinaus. Sogleich wurde er nach Sankt Petersburg eingeladen und zum Mitglied der dortigen Akademie ernannt. Nur Einstein erlebte, mehr als ein Jahrhundert später, ein noch größeres Medienecho anlässlich der Bestätigung der aus der Allgemeinen Relativitätstheorie folgenden Voraussage über die Ablenkung des Sternenlichtes in der Nähe von großen Massen.

Gauß hinterließ ein außerordentlich vielfältiges Werk an richtungweisenden mathematischen Erkenntnissen. Ungeachtet dessen beschränkte er sich in seinen mathematischen Vorlesungen auf die Erklärung der Methode der kleinsten Quadrate. Allein darüber dozierte er – im Übrigen ohne Rücksicht darauf, ob ihm die Zuhörerschaft bei seinen Ausführungen folgte oder nicht. Die Zahl der Hörer war dementsprechend überschaubar. Einmal äußerte sich Gauß in seiner leicht spöttischen und zugleich melancholischen Art darüber: Dieses Semester seien drei Hörer in seiner Vorlesung, sagte er, von denen einer wenigstens mittelmäßig sei …

Die Methode der kleinsten Quadrate war, so meinte Gauß, das beste Rüstzeug, das er einem angehenden Mathematiker vermitteln könne. Vor allem dann, wenn die Mathematik Beobachtungen der Wirklichkeit erklären soll. Wir verdeutlichen diese Methode anhand eines einfachen Beispiels: An einzelnen Stellen entlang einer waagrechten Linie werden Messungen durchgeführt und die Ergebnisse darüber eingetragen: Der senkrechte Abstand des Punktes über der jeweiligen Stelle teilt das Messergebnis mit. Die dabei gebildete »Punktwolke« fällt in unserer Abbildung 4.17 von links oben nach rechts unten ab. Wir fragen uns, wie eine gerade Linie zu legen ist, die diesen Messdaten am besten nahekommt.

Naheliegend wäre, dass man bei einer irgendwie eingezeichneten geraden Linie die einzelnen senkrechten Abstände der Punkte von ihr als Abweichungen betrachtet und diese Abweichungen addiert. Die gerade Linie würde dann optimal liegen, wenn die Summe der Abweichungen möglichst klein ist. Doch aus einer Reihe von Gründen verwarf Gauß diesen Vorschlag. Vor allem deshalb, weil er erkannte, dass große Abweichungen stärker ins Gewicht fallen sollten als kleine.

Darum entwickelte Gauß sein Verfahren, das man sehr gut anhand der Abbildung 4.17 versteht: An jeden Messpunkt heften wir ein Quadrat, dessen linker oberer beziehungsweise unterer Eckpunkt dieser Messpunkt ist, je nachdem, ob sich der Messpunkt oberhalb oder unterhalb der eingezeichneten geraden Linie befindet. Die linke senkrechte Seite des Quadrats reicht vom Messpunkt bis zur eingezeichneten geraden Linie. Und diese gerade Linie liegt genau dann optimal, wenn die Summe der Flächeninhalte der eingezeichneten Quadrate möglichst klein ist.

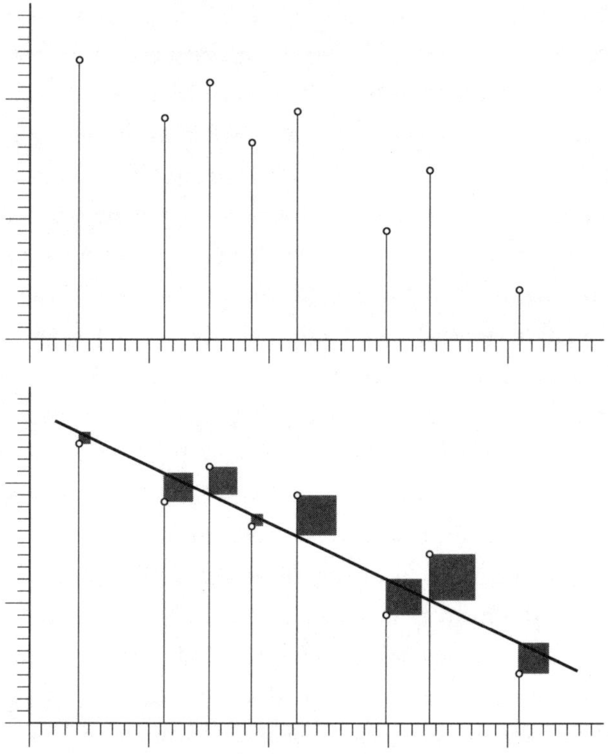

(4.17) Die »Punktwolke« der eingetragenen Messpunkte soll optimal mit einer geraden Linie erfasst werden. Nach der von Gauß erfundenen Methode der kleinsten Quadrate ist diese Linie so zu legen, dass die Summe der Flächeninhalte der eingetragenen Quadrate möglichst klein ist.

Wie beim Satz des Pythagoras, wie bei den Gesetzen Isaac Newtons und Charles-Augustin de Coulombs ist es auch bei der Methode von Gauß höchst merkwürdig, dass just Quadrate die entscheidende Rolle spielen. Und weil die Rechnung verlangt, dass man die Seitenlängen der Quadrate zahlenmäßig erfasst, was bei der Wahl einer hinreichend kleinen Längeneinheit zumindest näherungsweise gut gelingt, sind es erneut Quadratzahlen, die auch hier ins Gewicht fallen.

Tatsächlich stellt das in der Abbildung 4.17 illustrierte Beispiel die Methode der kleinsten Quadrate in ihrer einfachsten Variante vor. Statt einer geraden Linie kann man nämlich auch eine Schar von gekrümmten Linien heranziehen und aus diesen jene optimale gekrümmte Linie filtern, bei der die Summe der Flächeninhalte der Abstandsquadrate möglichst klein ist. Gauß ging so vor, als er die Bahn der Ceres berechnete: Den Gesetzen von Johannes Kepler über Planetenbahnen entnahm Gauß, dass sich Ceres entlang einer Ellipse um die Sonne bewegen müsse. Unter allen Scharen möglicher Ellipsen suchte er mithilfe seiner Methode jene, die den von Piazzi gemessenen Daten am besten entspricht. Er brauchte bloß die Summe von Quadratzahlen möglichst klein zu halten, um möglichst großen Ruhm zu erlangen.

VON DER ASTRONOMIE ZUR ASTROPHYSIK

Astronomie, im strengen Sinn verstanden, ist eine rein mathematische Wissenschaft. Sie will die Positionen der Gestirne erfassen. Abgesehen von Sonne und Mond, die als kreisförmige Figuren wahrgenommen werden, sind in den Augen der ägyptischen, babylonischen, griechischen und mittelalterlichen Astronomen die Gestirne exakte mathematische Punkte und die von ihnen auf die Erde gesendeten Lichtstrahlen exakte gerade Linien. So gesehen ist Astronomie nichts anderes als angewandte Geometrie.

Die letzte Großtat innerhalb dieser als angewandte Geometrie verstandenen Astronomie war die Wiederentdeckung der Ceres durch Carl Friedrich Gauß.

Doch im Zuge der bisherigen Betrachtungen zeigte sich, dass die translunare Welt nicht mit der Geometrie übereinstimmt, ja dass Geometrie allein nicht ausreicht, um die Bewegungen der Himmelskörper zu verstehen. Newton benötigte dazu den aus ursprünglich irdischen Erfahrungen gewonnenen Begriff der Kraft. Worum es sich dabei handelt, ist gar nicht einfach zu erklären. Arnold Sommerfeld wies in seinem epochalen Lehrbuch der theoretischen Physik darauf hin, als er schrieb: »Wir meinen, dass wir in unserem Muskelgefühl eine unmittelbare, wenigstens *qualitative* Vorstellung des Kraftbegriffs besitzen. Darüber hinaus steht uns überall auf der Erde als Vergleichsstandard die Schwere zur Verfügung, durch die wir alle anderen Kräfte *quantitativ* messen können.« Doch Alltagserfahrungen, das wusste Sommerfeld, reichen nicht für eine abstrakte, allgemeingültige Begriffsbestimmung. So findet er sich mit einer Floskel ab: »Von dem Kraftbegriff gilt dasselbe wie von allen physikalischen Begriffen und Benennungen: *Wortdefinitionen* sind inhaltsleer.« Für die Physik seien, so Sommerfeld, allein *Realdefinitionen* wichtig. Denn sie will beschreiben, was eine Kraft bewirkt: Sie verändert Geschwindigkeiten.

Wie schwer sich die Physik auch heute noch mit dem Begriff der Kraft tut, erkennt man daran, dass sie ihn durch ein anderes Wort zu ersetzen versucht. Gerne spricht man von »Wechselwirkungen«, die physikalische Objekte aufeinander ausüben. Doch damit ist der Sachverhalt nicht besser erklärt. Allerdings glaubt man heute die im Universum bestehenden Wechselwirkungen auf wenige, grundlegende zurückführen zu können. Zwei von ihnen haben wir bereits kennengelernt. Einerseits die »gravitative Wechselwirkung«, womit die Schwerkraft gemeint ist. Hier auf Erden spüren wir sie als das Gewicht, das Körper zum Erdboden zieht. Und Newtons Gravitationsgesetz beschreibt, wie diese Kraft die Bewegungen der Himmelskörper regelt. Und andererseits die »elektromagnetische Wechselwirkung«, von der wir im Zusammenhang mit Coulombs Gesetz über die auf kugelförmige Ladungen wirkendenden Kräfte sprachen. Auf dieser Wechselwirkung beruhen, vom Gewicht abgesehen, alle alltäglichen Phänomene. Denn als man erkannte, dass Atome aus einem positiv geladenen Kern und aus einer negativ geladenen Hülle bestehen, wurde klar, dass die elektromagnetische Wechselwirkung den verschiedenen Stoffen ihre kennzeichnenden Eigenschaften verleiht und sie die Resultate chemischer Experimente regelt. Glaubte einst Aristoteles an die Vorstellungen des Vorsokratikers Empedokles, dass die vier klassischen Elemente Feuer, Luft, Wasser und Erde in der sublunaren Welt ewig existierende und unveränderliche Grundsubstanzen seien, die durch Mischung die Vielfalt der Stoffe bilden, wissen wir heute, dass dies so nicht der Fall ist. Diese klassischen Elemente sind keine Grundsubstanzen, und selbst die über hundert Elemente der Chemie, angeordnet in einem Periodensystem, beruhen mit ihren vielfältigen Verbindungen und deren Eigenschaften auf Grundlegenderem: der elektromagnetischen Wechselwirkung von Kernen mit Hüllen der Atome.

Unter der Unzahl von Forschern, welche die vielfältigsten Phänomene elektromagnetischer Wechselwirkung untersuchten, sind drei besonders hervorzuheben: Michael Faraday, dessen Experimentierkunst wir den durch die Elektrotechnik eingeleiteten Fortschritt verdanken, James Clerk Maxwell, der die elektromagnetische Wechselwirkung mit vier Gleichungen in mathematischer Vollkommenheit erfasste, und Heinrich Hertz, der 1886 im Experiment elektromagnetische Wellen erzeugte und nachwies. Er zeigte, dass sichtbares Licht dazugehört. Es beginnt bei langwelligem rotem Licht, bei dem die elektromagnetischen Wellen pro Zentimeter rund 14 000 Wellenberge verzeichnen, verläuft über oranges, gelbes, grünes, blaues Licht bis hin zum violetten Licht, bei dem die elektromagnetischen Wellen pro Zentimeter rund 25 000 Wellenberge besitzen. Aber das Spektrum elektromagnetischer Wellen geht weit über das sichtbare Licht hinaus: Elektromagnetische Wellen, die weniger als 12 000 Wellenberge pro Zentimeter besitzen, gehören zum Infrarotlicht, zu Mikrowellen und zu den Rundfunkwellen, elektromagnetische Wellen, die mehr als 27 000 Wellenberge pro Zentimeter besitzen, gehören zum Ultraviolettlicht, zur Röntgenstrahlung und zur Höhenstrahlung.

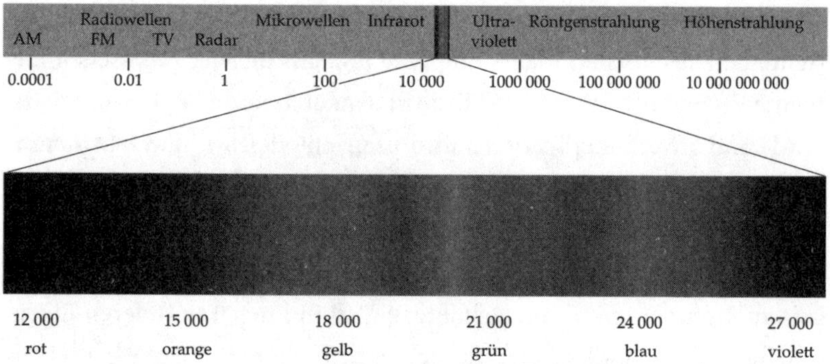

(4.18) Die Farben des sichtbaren Lichtes sind ein Ausschnitt des Spektrums der elektromagnetischen Wellen. Die eingetragenen Wellenzahlen teilen die Anzahlen der Wellenberge pro Zentimeter mit.

Es ist die von der elektromagnetischen Wechselwirkung hervorgerufene Änderung von Größe oder Richtung der Geschwindigkeit elektrischer Ladungen, die elektromagnetische Wellen hervorruft. Dies kann bei einem zeitlich veränderlichen elektrischen Strom geschehen, und dies wird in weitem Rahmen zur Übertragung von Signalen technisch genutzt. Dies ereignet sich aber auch bei der Veränderung von Atomhüllen: Atome vermögen zu strahlen. Auch das Licht der Sterne rührt von der Strahlung beschleunigter geladener Partikel her, aus denen die Atome bestehen. Durch das Licht der Sterne gelangt die irdische Physik in den translunaren Bereich des Universums. Sie wird zur Astrophysik.

Es war Newton, der als Erster das Sonnenlicht in die Farben des Regenbogens zerlegte: Eigentlich wollte er ein großes Linsenfernrohr herstellen, und ihm fiel auf, dass seine großen Linsen aus Glas die punktförmigen Sterne zu unscharfen farbigen Flecken verunstalten. Er ging diesen sogenannten Linsenfehlern nach und erkannte: Wenn er Sonnenlicht im geeigneten Winkel durch ein Prisma aus Glas sendet, fächert sich dieses in ein breites Spektrum der Farben Rot, Orange, Gelb, Grün, Blau, Indigo und Violett auf. Der Übergang zwischen diesen Farben erfolgt kontinuierlich: Alle Zwischentöne der sieben genannten Spektralfarben folgen stufenlos aufeinander.

Auch auf Erden erzeugtes Licht besitzt ein solches kontinuierliches Spektrum: Wenn ein kompakter, fülliger Stoff, zum Beispiel ein Metallklotz, stark erhitzt wird, beginnt er zu leuchten. Mit steigender Temperatur leuchtet er zunächst in Rot-, dann in Gelb- und schließlich sogar in Blautönen. Aber auch wenn man dieses Licht wieder im geeigneten Winkel durch ein Glasprisma schickt, spaltet sich dieses ebenfalls in die Regenbogenfarben auf. Allein die Intensität der einzelnen Farben ist verschieden: Wenn die rote Umgebung des Spektrums heller leuchtet als die blaue, ist der Körper nicht so stark erhitzt wie im umgekehrten Fall. Das Licht unserer Sonne strahlt zum Beispiel bevorzugt im gelben Bereich, und man schließt daraus, dass die Sonne an ihrer Oberfläche rund sechstausend Grad heiß ist. Der Stern Rigel im schönen Sternbild des Orion strahlt bevorzugt im blauen Bereich und ist an seiner Oberfläche doppelt so heiß wie die Sonne. Im gleichen Sternbild befindet sich Beteigeuze, ein eher rot leuchtender Stern, der an seiner Oberfläche rund die halbe Oberflächentemperatur der Sonne hat.

Doch das Licht der Sonne und der Sterne teilt uns mehr als nur deren Oberflächentemperatur mit.

Rund 150 Jahre nach Newtons Entdeckung sah der deutsche Optiker Joseph von Fraunhofer im Spektrum des Sonnenlichts etwas, das Newton noch nicht erblickte: Feine schwarze Linien tauchen auf und unterbrechen den stetigen Übergang zwischen den Farbtönen. Weder Fraunhofer noch seine Förderer – Fraunhofer stammte aus bescheidenen Verhältnissen – Joseph von Utzschneider und Georg von Reichenbach konnten sich diese nach Fraunhofer benannten Linien erklären. Beim irdischen Spektrum eines glühenden Metallklotzes findet man sie jedenfalls nicht. Sie deuten auf etwas in der Sonne und den Sternen Verborgenes hin. Was es ist, blieb für Jahrzehnte rätselhaft.

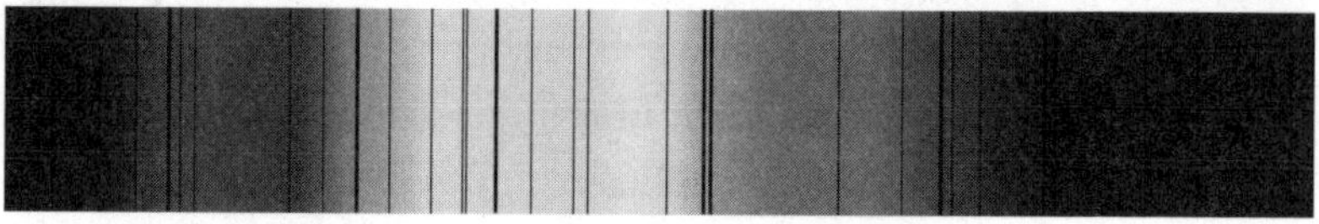

(4.19) Die Fraunhoferschen Linien im Spektrum des Sonnenlichts.

DAS SPEKTRUM VON WASSERSTOFF

Sir Charles Wheatstone, ein Erfinder des viktorianischen Zeitalters, bemerkte 1835, dass die verschiedenen Farbintensitäten leuchtender Metalle nicht nur von der Temperatur abhängen, mit der sie erhitzt werden, sondern auch von der Wahl des Metalls selbst. Natrium leuchtet in einem hervorstechenden Gelb, Barium in einem fahlen Grün, und bei anderen Metallen ist es ähnlich. Fast zehn Jahre später schlug der schwedische Physiker Anders Jonas Ångström vor, verdünnte Gase leuchten zu lassen und deren Spektren zu betrachten. Je verdünnter die Gase waren, umso deutlicher hoben sich ganz spezielle Farben ab. Systematisch untersuchten dies danach der Physiker Gustav Kirchhoff und der Chemiker Robert Bunsen in ihren Laboratorien in Heidelberg und entdeckten in diesem Zusammenhang neue, bisher unbekannte Elemente wie Caesium und Rubidium.

Ångström selbst vermaß vom ersten Element des chemischen Periodensystems, von Wasserstoff, mit großer Präzision, in welchen Farben dieses leichteste aller Gase leuchtet. Die Vermessung der Farben erfolgte dadurch, dass Ångström – die experimentellen Einrichtungen standen ihm dafür zur Verfügung – angab, wie viele Wellenberge die vom Wasserstoff ausgesendeten Lichtwellen pro Zentimeter ausweisen. Man nennt dies die Wellenzahl der Lichtwelle. Es zeigte sich, dass Wasserstoff in einem Rot mit 15 233 als Wellenzahl, in einem Türkis mit 20 564 als Wellenzahl, in einem Blau mit 23 032 als Wellenzahl, in einem Indigo mit 24 373 als Wellenzahl und in einem Violett mit 25 181 als Wellenzahl strahlt.

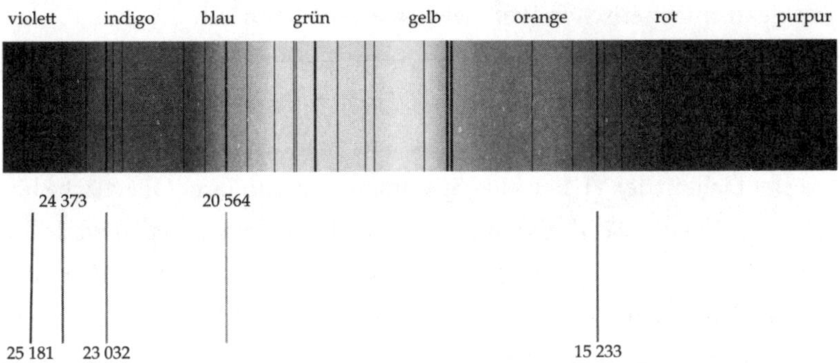

(4.20) Einige der Fraunhoferschen Linien entsprechen den von Wasserstoff erzeugten Spektrallinien.

Vergleicht man den Ort dieser Spektrallinien des Wasserstoffs mit den Fraunhoferschen Linien des Sonnenspektrums, stellt man fest: Genau an diesen Stellen befinden sich im Spektrum der Sonne schmale schwarze Linien. Hieraus folgert man, das Wasserstoff eines der Gase ist, die auf der Oberfläche der Sonne anzutreffen sind. Auch andere Gase müssen an der Oberfläche der Sonne vorhanden sein, denn von ihnen stammen die vielen anderen Fraunhoferschen Linien des Sonnenspektrums. Alle bis auf vorläufig eines wurden sehr rasch als bekannte chemische Elemente identifiziert. Das eine, noch unbekannte Gas, nannte man Helium, nach dem griechischen Sonnengott, denn man nahm an, es käme nur auf der Sonne, nicht aber auf der Erde vor. Erst 14 Jahre nach seiner Entdeckung auf der Sonne fand 1882 der Vulkanologe Luigi Palmieri, dass es auch irdisches Helium gibt: eingeschlossen in der Lava des Vesuv.

Auch von den anderen Fixsternen am Himmelszelt, die in Wahrheit Billionen von Kilometern entfernte sonnenähnliche Himmelskörper sind, lassen sich Spektralanalysen durchführen. Doch wie weit man auch mit den Teleskopen ins Weltall blickt, andere Elemente als die auf der Erde bekannten lieferte der Blick in das Spektrum der Sternenlichter nicht. Im ganzen Universum herrscht die gleiche Chemie – sieht man von der geheimnisumwitterten »dunklen Materie« ab, die anscheinend nichts mit elektromagnetischen Wechselwirkungen zu tun hat.

Es muss noch erklärt werden, warum die Fraunhoferschen Linien schwarz sind, während die Gase im irdischen Experiment genau an diesen Stellen des Spektrums hell strahlen: Aus dem Inneren der Sonne kommt Licht in der Vielfalt aller Spektralfarben. Auf ihrer Oberfläche befinden sich die Gase, die, vom inneren Sonnenlicht angeregt, gerade die für sie charakteristischen Lichtwellen in sich aufsaugen und daher vom Sonnenlicht, das auf unsere Erde gelangt, wegnehmen. Darum entstehen an eben diesen Stellen schwarze Linien. Zwar senden die Atome nach dem Aufsaugprozess erneut Licht mit der gleichen Wellenzahl aus – aber diesmal praktisch nie wieder Richtung Erde, sondern in alle anderen möglichen Richtungen. Die Fraunhoferschen Linien bleiben daher schwarz.

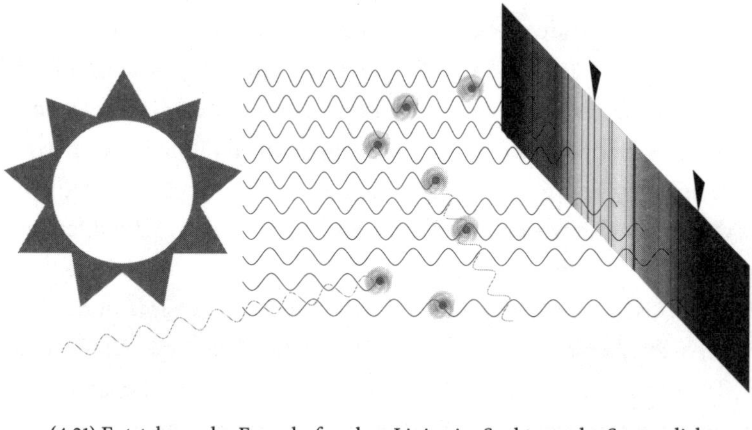

(4.21) Entstehung der Fraunhoferschen Linien im Spektrum des Sonnenlichts.

Während diese Erklärung sehr einsichtig ist, war man völlig außerstande, die Werte der Wellenzahlen zu verstehen. Warum leuchtet hoch verdünntes Wasserstoffgas just in den Farben der Wellenzahlen 15 233, 20 564, 23 032, 24 373 und 25 181? Allen Physikern war klar, dass es mit der Bauweise des Wasserstoffatoms zu tun haben muss, das aus einem positiv geladenen Kern und einer negativ geladenen Hülle besteht. Aber alle mechanischen Modelle, welche die Hülle wie eine schwingungsfähige Membran nachzubilden versuchten, versagten. Und dabei ist das Wasserstoffatom das einfachste aller Atome. Niemand wusste bis 1885, wie man das Rätsel lösen soll, das die Zahlen 15 233, 20 564, 23 032, 24 373 und 25 181 hervorbringt.

DIE FARBEN DER QUADRATZAHLEN

Ein sechzigjähriger Schweizer Mathematiklehrer einer Basler Mädchenschule, Johann Jakob Balmer, löste das Rätsel. Die Methode, mit der er ans Ziel kam, ist, im Nachhinein betrachtet, über alle Maßen klug: Er verzichtete auf jegliche physikalische Modellbildung – notgedrungen, da er ja kein Experte der Physik war –, er dividierte bloß die vier nachfolgenden Wellenzahlen 20 564, 23 032, 24 373 und 25 181 durch die erstgenannte 15 233 des roten Lichts:

20 564 : 15 233 = 1.34996...   23 032 : 15 233 = 1.51198...
24 373 : 15 233 = 1.60000...   25 181 : 15 233 = 1.65305...

Die dritte Division lieferte das höchst auffällige Ergebnis 1.60000.... Balmer, dem die Zahlenmystik nicht fremd war, glaubte, dass die Dezimalzahl 1.6, die sich aus der Division 16 : 10, gekürzt aus 8 : 5 ergibt, den »echten« Wert darstellt, der sich bei einer völlig präzisen Messung ergeben würde. Bei den beiden ersten Divisionen glaubte er nun auch, diesen

»echten« Wert erraten zu können, weil naheliegende Rundungen der Ergebnisse dazu führen. Bei der ersten Division ist dies die Dezimalzahl 1.35, die sich aus der Division 135 : 100, gekürzt aus 27 : 20 ergibt. Und bei der zweiten Division ist dies die Dezimalzahl 1.512, die sich aus der Division 1512 : 1000, gekürzt aus 189 : 125 ergibt.

Balmer sah sich die Nenner 20, 125 und 5 dieser gekürzten Divisionen an und war wie elektrisiert: Es ist $20 = 5 \times 4$, und 4 ist eine Quadratzahl. Es ist $125 = 5 \times 25$, und 25 ist eine Quadratzahl. Es ist $5 = 5 \times 1$ und man kann – ein wenig abseits der antiken Griechen gedacht – auch $1 = 1 \times 1$ zu den Quadratzahlen zählen. Ein wenig schöner wäre es, so dachte sich Balmer, wenn der erste Nenner $80 = 5 \times 16$, der zweite Nenner wie gehabt $125 = 5 \times 25$ und der dritte Nenner $180 = 5 \times 36$ lauten würde. Dies lässt sich leicht verwirklichen, weil 27 : 20 das Gleiche wie 108 : 80 und weil 8 : 5 das Gleiche wie 288 : 180 ergibt. Und bei den Nennern 5×16, 5×25 und 5×36 sah Balmer die Quadratzahlen $16 = 4 \times 4$, $25 = 5 \times 5$ und $36 = 6 \times 6$ in aufsteigender Reihenfolge.

Die nächste Quadratzahl ist $49 = 7 \times 7$. Balmer vermutete, dass sie bei der letzten Division dann im Nenner aufscheinen werde, wenn man vom gemessenen zum »echten« Wert übergeht. Um dies überprüfen zu können, multiplizierte er die vierte Wellenzahl 25 181 mit 49, was den Wert 1 233 869 ergibt, und dividierte diesen durch die Wellenzahl 15 233 des roten Lichts:

$$1\,233\,869 : 15\,233 = 80.99973\ldots$$

Dass dies praktisch exakt mit 81 übereinstimmt, kann – davon war Balmer überzeugt – kein Zufall sein. Und so kam er zu dem Schluss, dass er auch den »echten« Wert der vierten Division erraten hat: Er lautet 81 : 49 oder, mit 5 erweitert, 405 : 245. Somit hat er die vier »echten« Verhältnisse der vier nachfolgenden Wellenzahlen zu der des roten Lichts, nämlich

108 : 80 189 : 125 288 : 180 405 : 245

mit den Nennern

$$80 = 5 \times 16 = 5 \times 4 \times 4 \quad 125 = 5 \times 25 = 5 \times 5 \times 5 \quad 180 = 5 \times 36 = 5 \times 6 \times 6$$
$$245 = 5 \times 49 = 5 \times 7 \times 7$$

erraten. Jetzt stand Balmer nur noch vor der Aufgabe, die Wellenzahl 15 233 des roten Lichts, auf das er alle anderen Wellenzahlen bezogen hatte, selbst auf eine tragfähige Basis zu stellen.

Auch diese Aufgabe löste er mit einer unerhörten Findigkeit: Ihn störte bei seinen Nennern der Faktor 5, der ja keine Quadratzahl ist. Und er wunderte sich, dass man bei der dritten Division die Quadratzahl 36 erst künstlich durch Erweiterung einführen musste. Wie wäre es, so fragte er sich, wenn man die Divisionen nicht durch die Wellenzahl 15 233 des roten Lichts, sondern durch jene Zahl vollzieht, die sich aus der Multiplikation von 15 233 mit 36 und nachträglicher Division durch 5 ergibt? Die so erhaltene Dezimalzahl 109 677.6 nannte Balmer die »Fundamentalzahl des Wasserstoffs«. Heute wird sie nach Johannes Rydberg, einem schwedischen Physiker, benannt.

Was die Division der Wellenzahl des roten Lichts durch die Fundamentalzahl des Wasserstoffs ergibt, ist klar: Es ist jenes Verhältnis 5 : 36, mit der Balmer zur Fundamentalzahl des Wasserstoffs gelangte. Die Division der Wellenzahl des türkisen Lichts durch die Fundamentalzahl des Wasserstoffs läuft auf die Rechnung hinaus, dass man 108 : 80 mit 5 zu multiplizieren und durch 36 zu dividieren hat. Hier ist es schön, dass 108 : 36 = 3 und 80 : 5 = 16 sind. Somit kam Balmer auf das Verhältnis 3 : 16. Er erweiterte es zu 12 : 64, weil der Nenner 64 die nächste gerade Quadratzahl nach 36 ist. In ähnlicher Weise ging Balmer bei den restlichen drei Verhältnissen vor:

Die Division der Wellenzahl des blauen Lichts durch die Fundamentalzahl des Wasserstoffs läuft auf die Rechnung hinaus, dass man 189 : 125 mit 5 zu multiplizieren und durch 36 zu dividieren hat. Hier wissen wir wenigstens, dass 189 : 9 = 21 und 125 : 5 = 25 sind. Es bleibt also nur noch

21 : 25 durch 4 zu dividieren. Somit kam Balmer auf das Verhältnis 21 : 100. Dies ist in seinen Augen ein treffliches Ergebnis, denn 100 ist, auf 64 folgend, die nächste gerade Quadratzahl.

Die Division der Wellenzahl des Lichts in Indigo durch die Fundamentalzahl des Wasserstoffs läuft auf die Rechnung hinaus, dass man 288 : 180 mit 5 zu multiplizieren und durch 36 zu dividieren hat. Hier wissen wir wenigstens, dass 288 : 4 = 72 und 180 : 5 = 36 sind. Es bleibt also nur noch 72 : 36, also 2 durch 9 zu dividieren. Somit kam Balmer auf das Verhältnis 2 : 9, das er mit 16 erweitert und zu 32 : 144 umformt. Hier ist der Nenner 144 die auf 100 folgende nächste gerade Quadratzahl.

Schließlich läuft die Division der Wellenzahl des violetten Lichts durch die Fundamentalzahl des Wasserstoffs darauf hinaus, dass man 405 : 245 mit 5 zu multiplizieren und durch 36 zu dividieren hat. Hier wissen wir wenigstens, dass 405 : 9 = 45 und 245 : 5 = 49 sind. Es bleibt also nur noch 45 : 49 durch 4 zu dividieren. Somit kam Balmer auf das Verhältnis 45 : 196. Auch dies ist in seinen Augen ein treffliches Ergebnis, denn 196 ist, auf 144 folgend, die nächste gerade Quadratzahl.

Und als Balmer seine Ergebnisse

$$5 : 36 = 5 : (9 \times 4) \quad 12 : 64 = 12 : (16 \times 4) \quad 21 : 100 = 21 : (25 \times 4)$$
$$32 : 144 = 32 : (36 \times 4) \quad 45 : 196 = 45 : (49 \times 4)$$

betrachtete, war er vollends überzeugt, das Geheimnis der Wellenzahlen des strahlenden Wasserstoffs in seiner ganzen Tiefe gelüftet zu haben: Die Nenner dieser Verhältnisse sind die Produkte der Quadratzahl 4 mit den nach ihr folgenden Quadratzahlen 9, 16, 25, 36 und 49. Und die Zähler dieser Verhältnisse sind die Differenzen der Quadratzahl 4 von den Quadratzahlen 9, 16, 25, 36 und 49. Die Wellenzahlen des strahlenden Wasserstoffs erhält man, wenn man die Verhältnisse

$$(9 - 4) : (9 \times 4) \quad (16 - 4) : (16 \times 4) \quad (25 - 4) : (25 \times 4)$$
$$(36 - 4) : (36 \times 4) \quad (49 - 4) : (49 \times 4)$$

mit der Fundamentalzahl 109 677.6 des Wasserstoffs multipliziert. So lautet Balmers Gesetz. Es sind die Quadratzahlen 4, 9, 16, 25, 36, 49, die für die Farben strahlender Gase sorgen.

QUADRATZAHLEN UND DIE NATUR

Die Formvollendung dieses Gesetzes einerseits und Balmers geniale Herleitung andererseits veranlassen, über den Zusammenhang von Mathematik mit der uns umgebenden Welt nachzudenken.

Wir begannen mit der Betrachtung des rechtwinkligen Dreiecks und seiner offenkundigen Bedeutung bei der Vermessung von Raum und Zeit. Der Lehrsatz des Pythagoras verdeutlicht, wie Quadratzahlen diesen Dreiecken ihre Form verleihen. Doch zugleich hinterlassen die Quadratzahlen bei rechtwinkligen Dreiecken Lücken, die man arithmetisch nicht füllen kann. Die Griechen jedenfalls vermuteten nicht in der Arithmetik, sondern in der Geometrie den Bauplan der Natur. Sie vermuteten dies sogar so sehr, dass sie die vollendete translunare Welt als pures geometrisches Gebilde betrachteten.

Von Galilei und Kepler lernten wir: Mit Geometrie kann man sich zwar Weltmodelle schaffen, aber die Übereinstimmung des geometrischen Modells mit der gemessenen Wirklichkeit bleibt unheilbar gebrochen. Erneut erobern Zahlen ihren Platz im Versuch, die Welt zu verstehen. Doch zunächst nur als Maßzahlen, mit Unschärfen behaftet, weit entfernt vom Ideal geometrischer Exaktheit. Trotzdem sticht dabei die Rolle der Quadratzahlen in vielfältiger Weise hervor.

Zum einen kommen sie in Form von Abstandsquadraten bei fundamentalen Kraftgesetzen vor. Nebenbei erwähnt, auch bei jener Energieform, in die sich alle von Wechselwirkungen herrührenden Energien verwandeln lassen: die kinetische Energie, welche die französische Mathematikerin Émilie du Châtelet entdeckte und die mit der Größe der trägen

Masse eines sie beinhaltenden Körpers und mit dem Quadrat seiner Geschwindigkeit zunimmt. In der Fahrschule lernt man diese Energie kennen, wenn man den Bremsweg schätzen soll: in Metern beträgt er das mit sich selbst multiplizierte Zehntel der in Kilometer pro Stunde gemessenen Geschwindigkeit. In Beispielen: Bei einer Geschwindigkeit von 50 Kilometer pro Stunde rechnet man mit $5 \times 5 = 25$ Meter Bremsweg, bei 100 Kilometer pro Stunde bereits mit $10 \times 10 = 100$ Meter Bremsweg und bei 140 Kilometer pro Stunde gar mit $14 \times 14 = 196$ Meter Bremsweg – er ist praktisch doppelt so groß, wie wenn man gemächlich mit 100 Kilometer pro Stunde unterwegs ist.

Zum anderen spielen Quadratzahlen bei der Methode der kleinsten Quadrate von Gauß eine entscheidende Rolle. Denn Gauß wusste um die Unvollkommenheiten von Messungen bestens Bescheid und er fand mit Quadraten den Königsweg, allen Unschärfen zum Trotz zu optimalen Resultaten zu gelangen.

Beim Gesetz Balmers jedoch kommt etwas völlig Neues und rundweg Unerwartetes hinzu. Es erfasst die von Ångström gemessenen Wellenzahlen mit einer rein mathematischen Formel, die – mit Ausnahme der Fundamentalzahl 109 677.6 des Wasserstoffs – überhaupt nichts mit Beobachtungen oder anderen Sinneswahrnehmungen zu tun hat. Denn in ihr kommen allein Erfindungen menschlicher Intelligenz vor: die von der Außenwelt völlig unabhängigen Quadratzahlen. Und der »krumme« Wert 109 677.6 der Fundamentalzahl des Wasserstoffs sieht nur deshalb so aus, weil er sich auf die Längeneinheit Zentimeter bezieht. Seine Festlegung Ende des 18. Jahrhunderts von der französischen Nationalversammlung hatte nichts mit dem Wasserstoffatom zu tun. So gesehen bildet die Fundamentalzahl des Wasserstoffs bloß die Brücke von der abstrakten Mathematik der balmerschen Formel zu unserer von Gramm, Sekunde und Zentimeter geprägten sinnlichen und vordergründigen Alltagswelt.

Die Gegensätzlichkeit ist bemerkenswert: Einerseits teilen uns die von Ångström gemessenen Wellenzahlen mit, wie mithilfe von Messgeräten die Strahlung des Wasserstoffatoms *wahrgenommen* wird. Andererseits teilen uns die von Balmer mit seiner Quadratzahlenformel berechneten Wellenzahlen mit, wie das Wasserstoffatom *tatsächlich* strahlt.

Dabei, dies muss betont werden, hatte Balmer ein ideales Wasserstoffatom vor Augen, ein Objekt, das gleichsam als Einziges in Raum und Zeit existiert. Bei den realen Wasserstoffatomen, die in Glasröhren hoch verdünnt zur Strahlung angeregt werden, stört die Umgebung. Die realen Wellenzahlen der Strahlung schwanken folglich leicht um die von Balmers Formel postulierten idealen Wellenzahlen. Darum vermaß Ångström Wellenzahlen, die nicht völlig präzise mit den idealen übereinstimmen. Darum musste Balmer anfangs die Werte sehr geschickt runden. Doch das ist zugleich ein glücklicher Umstand. Würde nämlich auch der reale Wasserstoff völlig exakt mit den von Balmers Formel postulierten idealen Wellenzahlen strahlen, wären die dabei entstehenden Spektrallinien ihrer Präzision wegen unendlich dünn. Man sähe sie gar nicht …

Hatten einst Galilei und Kepler die Geometrie aus der translunaren Welt vertrieben, bettet nun Balmer die Arithmetik in das Wasserstoffatom ein. Für sich allein betrachtet, ist es ein genuin mathematisches Objekt. Dabei steht das Wasserstoffatom als Paradigma für die Natur im Ganzen. Und wenn die Natur tatsächlich auf Mathematik fußt, verstehen wir die Verblüffung des Physiknobelpreisträgers Eugene Wigner, die er in seinem 1960 erschienenen Artikel »The Unreasonable Effectiveness of Mathematics in the Natural Sciences«, deutsch: »Die unverständliche Wirksamkeit der Mathematik in den Naturwissenschaften«, zum Ausdruck brachte.

Jedenfalls öffneten die Spektralfarben des Wasserstoffs dem eminenten dänischen Physiker Niels Bohr das Tor zur Quantentheorie und damit zur modernen Physik. Begeistert äußerte er sich später, wie ihm der Blick in die Mathematik des Wasserstoffatoms gelang: »In dem Moment, als ich Balmers Formel sah, war die ganze Sache für mich klar.«

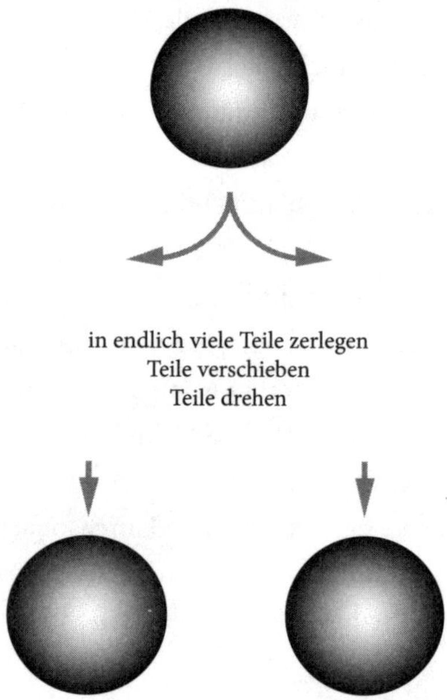

Das Paradoxon von Banach und Tarski.

DIE TIEFE KLUFT ZWISCHEN WAHRHEIT UND KORREKTHEIT

XXXX

Dieses Kapitel verführt dazu, seinen Augen nicht zu trauen: Denn es berichtet über etwas wahrhaft Unglaubliches, das kein Mensch je erblickte und das dennoch mathematisch korrekt ist. Es ist ein Paradoxon, das nach den Gelehrten Stefan Banach und Alfred Tarski benannt ist.

Es sei gleich festgehalten, welche unfassliche Tatsache wir in diesem Kapitel erfahren werden: Wir betrachten eine Kugel. Diese zerlegen wir in ein paar Teile, endlich viele Teile. Die Teile werden gedreht und verschoben, aber weder gedehnt noch gestaucht. Danach setzen wir sie wieder so zusammen, dass zwei Kugeln entstehen. Und diese beiden Kugeln sind gleich groß wie diejenige, von der wir ausgingen.

Dass dies richtig ist, genauer: dass es einen korrekten Beweis dafür gibt, der eine solche rätselhafte Verdopplung einer Kugel ermöglicht, soll im Folgenden begründet werden. Wobei der springende Punkt des Beweises für das Banach-Tarski-Paradoxon darin liegen wird, dass wir für die Zerlegung der Kugel in die endlich vielen Teile keine praktisch nachvollziehbare Handlungsanweisung geben werden. Wir werden bloß verstehen, dass es die Zerlegung in die endlich vielen Teile geben muss. Wir werden jedoch keine Handhabe geliefert bekommen, diese Zerlegung durchzuführen.

Auch diese Bemerkung klingt geheimnisvoll. Erst im Zuge der folgenden Überlegungen werden wir in Erfahrung bringen, was mit ihr gemeint ist.

Die Begründung des Banach-Tarski-Paradoxons gliedert sich in zehn einzelne Schritte. Man braucht ein gehöriges Maß an Ehrgeiz und Ausdauer, will man diese Schritte penibel nachvollziehen. Doch es lohnt sich. Jeder einzelne der Schritte teilt bedenkenswerte Einsichten mit. Zusammengefasst lassen sie die Beweisführung verstehen. Ungeduldigen, die querlesen, wird hoffentlich bei der Lektüre zumindest eine Ahnung dessen vermittelt, was sich hinter dem Paradoxon verbirgt: Es ist eine Art philosophische Kluft. Am Ende des Kapitels kommen wir, abseits aller mathematischen Details, auf diese Kluft zu sprechen: Es handelt sich um den Abgrund, der zwischen den beiden Begriffen »korrekt« und »wahr« klafft. Und hierauf seien auch jene hingewiesen, die sich – jedenfalls in der ersten Lektüre – den einzelnen Beweisschritten nicht widmen wollen.

Nun aber zu den einzelnen Schritten, die uns zum Banach-Tarski-Paradoxon führen:

1. SCHRITT: GALILEIS BEITRAG

Abstrakt gesprochen lautet das Paradoxon: Aus einem werden zwei. Und jedes dieser zwei, die aus dem einen entstehen, ist genauso groß wie das eine zuvor.

In dieser allgemeinen, gegenstandslosen Sprache ist das Paradoxon nicht so überraschend. Schon Galileo Galilei nahm diese eigenartige Möglichkeit der wundersamen Vermehrung mit Erstaunen zur Kenntnis. Er sah sie an den Zahlen selbst verwirklicht:

Galilei dachte sich die sogenannten natürlichen Zahlen, mit Null beginnend und jede nachfolgende Zahl um eins größer als die vorhergehende, auf einer waagrechten Zeile am linken Seitenrand beginnend notiert:

0 1 2 3 4 5 6 7 8 9 10 11 12 13 14 15 16 17 …

Es war Galilei klar, dass der rechte Papierrand ihm das Notieren aller natürlichen Zahlen verwehrt. Wie eng er auch schriebe, wie breit das Papier auch sein möge, nie werde er die Gesamtheit der natürlichen Zahlen darauf unterbringen. Aber in seinem Denken, dessen war sich Galilei sicher, könne er sich ein unendlich breites Papier vorstellen, auf dessen unendlich langer waagrechter Zeile alle natürlichen Zahlen notiert seien. Die drei Punkte … nach der Zahl 17 in der obigen Aufzählung spiegeln diese Vorstellung Galileis wider.

Was in diesem Buche und was auch im üblichen Sprachgebrauch unter »Zahlen« verstanden wird, ist die Folge der zuvor genannten Objekte ohne Null. Es sind die beim Zählen ausgesprochenen Zahlen, mit Eins beginnend und jede nachfolgende Zahl um eins größer als die vorhergehende. Auf einer darunter liegenden waagrechten Zeile notierte Galilei auch diese, am linken Seitenrand beginnend und die gleichen Abstände wahrend:

1 2 3 4 5 6 7 8 9 10 11 12 13 14 15 16 17 18 …

Und Galilei stellte fest: In der unteren Zeile sind genauso viele Zahlen wie in der oberen Zeile. Denn unter jedem Platz, den eine natürliche Zahl der oberen Zeile einnimmt, steht eine Zahl der unteren Zeile (die um eins vermehrte natürliche Zahl der oberen Zeile). Folglich nehmen die Zahlen der unteren Zeile genauso viele Plätze ein, wie Plätze für die natürlichen Zahlen der oberen Zeile bereitzustehen haben – nämlich in beiden Fällen unendlich viele.

Trotzdem gibt es in der unteren Zeile die Null nicht, die in der oberen Zeile genannt wird. In der Gesamtheit der Zahlen der unteren Zeile fehlt die Null, also sollte die Gesamtheit der mit Eins beginnenden Zahlen kleiner sein als die Gesamtheit der natürlichen Zahlen in der oberen Zeile. Diese Einsicht war für Galilei paradox. Es ist doch höchst eigenartig, wenn »unendlich«, das mit dem Symbol ∞ bezeichnet wird, um eins vermindert, trotzdem »unendlich« bleibt. In einer Formel notiert: $\infty - 1 = \infty$.

Aber Galilei hatte ein noch merkwürdigeres Paradoxon entdeckt. Wieder betrachtete er die Folge der Zahlen und notierte sie auf einer unendlich lang gedachten waagrechten Zeile:

1 2 3 4 5 6 7 8 9 10 11 12 13 …

Unter diesen Zahlen gibt es welche, die bei einer Halbierung, also bei einer Teilung durch zwei, den Rest eins lassen. Mit Eins beginnend ist es jede zweite der oben genannten Zahlen. Es sind die sogenannten ungeraden Zahlen. Galilei schrieb sie auf der darunter liegenden waagrechten Zeile an:

1 3 5 7 9 11 13 15 17 19 21 23 25 …

Galilei erkannte: Eins ist die erste ungerade Zahl, Drei ist die zweite, Fünf ist die dritte, Sieben ist die vierte ungerade Zahl. So geht dies immer weiter. Jeder ungeraden Zahl kann folglich nach dem Schema, von der unteren ungeraden Zahl zur oberen Zahl geblickt,

1 ⇔ 1, 3 ⇔ 2, 5 ⇔ 3, 7 ⇔ 4, 9 ⇔ 5, 11 ⇔ 6, 13 ⇔ 7, 15 ⇔ 8, 17 ⇔ 9, …

eine Zahl umkehrbar eindeutig zugeordnet werden.

Jene Zahlen der oberen Zeile, die nicht zu den in der unteren Zeile aufgezählten ungeraden Zahlen gehören, sind die durch 2 teilbaren Zahlen, die man die geraden Zahlen nennt. Auch sie zählte Galilei in einer dritten waagrechten Zeile auf:

2 4 6 8 10 12 14 16 18 20 22 24 26 …

Galilei erkannte ähnlich wie zuvor: Zwei ist die erste gerade Zahl, Vier ist die zweite, Sechs ist die dritte, Acht ist die vierte gerade Zahl. So geht dies immer weiter. Jeder geraden Zahl kann folglich nach dem Schema, von der unteren geraden Zahl zur entsprechenden Zahl der ersten Zeile geblickt,

$$2 \Leftrightarrow 1, 4 \Leftrightarrow 2, 6 \Leftrightarrow 3, 8 \Leftrightarrow 4, 10 \Leftrightarrow 5, 12 \Leftrightarrow 6, 14 \Leftrightarrow 7, 16 \Leftrightarrow 8, 18 \Leftrightarrow 9, \ldots$$

eine Zahl umkehrbar eindeutig zugeordnet werden.

Galilei betrachtete diese drei Zeilen. Auf der ersten Zeile sind alle Zahlen notiert. Auf der zweiten Zeile sind die ungeraden Zahlen notiert, die genauso viele Plätze einnehmen, wie Plätze für die Zahlen der ersten Zeile bereitstehen. Auf der dritten Zeile sind die geraden Zahlen notiert, die ebenso genauso viele Plätze einnehmen, wie Plätze für die Zahlen der ersten Zeile bereitstehen. Es sind, mit anderen Worten, auf den beiden unteren Zeilen jeweils genauso viele Zahlen notiert wie auf der ersten Zeile. Dennoch entsteht die Folge der Zahlen in der ersten Zeile, indem man die beiden Folgen der ungeraden und der geraden Zahlen zusammennimmt (indem man, stets abwechselnd, die Zahlen dieser beiden Zeilen auflistet).

Die Zahlen bestehen aus den ungeraden Zahlen und aus den geraden Zahlen. Es gibt unendlich viele Zahlen, ebenso unendlich viele ungerade Zahlen und unendlich viele gerade Zahlen. Das »einmal unendlich«, das Galilei in der ersten Zeile sah, stimmt mit dem »zweimal unendlich«, das Galilei in den beiden nachfolgenden Zeilen erkannte, überein. Symbolisch notiert: $\infty = \infty + \infty$.

Ein wenig sind wir mit Galileis Hilfe dem zu Beginn genannten Paradoxon nahegekommen. Jedenfalls dürfte es mit dem Begriff des Unendlichen in Zusammenhang stehen. Aber das Paradoxon dieses Kapitels handelt von Kugeln und von Zerlegungen in endlich viele Teile – es gilt noch einiges zu klären, bis wir das Ziel erreichen.

2. SCHRITT: CANTORS BEITRAG

Im nächsten Schritt gehen wir nicht in das frühe 17. Jahrhundert des Galileo Galilei zurück, sondern in das späte 19. Jahrhundert des deutschen Gelehrten Georg Cantor. Er war der Erfinder jener berühmten Mengenlehre, die in den 70er-Jahren des 20. Jahrhunderts im Mathematikunterricht der Schulen unseligsten Schaden anrichtete, weil sie, völlig widersinnig und ganz gegen Cantors Intentionen vermittelt, statt Verständnis nur Verwirrung im Schulfach Mathematik hervorrief. Dies gipfelte in einem »Spiegel«-Titelbild vom 25. März 1975 mit der Überschrift »Macht Mengenlehre krank?«. Richtig verstanden, ist sie natürlich weit davon entfernt. Aber zur Verwunderung gibt sie tatsächlich Anlass, auch zur Erweiterung des geistigen Horizonts. Und darum soll hier über Cantors Beitrag zum Verständnis des Banach-Tarski-Paradoxons erzählt werden:

Standen bei Galilei allein die Zahlen im Zentrum des Interesses, bringt Cantor die Geometrie ins Spiel. Dies ist natürlich wichtig, denn das Banach-Tarski-Paradoxon handelt von Kugeln, geometrischen Objekten. Doch wollen wir zunächst die Betrachtung um eine Dimension verkürzen und statt einer Kugel im Anschauungsraum einen Kreis in der Zeichenebene betrachten. Und selbst beim Kreis soll unsere Aufmerksamkeit nicht auf die zweidimensionale Kreisscheibe, sondern auf die eindimensionale Kreislinie gerichtet sein, welche die Kreisscheibe begrenzt. Wenn daher im Folgenden vom »Kreis« gesprochen wird, so ist damit immer die eindimensionale Kreislinie gemeint. Sie besteht aus allen Punkten der Zeichenebene, die von einem festen Punkt dieser Ebene, dem Kreismittelpunkt, gleich weit entfernt sind. Natürlich gehört der Kreismittelpunkt der Kreisscheibe an, nicht jedoch dem Kreis, der die Kreisscheibe berandet.

Wie verortet man einen Punkt des Kreises? Zunächst könnte er auf dem oberen Halbkreisbogen liegen. In diesem Fall schreiben wir 0… für diesen Punkt, wobei wir in Kürze erklären werden, wofür die auf die Null folgenden drei Punkte stehen. Oder aber der Punkt könnte auf dem unteren Halbkreisbogen liegen. In diesem Fall schreiben wir 1... für diesen Punkt, wobei wir in Kürze erklären werden, wofür die an die Eins folgenden drei Punkte stehen.

Wir verorten nämlich den Punkt genauer: Er könnte auf dem rechten oberen Viertelkreisbogen liegen. In diesem Fall schreiben wir 00... für diesen Punkt. Oder er könnte auf dem linken oberen Viertelkreisbogen liegen. In diesem Fall schreiben wir 01... für diesen Punkt. Oder aber der Punkt könnte auf dem linken unteren Viertelkreisbogen liegen. In diesem Fall schreiben wir 10... für diesen Punkt. Oder er könnte auf dem rechten unteren Viertelkreisbogen liegen. In diesem Fall schreiben wir 11... für diesen Punkt.

Im Folgenden zerlegen wir den Kreis in Achtelkreisbögen und gehen, mit dem nach Osten weisenden Punkt beginnend und gegen den Uhrzeigersinn wandernd, diese Achtelkreisbögen entlang. Der Reihe nach gelangen wir zu Punkten des ersten Achtelkreisbogens, für die wir 000... schreiben, des zweiten Achtelkreisbogens, für die wir 001... schreiben, des dritten Achtelkreisbogens, für die wir 010... schreiben, des vierten Achtelkreisbogens, für die wir 011... schreiben. Der obere Halbkreis ist damit bereits durchlaufen, und beim unteren Halbkreis verfahren wir, weiter gegen den Uhrzeigersinn wandernd, mit den Punkten 100..., 101..., 110... und 111... genauso.

In der Abbildung 5.1 sind die ersten vier Schritte der Festlegung von Punkten auf der Kreislinie zu sehen. Die Bedeutung der drei Punkte ... nach der aus den Ziffern 0 oder 1 bestehenden endlichen Ziffernfolge erschließt sich daraus:

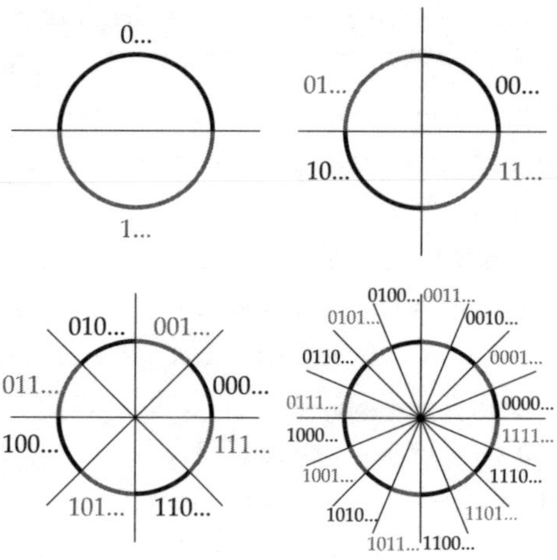

(5.1) Mit Folgen von Nullen und Einsen fixiert man Punkte auf dem Kreis.

Die drei Punkte … stehen für eine unendliche Anordnung von Nullen und Einsen, die uns mit wachsender Genauigkeit mitteilen, wo wir den Punkt zu suchen haben: Die erste Ziffer sagt uns, ob der Punkt auf dem oberen oder auf dem unteren Halbkreis ist. Die zweite Ziffer teilt uns mit, auf welchem Viertelkreis des jeweiligen Halbkreises sich der Punkt befindet. Die dritte Ziffer teilt uns mit, auf welchem Achtelkreis des jeweiligen Viertelkreises sich der Punkt befindet. Und dies geht in einem so fort: mit 16tel-Kreisen, 32stel-Kreisen, 64stel-Kreisen, immer genauer und genauer.

Jener Punkt 000…, bei dem nur Nullen aufeinanderfolgen, ist zum Beispiel der genau nach Osten weisende Punkt des Kreises. Jener Punkt 1000…, bei dem nach der ersten Ziffer 1 nur Nullen aufeinanderfolgen, ist der genau nach Westen weisende Punkt des Kreises. Genau nach Norden bzw. genau nach Süden weisen die Punkte 01000… bzw. 11000…, bei denen nach der zweiten Ziffer 1 nur Nullen aufeinanderfolgen. Und jeder Punkt des Kreises stimmt mit irgendeiner Abfolge der Ziffern 0 und 1 überein.

Kann man, so fragte sich Cantor, die Punkte des Kreises der Reihe nach so aufzählen wie die Zahlen?

Er schrieb, ähnlich wie Jahrhunderte zuvor sein Kollege Galilei, auf einer Zeile die Folge der Zahlen und auf einer darunterliegenden Zeile unter jeder Zahl irgendeinen, völlig willkürlich gewählten Punkt des Kreises, zum Beispiel so:

1	2	3	4	5	6	...
011010...	111011...	101010...	000000...	101101...	100111...	...

Sodann überlegte sich Cantor Folgendes: Der erstgenannte Punkt 011010... des Kreises besitzt 0 als erste Ziffer. Ein Punkt 1... mit 1 als erster Ziffer ist von ihm sicher verschieden. Der zweitgenannte Punkt 111011... des Kreises besitzt 1 als zweite Ziffer. Ein Punkt 10... mit 1 als erster Ziffer und mit 0 als zweiter Ziffer ist sowohl vom erstgenannten Punkt wie auch von ihm sicher verschieden. Der drittgenannte Punkt 101010... des Kreises besitzt 1 als dritte Ziffer. Ein Punkt 100... mit 1 als erster Ziffer, mit 0 als zweiter und mit 0 als dritter Ziffer ist sowohl vom erstgenannten Punkt, vom zweitgenannten Punkt wie auch von ihm sicher verschieden. Es ist nun klar, wie Cantor den Punkt 100... weiter konstruierte: Seine vierte Ziffer ist von der vierten Ziffer des viertgenannten Punktes 000000..., also von 0 verschieden. Darum lautet Cantors Punkt 1001.... Ebenso ist seine fünfte Ziffer von der fünften Ziffer des fünftgenannten Punktes 101101..., also von 0 verschieden. Darum lautet Cantors Punkt 10011.... Fast würde er mit dem sechstgenannten Punkt übereinstimmen. Aber Cantor verlangt konsequent, dass die sechste Ziffer seines Punktes von der sechsten Ziffer des sechstgenannten Punktes 100111..., also von 1 verschieden sei. Darum lautet Cantors Punkt 100110....

Das Verfahren, wie Cantor seinen Punkt konstruierte, garantiert: Der von Cantor gefundene Punkt stimmt mit keinem einzigen Punkt in der oberen Aufzählung von Punkten des Kreises überein. Und es ist klar, dass Cantors Konstruktion immer gelingt, ganz egal, wie man Punkte des Kreises auswählt und sie auf den ersten, zweiten, dritten, ... Platz verteilt.

Nie wird es gelingen, alle Punkte des Kreises der Reihe nach so aufzuzählen wie die Zahlen.

Es gibt, so meinte Cantor, auf dem Kreis einfach mehr Punkte als Zahlen. Auch dies klingt paradox: Denn es gibt unendlich viele Zahlen. Aber, so Cantor, die Unendlichkeit der Punkte auf dem Kreis ist größer als die Unendlichkeit der Zahlen. Cantor fand, plastisch formuliert, »Stufen des Unendlichen«. Die erste Stufe des Unendlichen ist die sogenannte »abzählbare Unendlichkeit« der Zahlen, eine höhere Stufe des Unendlichen aber ist die »überabzählbare Unendlichkeit« der Punkte auf dem Kreis.

Vielleicht hilft folgendes Bild, Cantors Einsicht zu verstehen: Zählt man Punkte des Kreises in einer Folge so auf wie oben, erhält man zwar unendlich viele Punkte, aber sie sind auf der Kreislinie wie Staub verteilt. Die Kreislinie selbst ist viel mehr als nur fein auf ihr verteilter Staub. Sie ist ein Kontinuum, einem Honigfaden vergleichbar, der sich nicht in einzelne Körner zergliedern lässt.

3. SCHRITT: WINKEL UND DREHUNGEN

Nun betrachten wir auf dem Kreis zwei Punkte. Zeichnen wir vom Kreismittelpunkt ausgehend die beiden Strecken zu den beiden Punkten ein, schließen diese einen Winkel ein, den wir mit einem Kleinbuchstaben, zum Beispiel mit dem Buchstaben d symbolisieren. Man darf sich diesen Winkel d zugleich als jene Drehung um den Kreismittelpunkt vorstellen, die man gegen den Uhrzeigersinn gerichtet vom ersten Kreispunkt ausgehend entlang des Kreisbogens zum zweiten Kreispunkt durchführt. Anders formuliert: Der mit d bezeichnete Winkel beschreibt jene Drehung, welche den ersten Kreispunkt gegen den Uhrzeigersinn in den zweiten Kreispunkt überführt.

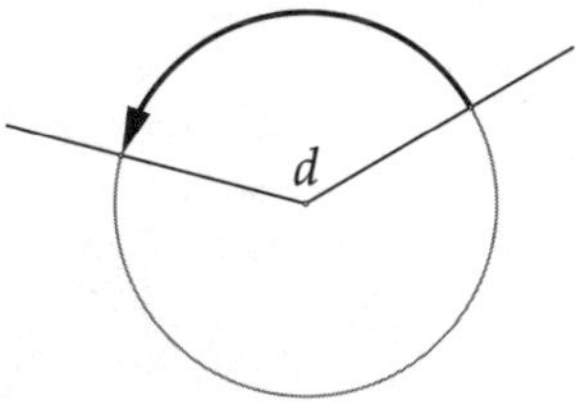

(5.2) Ein Winkel ist zugleich eine Bewegung entlang eines Kreisbogens.

Beim Begriff des Winkels ist zu beachten, dass es nicht darauf ankommt, von welchem Anfangspunkt der Kreislinie er seinen Ausgang nimmt. Statt der im obigen Absatz genannten beiden Kreispunkte kann auch ein anderes Paar von Kreispunkten den gleichen Winkel d einschließen. Es kommt allein darauf an, dass stets ein Kreisbogen der gleichen Länge vom Ausgangspunkt gegen den Uhrzeigersinn zum Endpunkt durchlaufen wird. Schon vor Jahrtausenden wurde im alten Babylon der Kreis in 360 gleich lange Bögen unterteilt und der Winkel jedes dieser Bögen ein Grad genannt. Somit stellt der aus 360 Grad bestehende »volle Winkel« den ganzen Kreis dar, der aus 180 Grad bestehende »gestreckte Winkel« stellt den Halbkreisbogen dar, und der aus 90 Grad bestehende »rechte Winkel« stellt den Viertelkreisbogen dar.

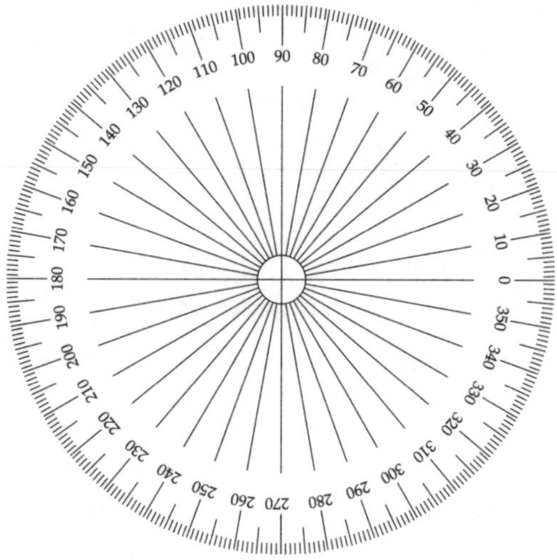

(5.3) Die Einteilung des Kreises in 360 Grade.

Wir wissen nicht genau, warum die Babylonier den Kreis just in 360 Grade zerlegten. Möglicherweise hat es mit der Dauer eines Jahres zu tun, also jener Zahl von Tagen, welche die Sonne benötigt, um vor dem Sternenzelt entlang der zwölf Tierkreiszeichen entlangzuwandern. Gegen diese Annahme spricht zwar, dass diese Zeitspanne um mehr als fünf Tage länger dauert, und dies war den babylonischen Astronomen sicher bereits bekannt. Aber auf der anderen Seite orientierten sich die Babylonier in der Zeitmessung auch am Mond, der im Zeitraum von rund 29 Tagen und einem halben Tag seine Phasen wechselt: Im babylonischen Kalender beginnt jeder Monat mit dem Erscheinen der schmalen Mondsichel des aufgehenden Mondes und dauert abwechselnd entweder 29 oder 30 Tage. Aus zwölf derartigen Monaten besteht das normale Mondjahr, was einer Zeitspanne von $6 \times 29 + 6 \times 30$, also von 354 Tagen entspricht. Ist das Sonnenjahr um mehr als 5 Tage länger als 360 Tage, so ist das Mondjahr um 6 Tage kürzer als 360 Tage. So gesehen scheint 360 die ideale Zahl für die Teilung des Jahreskreises darzustellen, zumal 360 selbst durch viele Zahlen teilbar ist.

Betrachten wir zum Beispiel den Winkel *d* von der Größe 120 Grad. Wir tragen den Winkel von einem Punkt *P* des Kreises beginnend ein. An jenem Punkt *Pd*, wo der Kreisbogen des Winkels *d* endet, lassen wir diesen Winkel *d* nochmals beginnen. Und auch an jenem Punkt *Pdd*, wo man nach der zweimaligen Drehung um den Winkel *d* endet, lassen wir ihn wiederum beginnen. Es ist der Festlegung von *d* als 120 Grad geschuldet, dass nach der beschriebenen dreimaligen Drehung um diesen Winkel der ursprüngliche Ausgangspunkt wieder erreicht wird. Der Punkt *Pddd* fällt mit dem Punkt *P* zusammen. Kein Wunder, ist doch $3 \times 120 = 360$.

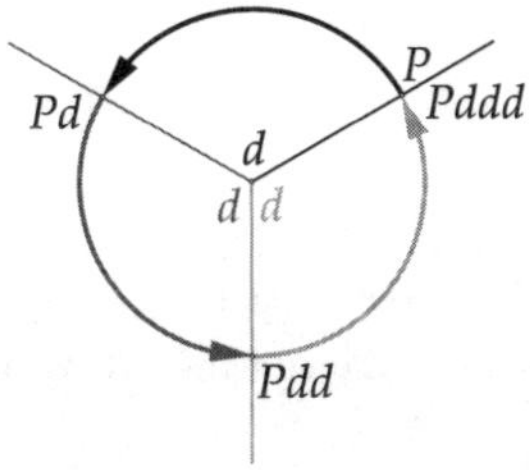

(5.4) Die mehrfache Drehung eines Punktes um 120 Grad.

Wir betrachten auf dem Kreis eine Menge *M* von Punkten, zum Beispiel vier beliebig ausgewählte Punkte. Wenn diese vier Punkte um den Winkel *d* von 120 Grad gedreht werden, erhält man eine neue Menge *Md*, bestehend aus vier Punkten. Dreht man diese wieder um den Winkel *d* von 120 Grad, werden diese wieder in eine neue Position übergeführt, und man erhält eine weitere aus vier Punkten bestehende Menge, die wir *Mdd* taufen. Skeptiker könnten einwenden, dass man bei der Drehung um 240 Grad, das sich als 120 Grad plus 120 Grad ergibt, eher die Abkürzung $d + d$ verwenden sollte. Aber schon aus Sparsamkeitsgründen wollen wir beim Zusammensetzen von Drehungen auf das Pluszeichen verzichten. Die Bezeichnung *Md* des Resultats der Drehung der Menge *M* um den Winkel *d* ist sehr suggestiv. Da liegt es nahe, bei der nochmaligen Drehung um den Winkel *d* die jetzt entstandene Menge mit dem Namen *Mdd* zu belegen, in dem Sinne, dass *dd* als zweifache Abfolge der Drehung um den Winkel *d* verstanden wird. Wenn man schließlich die ursprünglichen vier Punkte bei der dreifachen Drehung um den Winkel *d* von 120 Grad in eine neue Position überführt – wir schreiben für diese Drehung *ddd* –, ist dies gar keine wirklich neue Position. Denn sie stimmt mit der ursprünglichen Position der vier Punkte überein. Die Menge *Mddd* ist nichts anderes als die Menge *M* selbst. Dies liegt eben im Wesen der Festlegung der Drehung *d* als 120 Grad.

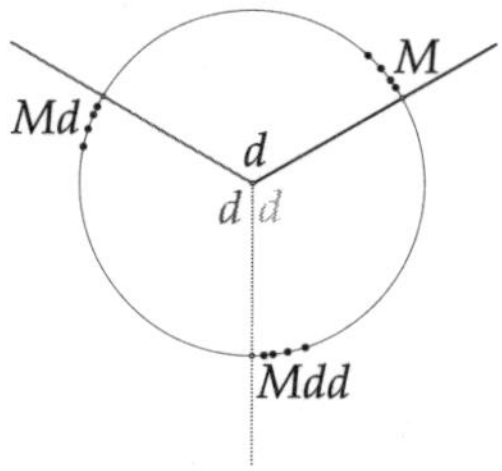

(5.5) Die mehrfache Drehung einer aus vier Punkten bestehenden Menge um 120 Grad.

Das Prinzip ist klar: Legte man *d* als 60 Grad fest, müsste man diese Prozedur sechsmal durchführen, legte man *d* als rechten Winkel von 90 Grad fest, müsste man diese Prozedur viermal durchführen, legte man *d* als 45 Grad fest, müsste man diese Prozedur achtmal durchführen: Immer gelangt man von der Menge von Kreispunkten, von der man ursprünglich ausging, zu dieser wieder zurück. Und besteht diese Menge nur aus endlich vielen Punkten, wird von nacheinander ausgeführten Drehungen um die eben genannten Winkel die Kreislinie keineswegs erfasst. Man bekommt nur dreimal, sechsmal, viermal oder achtmal so viele Punkte, gewiss nicht alle Punkte des Kreises.

4. SCHRITT: AUSWAHLMENGEN

Kehren wir noch einmal zur Festlegung von *d* als 120 Grad zurück. Statt aus endlich vielen Punkten soll nun die betrachtete Menge von Kreispunkten aus überabzählbar unendlich vielen Punkten bestehen. Wir betrachten der Einfachheit halber die Menge *A* aller Punkte des Kreises, die ein Bogen von 120 Grad erfasst. Dabei soll der Anfangspunkt (bei 0 Grad) der Menge angehören, und alle weiteren Punkte des Kreisbogens von 120 Grad sollen der Menge angehören bis hin zum Endpunkt (bei 120 Grad). Dieser aber soll der Menge gerade nicht mehr angehören. Diesen so beschriebenen Kreisbogen *A* nennen wir eine »Auswahlmenge« der Drehung um den Winkel 120 Grad. Wenden wir auf die Auswahlmenge die Drehung um *d* an, drehen wir sie also um 120 Grad, erhalten wir die »einmal gedrehte Auswahlmenge« *Ad*. Kein Punkt der Auswahlmenge stimmt mit irgendeinem Punkt der einmal gedrehten Auswahlmenge überein. Und wenden wir auf die Auswahlmenge die Drehung um *dd* an, drehen wir sie also um 240 Grad, erhalten wir die »zweimal gedrehte Auswahlmenge« *Add*. Auch deren Punkte sind von allen Punkten der beiden vorher genannten Mengen durchwegs verschieden. Alle drei Mengen, die Auswahlmenge *A*, die einmal gedrehte Auswahlmenge *Ad* und die zweimal gedrehte Auswahlmenge *Add* zusammengenommen, bilden die gesamte Kreislinie. Jeder Punkt der Kreislinie wird von genau einer dieser drei genannten Mengen erfasst.

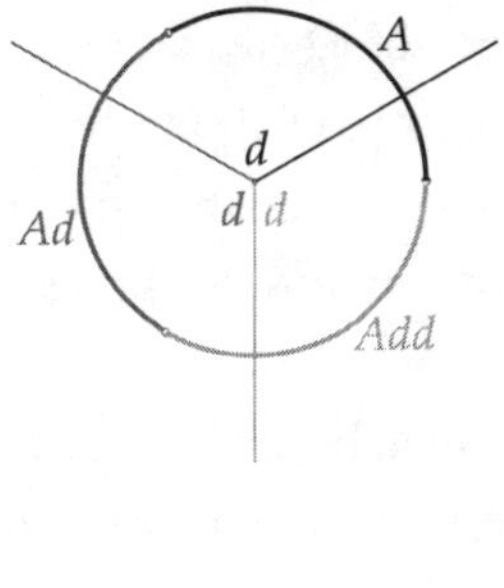

(5.6) Durch mehrfache Drehung der Auswahlmenge *A* erhält man den ganzen Kreis.

Dass man diese Auswahlmenge so einfach beschreiben kann, liegt natürlich an der Festlegung des Winkels *d* als 120 Grad. Und es ist klar, dass die eben beschriebene Auswahlmenge nicht die einzig mögliche ihrer Art ist. Wer es ein wenig komplizierter haben möchte, könnte die drei Kreisbögen von 0 bis 40 Grad, von 160 bis 200 Grad und von 320 bis 360 Grad (immer der Anfangspunkt dazugehörend und der Endpunkt gerade nicht mehr dazugehörend) als Auswahlmenge wählen. Auch bei dieser Auswahlmenge wäre es der Fall, dass sowohl bei ihrer Drehung um den Winkel *d* von 120 Grad wie auch bei ihrer Drehung um den Winkel *dd* von 240 Grad kein Punkt der Auswahlmenge mit irgendeinem Punkt der beiden gedrehten Mengen übereinstimmt. Und auch bei dieser Auswahlmenge würde die Behauptung zutreffen: Alle drei Mengen, die Auswahlmenge, die einmal gedrehte Auswahlmenge und die zweimal gedrehte Auswahlmenge zusammengenommen, bilden die gesamte Kreislinie.

Eigentlich ist dies alles sehr einfach und bildhaft viel schneller zu begreifen als mit umständlichen wortreichen Erklärungen. Und auch bei Winkeln wie 60 Grad, 90 Grad oder 45 Grad ist die Sachlage ähnlich einfach. Wir erkennen nämlich bei der Festlegung von *d* als 120 Grad, dass die dreifache Anwendung der Drehung *d* ohne Wirkung bleibt. Symbolisch schreiben wir dafür $ddd = 1$. Und ebenso bleiben die sechsfache Drehung von 60 Grad, die vierfache Drehung von 90 Grad oder die achtfache Drehung von 45 Grad wirkungslos.

Nun aber stellen wir uns vor, *d* bezeichnet einen »krummen« Winkel. Damit meinen wir einen Winkel wie zum Beispiel 123.38745812… Grad, wobei die drei Punkte … die Abkürzung dafür darstellen, dass sich danach noch unendlich viele weitere Ziffern in wirrer Abfolge aneinanderreihen. Das Wort »krumm« steht dafür, dass man die Drehung eines Punktes um den Winkel *d* beliebig oft aneinanderreihen kann und dabei dennoch nie erreichen wird, dass einer dieser gedrehten Punkte mit dem Ausgangspunkt zusammenfällt.

Betrachten wir zum Beispiel die Ergebnisse, die man bei aufeinanderfolgenden Drehungen eines Punktes um einen Winkel *d* erhält, wenn *d* einen »krummen« Wert wie 123.38745812… Grad besitzt: Nach dreifacher Anwendung von *d*, also nach der Drehung um *ddd*, liegt der nun gedrehte Punkt um etwas mehr als zehn Grad vom Ausgangspunkt entfernt. Zwar besteht die Hoffnung, dass man nach zwölffacher Wiederholung dieser dreifachen Drehung *ddd*, also nach der Drehung um den Winkel *dd…d* (mit $3 \times 12 = 36$ aufeinanderfolgenden *d*) zum ersten gedrehten Punkt gelangt, aber dies stimmt nicht. Man kommt ein wenig mehr als ein Grad knapp davor zu liegen.

Geht man bei dem »krummen« Winkel *d* von irgendeinem Punkt *P* des Kreises aus, werden deshalb alle wiederholt um *d* gedrehten Punkte

P   *Pd*   *Pdd*   *Pddd*   *Pdddd*   *Pddddd*   …

voneinander verschieden sein.

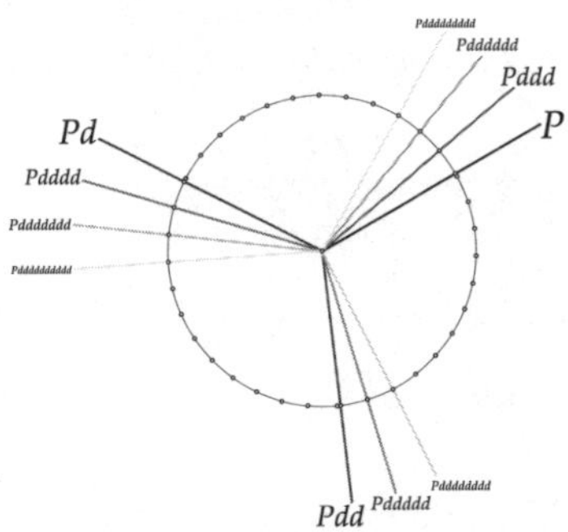

(5.7) Die mehrfache Drehung eines Punktes um den »krummen« Winkel von 123.38745812… Grad

Zusätzlich zur Drehung um den Winkel *d* betrachten wir noch die Drehung um jenen Winkel *b*, der zwar den gleichen »krummen« Wert an Graden wie der Winkel *d* besitzt, der jedoch in die entgegengesetzte Richtung von *d* dreht. Wir nennen *b* den Gegenwinkel zu *d*. Beschreibt zum Beispiel *d* eine Drehung von 123.38745812… Grad entgegen dem Uhrzeigersinn, soll *b* auch 123.38745812… Grad groß sein, jedoch in Uhrzeigersinnrichtung drehen. Mit anderen Worten: Die Drehung um den Gegenwinkel *b* hebt die Drehung um den Winkel *d* auf. (Darum haben wir die

Bezeichnung so gewählt: Die Buchstaben b und d sind zueinander horizontal gespiegelt.) Wie zuvor sind auch hier alle wiederholt um b gedrehten Punkte

$$P \quad Pb \quad Pbb \quad Pbbb \quad Pbbbb \quad Pbbbbb \quad \dots$$

voneinander verschieden. Und es ist klar: Dreht man den Punkt Pb um den Winkel d, erhält man den Punkt P zurück. Ebenso erhält man den Punkt P zurück, wenn man Pd um den Gegenwinkel b dreht. Wir schreiben diese Einsicht in den beiden Formeln $db = 1$ und $bd = 1$ an.

Die Folge der Aufzählungen

			P			
		Pb	P	Pd		
	Pbb	Pb	P	Pd	Pdd	
$Pbbb$	Pbb	Pb	P	Pd	Pdd	$Pddd$

....

symbolisieren wir mit der einen Zeile

$$\dots \quad Pbbb \quad Pbb \quad Pb \quad P \quad Pd \quad Pdd \quad Pddd \quad \dots$$

und nennen die Gesamtheit der aufgezählten Punkte einen »Orbit« der Drehung um den Winkel d (und zugleich, von rechts nach links statt von links nach rechts gelesen: einen Orbit der Drehung um den Winkel b). Zwar sind die Punkte des Orbits wie Staubkörner dicht über der Kreislinie verteilt. Doch Cantor lehrt, dass sie keineswegs alle Punkte der Kreislinie erfassen. Einen Punkt Q, der nicht auf dem von P ausgehenden Orbit liegt, kann man ebenfalls als Punkt eines Orbits, bestehend aus den Punkten

$$\dots \quad Qbbb \quad Qbb \quad Qb \quad Q \quad Qd \quad Qdd \quad Qddd \quad \dots$$

betrachten. Zwar wird kein Punkt des zweitgenannten Orbits mit einem Punkt des erstgenannten Orbits zusammenfallen. Doch auch diese beiden Orbits zusammengenommen können keinesfalls alle Punkte des Kreises erfassen.

Versammeln wir in einer Menge *A* Punkte, von denen jeder von genau einem der unendlich vielen Orbits der Drehung um die Winkel *d* und *b* entnommen ist, nennen wir eine solche Menge *A* eine Auswahlmenge der Drehung um die Winkel *d* und *b*. Bei einem »krummen« Winkel *d* ist völlig unklar, wie man eine Auswahlmenge *A* zeichnet. Sie wird irgendein opakes Gebilde auf der Kreislinie darstellen. Sie ist sicher üppiger als Staub, aber keineswegs so füllig wie die Kreislinie selbst. Denn die einmal um den Winkel *d* gedrehte Auswahlmenge *Ad* besitzt gänzlich andere Punkte als die Auswahlmenge *A*. Auch die zweimal um den Winkel *d* gedrehte Auswahlmenge *Add* besitzt ihrerseits gänzlich andere Punkte als die beiden zuvor genannten Mengen. Und auch bei allen weiteren mehrfach um den Winkel *d* wie auch bei allen mehrfach um den Gegenwinkel *b* gedrehten Auswahlmengen ist das Gleiche der Fall. Hingegen werden die in der Aufzählung

… *Abbb* *Abb* *Ab* *A* *Ad* *Add* *Addd* …

genannten Mengen insgesamt alle Punkte der Kreislinie erfassen.

Im Unterschied zu Auswahlmengen von »krummen« Winkeln konnten wir Auswahlmengen eines »einfachen« Winkels *d* deshalb anschaulich beschreiben, weil bei diesen die Orbits von Punkten leicht überschaubar gestaltet sind: Bezeichnet *d* zum Beispiel den Winkel 120 Grad, besteht ein Orbit allein aus drei Punkten *P*, *Pd* und *Pdd*. Insbesondere stimmt der Gegenwinkel von *d* in diesem Fall mit *dd* überein: 240 Grad ist der Gegenwinkel von 120 Grad. Bei diesem Winkel ist es wahrlich ein Kinderspiel, Punkte von allen Orbits anschaulich zu versammeln. Auch bei anderen »einfachen« Winkeln wie 60 Grad, 90 Grad oder 45 Grad fällt dies genauso leicht.

5. SCHRITT: DREHUNGEN IN DER EBENE UND IM RAUM

Das Banach-Tarski-Paradoxon bezieht sich auf Kugeln im dreidimensionalen Anschauungsraum und nicht auf Kreise in der zweidimensionalen Zeichenebene. Dafür gibt es einen guten Grund. Drehungen in der Ebene unterscheiden sich fundamental von Drehungen im Raum.

Betrachten wir in der Zeichenebene zwei Drehungen, denen wir die Namen *d* und *q* geben und die wir als Winkel in der Kreislinie eintragen. Wird ein Punkt *P* der Kreislinie zuerst um den Winkel *d* gedreht, wodurch man den Punkt *Pd* erhält, und danach um den Winkel *q* gedreht, bekommt man schließlich den Punkt *Pdq*. Man kann auch umgekehrt vorgehen: zuerst den Punkt *P* um den Winkel *q* drehen, wodurch man den Punkt *Pq* erhält, und danach um den Winkel *d* drehen, was den Punkt *Pqd* ergibt. Es ist völlig klar, dass die beiden so erhaltenen Punkte *Pdq* und *Pqd* übereinstimmen. Es ist mit anderen Worten unerheblich, ob man zuerst die Drehung *d* und dann die Drehung *q* durchführt oder ob man umgekehrt zuerst die Drehung *q* und dann die Drehung *d* ausführt. Wir kürzen diese Einsicht mit der Formel $dq = qd$ ab. Man spricht dabei von der Vertauschbarkeit, lateinisch: von der Kommutativität von Drehungen in der Ebene.

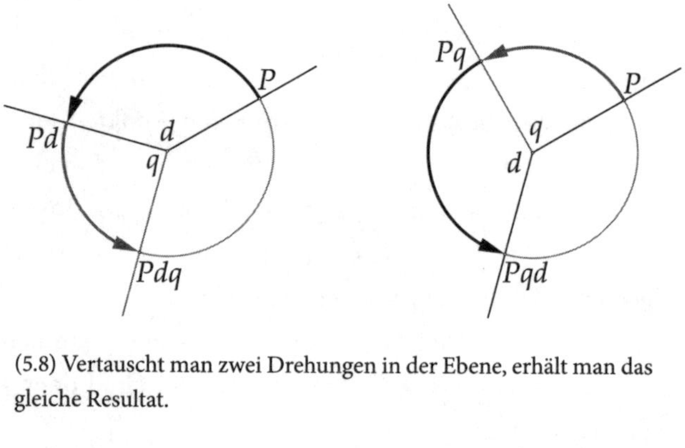

(5.8) Vertauscht man zwei Drehungen in der Ebene, erhält man das gleiche Resultat.

Im Anschauungsraum ist die Sachlage ganz anders: Halten Sie zum Beispiel ein Buch aufrecht so vor sich, dass Sie auf den Titel des Buches blicken. Die von hinten kommend, durch die Rückseite und dann durch den Mittelpunkt des Buches laufende und vorne auf Sie zielende, gerade gedachte Linie nennen wir die erste Raumachse. Die von links kommende, durch den Buchrücken und dann durch den Mittelpunkt des Buches laufende und nach rechts zielende, gerade gedachte Linie nennen wir die zweite Raumachse. Die von unten kommende, durch die Unterseite des Buches und dann durch den Mittelpunkt des Buches laufende und über die Oberseite des Buches hinaus nach oben zielende, gerade gedachte Linie nennen wir die dritte Raumachse.

Drehen Sie nun das Buch um die dritte Raumachse, von oben gesehen gegen den Uhrzeigersinn um einen rechten Winkel, blicken Sie danach auf den von unten nach oben führenden Buchrücken. Drehen Sie danach das Buch um die zweite Raumachse, von rechts gesehen wieder gegen den Uhrzeigersinn um einen rechten Winkel, blicken Sie danach auf die Oberseite des Buches. Der Buchrücken weist nach unten, der Buchtitel weist nach rechts.

Jetzt gehen Sie wieder von der ursprünglichen Position des Buches aus, bei der Sie auf den Titel des Buches blicken. Drehen Sie nun das Buch um die zweite Raumachse, von rechts gesehen gegen den Uhrzeigersinn um einen rechten Winkel, blicken Sie danach auf die von links nach rechts führende Oberseite des Buchs. Drehen Sie danach das Buch um die dritte Raumachse, von oben gesehen wieder gegen den Uhrzeigersinn um einen rechten Winkel, blicken Sie danach auf den Buchrücken. Die Oberseite des Buches weist nach rechts, der Buchtitel weist nach unten.

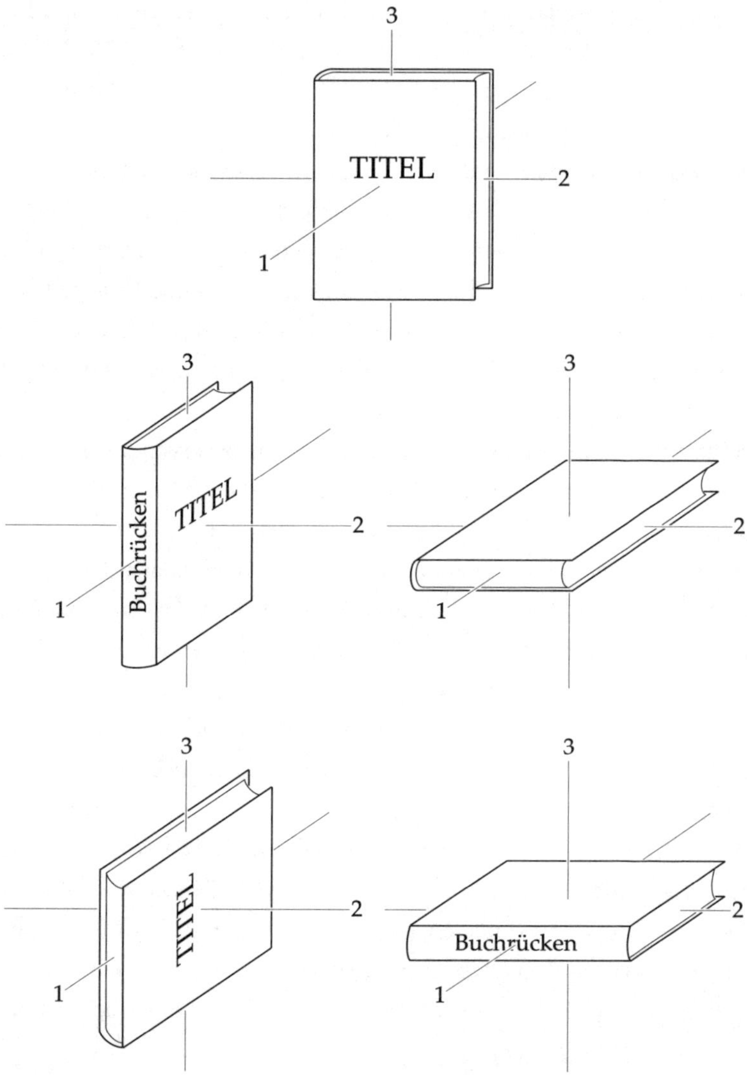

(5.9) Oben ein Buch mit Raumkoordinaten, das zweimal um einen rechten Winkel gedreht wird. Links wird es zuerst um die dritte und dann um die zweite Achse gedreht, rechts wird es zuerst um die zweite und dann um die dritte Achse gedreht.

Dreht man daher zuerst um die dritte Raumachse und danach um die zweite Raumachse um einen rechten Winkel, erhält man ein völlig anderes Resultat, als wenn man zuerst um die zweite Raumachse und danach um die dritte Raumachse um einen rechten Winkel dreht. Im Raum ist die Zusammensetzung zweier mit *d* und *q* bezeichneten Drehungen folglich im Allgemeinen nicht vertauschbar. Sie ist, wie man in der Mathematik sagt, nicht kommutativ. Die Ergebnisse *dq* und *qd* sind im Allgemeinen voneinander verschieden.

Die Kommutativität, die Vertauschbarkeit, ist auch im täglichen Leben seltener anzutreffen, als man vermuten mag. Es stimmt schon: Ob man in eine Tasse zuerst den Kaffee und danach die Milch schüttet oder umgekehrt, ist im Ergebnis unerheblich. In diesem Fall besteht Kommutativität. Doch klarerweise besteht ein Unterschied, ob man zuerst die Milch in den Kaffee schüttet und danach den Milchkaffee trinkt oder ob man zuerst den schwarzen Kaffee trinkt und danach die Milch in die geleerte Kaffeetasse schüttet. Nur selten herrscht Kommutativität. Zumeist kommt es bei Handlungsabläufen auf die Reihenfolge der Schritte an. Bei den Drehungen im Anschauungsraum ist jedenfalls die Vertauschbarkeit von Drehungen die höchst seltene Ausnahme. Zumeist ist die Zusammensetzung von Drehungen im Raum nicht kommutativ.

6. SCHRITT: HAUSDORFF BETRACHTET ZWEI DREHUNGEN IM RAUM

Wir kommen nun auf Felix Hausdorff zu sprechen. Mehr als 20 Jahre jünger als Georg Cantor, beherrschte dieser bereits ausgefeilte Finessen der Mengenlehre. Er war in jeglicher Hinsicht brillant. Universal gebildet und künstlerisch hochsensibel, glänzte er als hervorragender Professor an den Universitäten in Leipzig, Greifswald und Bonn. Schon in den letzten Jahren des deutschen Kaiserreichs schlug ihm, der aus einer gebildeten und wohlhabenden jüdischen Kaufmannsfamilie entstammte, in Leipzig Antisemitismus entgegen. Dies steigerte sich nach Hitlers Machtergreifung ins Unerträgliche. Nachdem Hausdorff, seine Frau und die bei ihnen lebende Schwester seiner Frau Anfang 1942 den Befehl erhalten hatten, in ein Lager zu übersiedeln, und sie darin das Fanal ihrer Vernichtung erkannten, schieden sie gemeinsam aus dem Leben.

Der ungemein einfallsreich denkende Felix Hausdorff betrachtete zwei mit *d* und *q* bezeichnete Drehungen im Anschauungsraum, die wie im obigen Beispiel angedeutet, nicht kommutativ sind. Die Ergebnisse der Verknüpfungen der beiden in der Reihenfolge *dq* und in der Reihenfolge *qd* sind voneinander verschieden. Raumdrehungen sah Hausdorff als Drehungen um den Mittelpunkt einer Kugel verwirklicht: Er betrachtete auf der Sphäre, auf der die Kugel begrenzenden Kugelhaut, wie die Drehung *d* oder die Drehung *q* jeweils als Drehung um den Mittelpunkt der Kugel auf einen Punkt *P* dieser Sphäre wirkt: Nach Anwendung einer der beiden genannten Drehungen erhält man entweder den Punkt *Pd* oder den Punkt *Pq*.

Dreht man zum Beispiel einen nicht auf der ersten Achse liegenden Punkt der Sphäre um diese erste Achse, von vorne gesehen gegen den Uhrzeigersinn viermal um einen rechten Winkel, kommt man zur Ausgangslage des Punktes zurück. Dies liegt einfach daran, dass 90 Grad viermal addiert den vollen Winkel von 360 Grad ergibt. Bei einem »krummen« Winkelmaß ist hingegen die Wiederkunft zur Ausgangslage ausgeschlossen. Und just solche »krummen« Winkel sollen die beiden von Hausdorff betrachteten Winkel *d* und *q* sein: Egal wie oft und in welcher Reihenfolge man sie miteinander verknüpft, nie soll ein dabei entstehender mehrfach gedrehter Punkt in seine Ausgangslage zurückfinden.

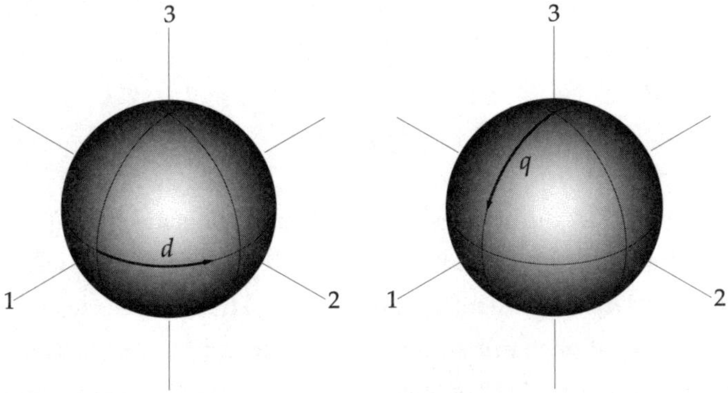

(5.10) Zwei Drehungen auf der Kugel um den »krummen« Winkel von 70.52877936… Grad. Die Drehung *d* mit diesem Winkel hat die dritte Achse als Drehachse, die Drehung *q* mit diesem Winkel hat die zweite Achse als Drehachse.

Es ist hier nicht der Platz, zwei derartige Drehungen *d* und *q* in allen Details vorzustellen. Es soll genügen, zu versichern, dass sich Beispiele dafür in großer Zahl ohne Schwierigkeiten präzise erfassen lassen.

Neben den beiden Drehungen *d* und *q* betrachtete Hausdorff auch deren Gegendrehungen: Die Gegendrehung zu *d* bezeichnen wir wie schon im vierten Schritt mit *b*, und die Gegendrehung zu *q* taufen wir, wieder weil der Buchstabe *q* horizontal gespiegelt diese Bezeichnung ergibt, mit dem Buchstaben *p*. Folglich gelten die vier Beziehungen $db = 1$, $bd = 1$, $qp = 1$ und $pq = 1$. Sonst aber, und darauf legte Hausdorff Wert, lassen sich die Kombinationen der Drehungen um den Winkel *d* und um seinen Gegenwinkel *b* sowie um den Winkel *q* und um seinen Gegenwinkel *p* in keiner Weise vereinfachen.

Die unendliche Fülle von Kombinationen solcher Drehungen wollen wir als Gesamtheit mit Ω, einem Omega, dem letzten Buchstaben des griechischen Alphabets, symbolisieren. Schreiben wir, um die in Ω versammelten Elemente kennenzulernen, ein paar aus der unendlichen Fülle von Kombinationen der Drehungen *d*, *b*, *q* und *p* auf:

d	*dd*	*qd*	*pd*	*ddd*	*qdd*	*pdd*	*dqd*	*bqd*	…
b	*bb*	*qb*	*pb*	*bbb*	*qbb*	*pbb*	*dqb*	*bqb*	…
q	*dq*	*bq*	*qq*	*ddq*	*qdq*	*pdq*	*bbq*	*qbq*	…
p	*dp*	*bp*	*pp*	*ddp*	*qdp*	*pdp*	*bbp*	*qbp*	…

Offenkundig sind wir bei dieser Aufzählung systematisch vorgegangen. In der ersten Zeile sind jene Kombinationen von Drehungen aufgezählt, die mit der Drehung *d* enden: zuerst die Drehung *d* selbst. Dann alle Zweierkombinationen mit *d* am Schluss, wobei die Kombination *bd* weggelassen ist, weil sie als Drehung um den Gegenwinkel *b* von *d* und um den Winkel *d* zu keiner wirklichen Bewegung führt. Dann, jedenfalls angedeutet, die Dreierkombinationen mit *d* am Ende, wobei wie zuvor alle außer *bd*, *db*, *pq* und *qp* aufscheinen. Dann folgen – mit den gleichen Ausnahmen – gedanklich alle Viererkombinationen mit *d* als Schluss, danach alle Fünferkombinationen und so fort. Die Gesamtheit der in der ersten Zeile aufgelisteten Kombinationen von Drehungen nennen wir Ω_d, weil sie mit der Drehung um den Winkel *d* enden.

Genauso bezeichnen wir die in der zweiten Zeile aufgelisteten Kombinationen der Drehungen *d*, *b*, *q* und *p* mit Ω_b, weil es sich um all jene Kombinationen dieser Drehungen handelt, die mit der Drehung um den Winkel *b* enden. Und die in der dritten und die in der vierten Zeile aufgelisteten Kombinationen der Drehungen *d*, *b*, *q* und *p* nennen wir dementsprechend Ω_q und Ω_p, enden sie doch jeweils mit den Drehungen um den Winkel *q* beziehungsweise um dessen Gegenwinkel *p*.

7. SCHRITT: CALEYS BILD VON HAUSDORFFS DREHKOMBINATIONEN

Es ist sehr reizvoll, die aus den beiden Winkeln *d* und *q* sowie aus deren Gegenwinkeln *b* und *p* gebildeten Kombinationen von Drehungen, die Hausdorff in der Menge Ω zusammenfasste, bildhaft darzustellen. Dazu verwenden wir eine Methode, die bereits 1878 der vielseitige englische Mathematiker Arthur Caley ersann:

Wir gehen von 1 aus, womit wir jenen Vorgang bezeichnen, bei dem wir überhaupt nicht drehen, sondern die Sphäre so belassen, wie sie ist. Es ist dies jenes Symbol 1, das wir bei den Formeln $db = 1$, $bd = 1$, $qp = 1$ und $pq = 1$ angeschrieben hatten. Dieses Symbol 1 notieren wir in die Mitte des Zeichenblattes. Von ihm ausgehend zeichnen wir eine einen Zentimeter lange Strecke nach rechts und notieren danach das Symbol *d* für die Drehung um den Winkel *d*. Ebenso zeichnen wir von 1 ausgehend eine gleich lange Strecke nach links und notieren danach das Symbol *b* für die Drehung um den Winkel *b*. Ebenso zeichnen wir von 1 ausgehend eine gleich lange Strecke nach oben und notieren danach das Symbol *q* für die Drehung um den Winkel *q*. Und ebenso zeichnen wir von 1 ausgehend eine gleich lange Strecke nach unten und notieren danach das Symbol *p* für die Drehung um den Winkel *p*.

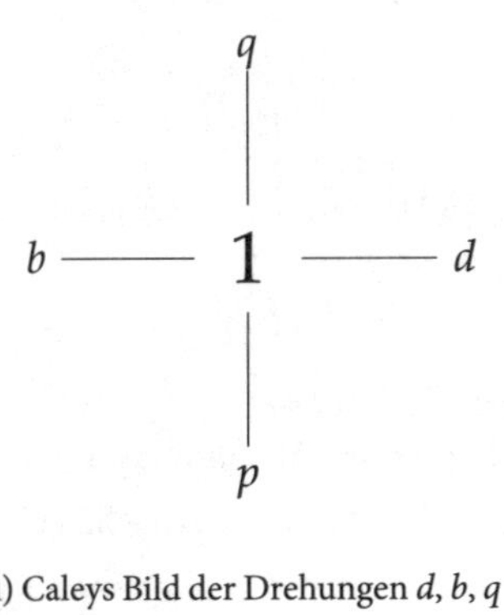

(5.11) Caleys Bild der Drehungen *d*, *b*, *q* und *p*.

Vom Symbol *d* ausgehend zeichnen wir nun je eine einen halben Zentimeter lange Strecke nach rechts, an deren Ende wir uns *dd* eingetragen denken, eine einen halben Zentimeter lange Strecke nach oben, an deren Ende wir uns *qd* eingetragen denken, und eine einen halben Zentimeter lange Strecke nach unten, an deren Ende wir uns *pd* eingetragen denken. Im gleichen Sinn zeichnen wir vom Symbol *b* ausgehend drei jeweils einen halben Zentimeter lange Strecken nach oben, nach links und nach unten, an deren Enden wir uns *qb*, *bb* und *pb* eingetragen denken. Dasselbe führen wir von den Symbolen *q* und *p* ausgehend durch: drei jeweils einen halben Zentimeter lange Strecken, bei *q* nach rechts, nach oben und nach links weisend und bei *p* nach rechts, nach unten und nach links weisend, jeweils mit *dq*, *qq*, *bq* und mit *dp*, *pp*, *bp* endend.

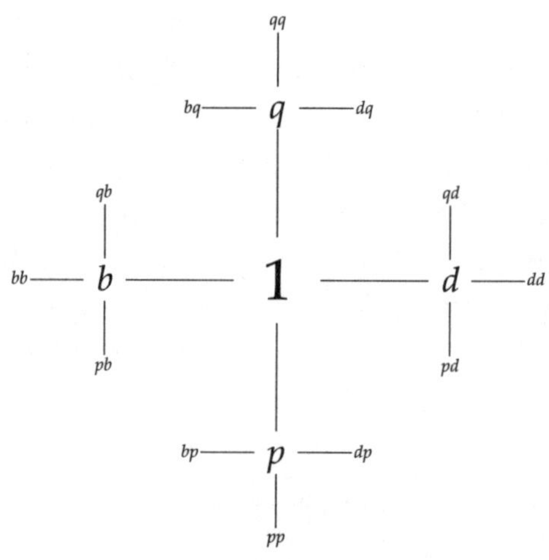

(5.12) Caleys Bild bis zu den Zweierkombinationen der Drehungen *d*, *b*, *q* und *p*.

Und auch diese so erhaltenen zwölf Zweierkombinationen der Drehungen *d*, *b*, *q* und *p* sind ihrerseits Ausgangssymbole für jeweils drei nun aber nur mehr einen Viertelzentimeter lange Strecken, die von den Zweierkombinationen in die drei dort frei gebliebenen Richtungen wegweisen und an deren Enden die entsprechenden Dreierkombinationen dieser Drehungen, 36 an der Zahl, notiert sind.

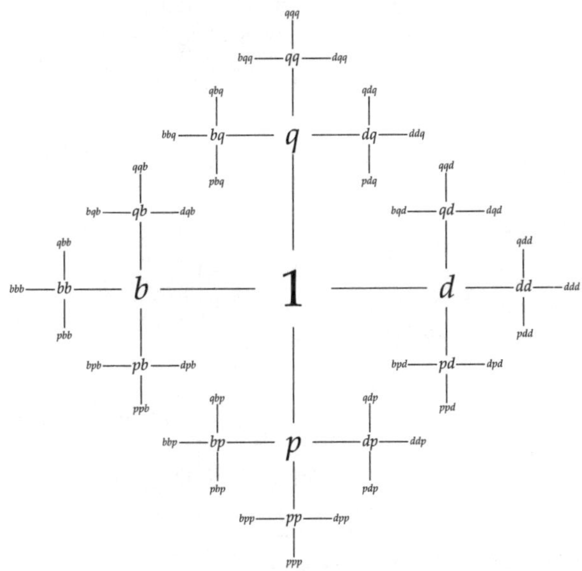

(5.13) Caleys Bild bis zu den Dreierkombinationen der Drehungen *d*, *b*, *q* und *p*.

Es ist klar, wie man Caley zufolge in der Darstellung der Vierer-, Fünfer-, Sechserkombinationen und aller noch darauf folgenden Kombinationen vorzugehen hat: nach den einen Viertelzentimeter langen Strecken folgen nun die einen Achtel-, dann die einen 16tel-, dann die einen 32tel-Zentimeter langen Strecken, und auch danach werden die jeweiligen Streckenlängen immer halbiert. Zwar stoßen irgendwann die Möglichkeiten der grafischen Gestaltung an unüberwindbare Hürden. Aber in Gedanken, so stellte sich Hausdorff vor, lässt sich Caleys Bild von Ω, der Gesamtheit seiner Drehkombinationen, bis ins Unendliche fortsetzen.

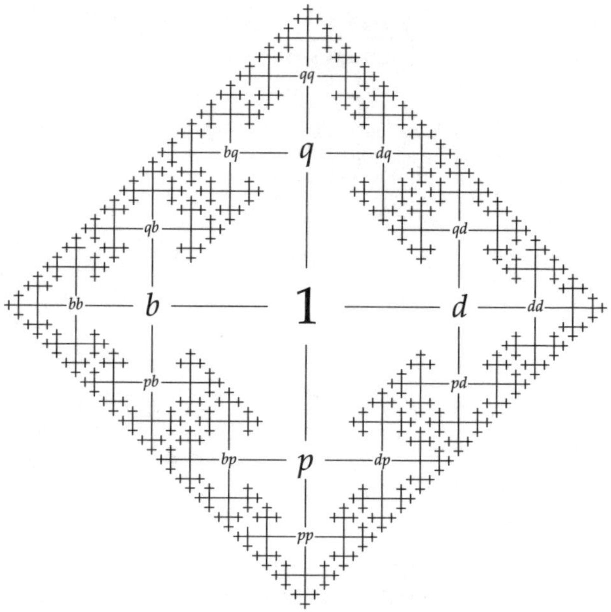

(5.14) Caleys Bild von Ω (hier gezeichnet bis zu den Sechserkombinationen von *d*, *b*, *q* und *p*).

Und Hausdorff erkannte an diesem Bild höchst Erstaunliches.

8. SCHRITT: HAUSDORFF ENTDECKT EINE FRAPPANTE ÄHNLICHKEIT

Auf der einen Seite betrachtete Hausdorff in Caleys Bild von Ω alle möglichen Drehkombinationen mit Ausnahme jener, die mit *b*, der Drehung um den Gegenwinkel von *d*, enden. Weil diejenigen Kombinationen, die mit der Drehung *b* enden, symbolisch in der Menge Ω_b zusammengefasst sind, schreiben wir die von Hausdorff betrachteten Drehkombinationen ebenso symbolisch als Differenz: $\Omega - \Omega_b$.

Wir umrunden diese von Hausdorff betrachteten Drehkombinationen mit einer fetten Linie. Sie soll alle möglichen Drehkombinationen einschließen mit Ausnahme jener, die mit *b*, der Drehung um den Gegenwinkel von *d*, enden. Diese Linie lässt an ein abgerundetes Quadrat denken, dessen linke Ecke nach innen eingedellt worden ist, wobei sich diese Delle um das Symbol 1 krümmt. Tatsächlich liegen die in Ω_b zusammengefassten Drehkombinationen aufgrund seiner Einbuchtung außerhalb des eingedellten Quadrats.

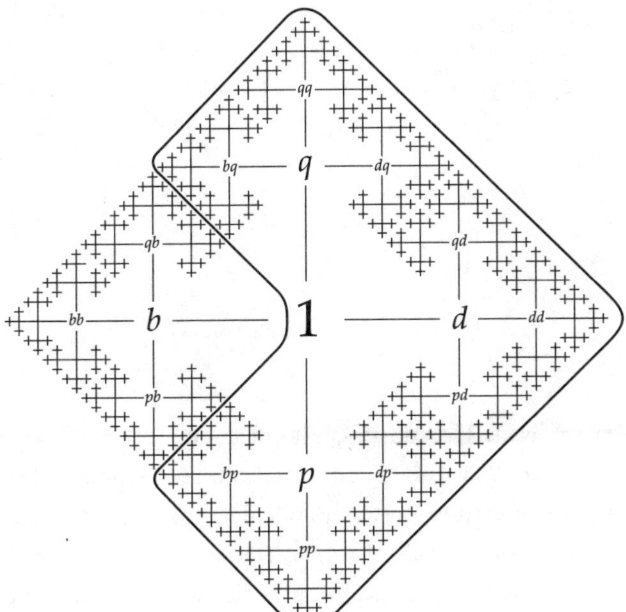

(5.15) Die Drehkombinationen der Differenz $\Omega - \Omega_{b.}$

Nun verkleinerte Hausdorff dieses eingedellte Quadrat auf die Hälfte seiner Größe und platzierte es so, dass sich nun dessen Delle um das Symbol *d* krümmt. Dann umrundet die fette Randlinie des halb so großen eingedellten Quadrats offenkundig die Menge Ω_d aller möglichen Drehkombinationen, die mit der Drehung *d* enden.

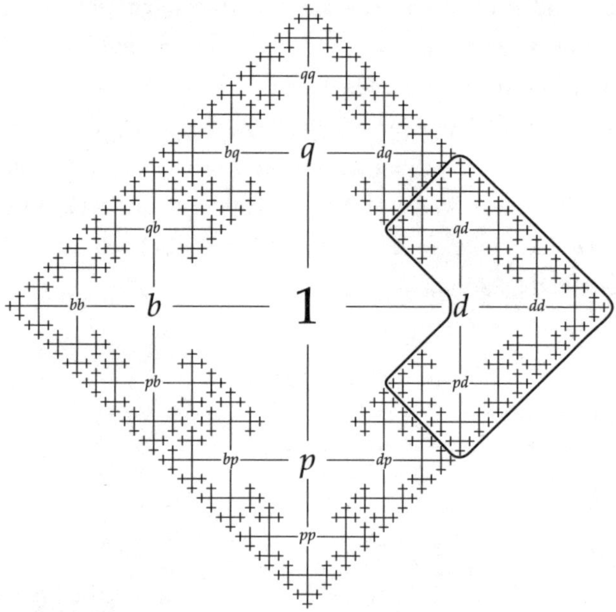

(5.16) Die Drehkombinationen aus Ω_d.

Eigentlich entdeckte Hausdorff damit Folgendes: Das große eingedellte Quadrat greift aus Caleys Bild den Ausschnitt $\Omega - \Omega_b$ heraus. Das kleine eingedellte Quadrat greift aus Caleys Bild den Ausschnitt Ω_d heraus. Beide Ausschnitte sind einander ähnlich: Der zweite ist zwar nur halb so groß wie der erste, besitzt aber als Kopie die gleiche Form und die gleichen Verästelungen wie das Original. Und ein sehr kluger Gedanke führte Hausdorff zur Erkenntnis, wie man von der kleinen Kopie zum großen Original zurückkehren kann:

Was geschieht, so fragte sich Hausdorff, wenn man die Gegendrehung b der Drehung d an alle Drehkombinationen, die in der Menge Ω_d aufgezählt sind, anschließt? Wenn man also, symbolisch geschrieben, die Menge $\Omega_d b$ bildet? Wenn man in der Aufzählung

$$d \quad dd \quad qd \quad pd \quad ddd \quad qdd \quad pdd \quad dqd \quad bqd \quad \ldots$$

von Ω_d bei den hier genannten Drehkombinationen stets b anhängt, ergibt sich daraus wegen $db = 1$ die Aufzählung

$$1 \quad d \quad q \quad p \quad dd \quad qd \quad pd \quad dq \quad bq \quad \ldots$$

Es sind dies Drehkombinationen, die nicht mit der Drehung b enden. Hausdorff überzeugte sich aufgrund der folgenden Überlegung, dass die Menge $\Omega_d b$ tatsächlich mit der Menge $\Omega - \Omega_b$ übereinstimmt, der Gesamtheit aller Drehkombinationen, die nicht mit der Drehung b enden:

Denn die in Ω_d aufgezählten Drehkombinationen enden mit der Drehung d. Folglich können sie zwar die Drehungen d, q und p als vorletzte Drehung vorweisen, wegen $bd = 1$ nicht jedoch die Drehung b. Anschaulich gesprochen: Weil die Drehung b in keiner der Drehkombinationen aus Ω_d an vorletzter Stelle aufscheint, hat das kleine Quadrat, das die Menge Ω_d umschließt, links die Delle, die sich um das Symbol d krümmt. Selbst wenn es diese Delle nicht hätte, es würde keine weitere Drehkombination umschließen, weil in den Drehkombinationen von Ω_d die Drehung b nie an vorletzter Stelle steht.

Der Übergang von Ω_d zu $\Omega_d b$ drückt sich anschaulich dadurch aus, dass das kleine eingedellte Quadrat, welches Ω_d umschließt, nach links hin zum großen eingedellten Quadrat ausgedehnt wird. Beim großen eingedellten Quadrat befinden sich links von der Delle sehr wohl Drehkombinationen, nämlich jene, welche die Menge Ω_b auflistet. Darum umschließt das große eingedellte Quadrat alle möglichen Drehkombinationen aus Ω mit Ausnahme der von Ω_b erfassten. Es umrundet die Menge $\Omega - \Omega_b$. Hausdorff notierte seine Erkenntnis mit der folgenden Formel: $\Omega_d b = \Omega - \Omega_b$.

Diese Überlegung, die Hausdorff bei den Drehungen d und b vollzog, übertrug er in gleicher Weise auf die Drehungen q und p:

Die Menge Ω_q besteht aus all jenen Drehkombinationen, die mit der

Drehung q enden. Sie wird in Caleys Bild von einem kleinen eingedellten Quadrat eingeschlossen. Die Delle dieses Quadrats befindet sich unten und krümmt sich um das Symbol q. Wegen $pq = 1$ scheint die Drehung p in keiner der Drehkombinationen aus Ω_q an vorletzter Stelle auf. Deshalb bleibt beim kleinen Quadrat die Fläche unter der Delle leer.

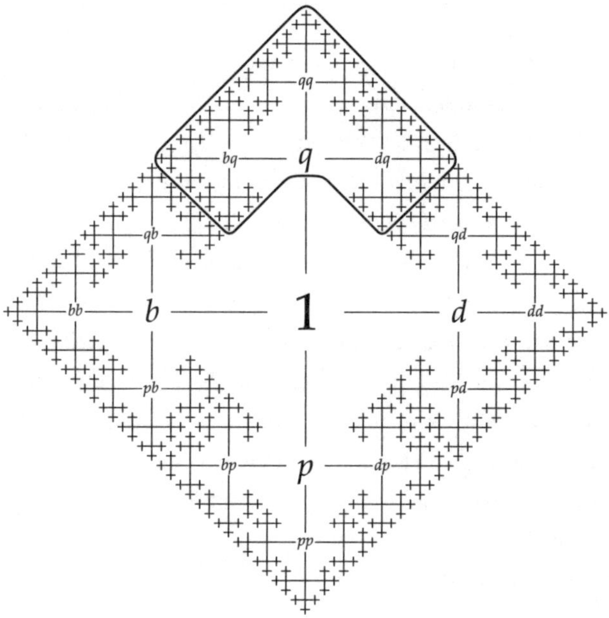

(5.17) Die Drehkombinationen aus Ω_q.

Nun betrachtete Hausdorff die Menge $\Omega_q p$. Sie entsteht, indem man an das jeweilige Ende der Drehkombinationen aus Ω_q die Drehung p anfügt. Weil bei der Bildung von $\Omega_q p$ die Drehung p die Drehung q an der letzten Stelle jeder Drehkombination aus Ω_q weglöscht und weil an der vorletzten Stelle der Drehkombinationen aus Ω_q die Drehungen d, b und q, nicht aber die Drehung p aufscheint, besteht die Menge $\Omega_q p$ aus allen Drehkombinationen, die nicht mit der Drehung p enden. Sie stimmt mit der Menge $\Omega - \Omega_p$ überein.

In Caleys Bild drückt sich der Übergang von Ω_q zu $\Omega_q p$ dadurch aus, dass das kleine eingedellte Quadrat, welches Ω_q umschließt, nach unten hin zu einem doppelt so großen eingedellten Quadrat ausgedehnt wird. Beim großen eingedellten Quadrat befinden sich unterhalb der Delle jene Drehkombinationen, welche die Menge Ω_p auflistet. Das große eingedellte Quadrat umrundet die Menge $\Omega - \Omega_p$. Genauso wie zuvor schrieb Hausdorff die Formel: $\Omega_q p = \Omega - \Omega_p$.

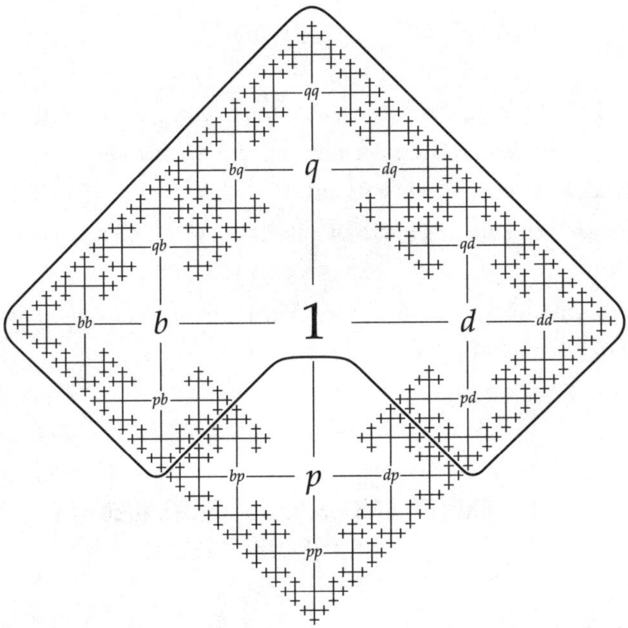

(5.18) Die Drehkombinationen der Differenz $\Omega - \Omega_p$.

Aus diesen Überlegungen zog Hausdorff eine höchst merkwürdig anmutende Folgerung: Die Gesamtheit Ω aller Drehkombinationen kann, abgesehen vom Symbol 1, dem keine Bewegung entspricht, in die vier Mengen Ω_d, Ω_b, Ω_q und Ω_p aufgeteilt werden. Greifen wir aus diesen vier Mengen die ersten beiden, Ω_d und Ω_b, heraus, bilden wir aus ihnen symbolisch $\Omega_b + \Omega_d b$. Damit meinen wir, dass darin alle Drehkombinationen aus Ω_b

und aus $\Omega_d b$ versammelt sind. Und wir erhalten so wieder ganz Ω. Als Formel geschrieben: $\Omega_b + \Omega_d b = \Omega$. Und greifen wir aus diesen vier Mengen die letzten beiden, Ω_q und Ω_p, heraus, bilden wir aus ihnen symbolisch $\Omega_p + \Omega_q p$. Damit meinen wir, dass darin alle Drehkombinationen aus Ω_p und aus $\Omega_q p$ versammelt sind. Und wir erhalten auch auf diese Weise wieder ganz Ω. Als Formel geschrieben: $\Omega_p + \Omega_q p = \Omega$.

Drei Formeln kürzen Hausdorffs Folgerung sinnbildhaft ab:

$$\Omega = 1 + \Omega_d + \Omega_b + \Omega_q + \Omega_p, \qquad \Omega_b + \Omega_d b = \Omega, \qquad \Omega_p + \Omega_q p = \Omega\,.$$

Die erste Formel zeigt, wie man Ω, abgesehen von 1, in vier Teile zerlegen kann. Und die beiden letzten Formeln zeigen, wie man einerseits aus den ersten beiden Teilen, andererseits aus den letzten beiden Teilen wieder Ω zusammensetzen kann. Man erhält aus diesen vier Teilen Ω zweifach zurück.

Dies ist eine höchst merkwürdige Verdopplung, die uns bereits ganz nahe an das Banach-Tarski-Paradoxon heranführt.

9. SCHRITT: ORBITS, AUSWAHLMENGEN UND STAUB

Jetzt kommen wir wieder darauf zu sprechen, was Drehungen um den Kugelmittelpunkt wie *d* oder *b*, wie *q* oder *p* oder was irgendwelche Kombinationen dieser Drehungen bei den Punkten auslösen, die sich auf der Sphäre, auf der die Kugel begrenzenden Kugelhaut befinden: Die Punkte werden auf der Sphäre bewegt.

Vollzieht man eine der Drehungen *d*, *b*, *q* oder *p* am Punkt *P*, wandert dieser zu einem auf der Sphäre befindlichen gedrehten Punkt *Pd*, *Pb*, *Pq* oder *Pp*. Und wenn man die Drehungen miteinander kombiniert, zum Beispiel zu *dqbpp*, gelangt man, von *P* ausgehend und die Punkte *Pd*, *Pdq*,

Pdqb, *Pdqbp* entlangwandernd, zum Punkt *Pdqbpp*. Und man gelangt bei *qdddpb*, von *P* ausgehend und die Punkte *Pq*, *Pqd*, *Pqdd*, *Pqddd*, *Pqdddp* entlangwandernd, zum Punkt *Pqdddpb*. Wir beachten dabei, dass die Paarungen *db*, *bd*, *qp* und *pq* bei keiner dieser Kombinationen auftauchen, denn als Aufeinanderfolge einer Drehung um den Winkel und einer Drehung um den Gegenwinkel bewirken diese Paarungen nichts.

Wir rufen uns ferner in Erinnerung, dass Hausdorff die Drehachsen durch den Kugelmittelpunkt und die Größen der Drehwinkel der beiden Drehungen *d* und *q* so wählte, dass für jeden Punkt, der sich nicht gerade auf einer der Drehachsen befindet, die Drehungen um *d*, um *b*, um *q*, um *p*, ja um jede aus Ω entnommene Kombination dieser vier Drehungen, das Ergebnis seiner Bewegung nie auf die Stelle eines Punktes führt, die von der Bewegung dieses Punktes entlang einer anderen aus Ω entnommenen Drehkombination eingenommen wird.

Anders formuliert: Wir bilden für einen Punkt *P* der Sphäre die Menge *P*Ω. Wir nennen sie einen Orbit von Ω. Dieser Orbit *P*Ω besteht aus dem Punkt *P* und aus allen weiteren Punkten, die aus einer Bewegung des Punktes *P* entlang einer der aus Ω entnommenen Kombination von Drehungen um die Winkel *d*, *q* und um deren Gegenwinkel *b*, *p* hervorgehen. Anschaulich gesprochen: In Caleys Bild von Ω ersetzt man das Symbol 1 durch den Punkt *P*, und man setzt vor jede Drehkombination, die in dem unendlich verzweigten Netz von Caleys Bild aufscheint, den Punkt *P*. Dann hat man die Gesamtheit der im Orbit *P*Ω aufgezählten Punkte vor Augen. Allerdings sieht man sie völlig verzerrt auf einer Zeichenebene abgebildet. Tatsächlich befinden sich diese Punkte, jeder von ihnen von jedem anderen verschieden, auf der Außenhaut der Kugel. Der Orbit umspinnt die Sphäre dicht, aber er besteht nur aus abzählbar unendlich vielen Punkten. Die Sphäre selbst gehört hingegen einer höheren Stufe des Unendlichen, der überabzählbaren Unendlichkeit, an.

Darum wird es auf der Sphäre einen Punkt *Q* geben, der mit keinem Punkt aus dem Orbit *P*Ω zusammenfällt. Ein solcher Punkt *Q* veranlasst, *Q*Ω zu konstruieren, einen weiteren Orbit von Ω. Und es ist klar, dass keiner der Punkte des Orbits $Q\Omega$ mit irgendeinem Punkt des Orbits $P\Omega$ übereinstimmt. Denn wäre dies der Fall, würde man durch eine Bewegung des übereinstimmenden Punktes entlang einer aus Ω entnommenen Kombination von Drehungen um die Winkel d, q und um deren Gegenwinkel b, p erreichen, diesen Punkt in den Punkt Q zurückzuführen, der demzufolge ebenfalls dem Orbit $P\Omega$ angehören müsste, was aber ausgeschlossen ist.

Hausdorff stellte sich nun vor, aus jedem der voneinander verschiedenen Orbits von Ω jeweils einen Punkt herausgreifen zu können und diese Punkte in einer Menge A zu versammeln. Eine solche Menge A nannte er eine Auswahlmenge von Ω. Es handelt sich bei A um eine unendliche Menge von Punkten auf der Sphäre. Kein Mensch kann sich ein Bild, nicht einmal ein skizzenhaftes, ungefähres Bild einer solchen Auswahlmenge machen. Es muss sich bei ihr um ein opakes Gewirr von Punkten der Sphäre handeln, sicher üppiger als Staub, aber doch sehr fein verteilt. Denn erst mit der Bildung von $A\Omega$, erst wenn alle Punkte der Auswahlmenge A entlang aller Drehkombinationen aus Ω auf der Sphäre entlangwandern, bekommt man die Außenhaut der Kugel als Resultat.

An dieser Stelle sei eingestanden, dass in der eben vollzogenen Argumentation noch eine Lücke klafft. Wir hatten nicht berücksichtigt, dass wir vom Punkt P, der entlang der in Ω aufgezählten Drehkombinationen wandert, verlangten, nicht auf den Achsen dieser Drehungen zu liegen. So dreht sich zum Beispiel die Erdkugel um die durch Süd- und Nordpol verlaufende Erdachse in 24 Stunden einmal um sich selbst. Innerhalb dieser 24 Stunden nimmt jeder Punkt auf der Erdoberfläche, Sekunde für Sekunde, eine andere Position im Vergleich zu den vorherigen ein. Ausgenommen davon sind allein der Süd- und der Nordpol. Diese beiden Punkte werden durch die Erddrehung nicht bewegt, weil sie auf der Drehachse der Erde liegen.

Wollen wir daher genau sein, müssen wir in der obigen Überlegung jene beiden Punkte ausschließen, bei denen die Drehachse der Drehung um den Winkel d und um den Gegenwinkel b die Sphäre durchstößt.

Ebenso sind jene beiden Punkte auszuschließen, bei denen die Drehachse der Drehung um den Winkel q und um den Gegenwinkel p die Sphäre durchstößt. Und nicht nur diese. Auch die Durchstoßpunkte jener Achsen mit der Sphäre, die Drehachsen von den unendlich vielen in Ω aufgezählten Drehkombinationen sind, muss man von der Betrachtung ausschließen. Denn keiner dieser Punkte darf als Ausgangspunkt für einen Orbit zur Verfügung stehen. Zwar handelt es sich bei diesen auszuschließenden Punkten um unendlich viele Punkte, aber gottlob nur um abzählbar unendlich viele Punkte. Sie sind auf der Sphäre wie Staub verteilt. Wir wollen uns diesen Staub gleichsam als eine auf der Außenhaut der Kugel befindliche Staubwolke von der Sphäre weggewischt denken. Für die nachfolgenden Überlegungen braucht sie nicht weiter Beachtung zu finden.

10. SCHRITT: VON HAUSDORFF ZU BANACH UND TARSKI

Abgesehen von der Staubwolke beschreibt bei einer Auswahlmenge A die mit dem Symbol $A\Omega$ bezeichnete Menge die Sphäre, die Außenhaut der Kugel. Wir wissen, dass die Gesamtheit Ω aller Drehkombinationen, abgesehen von dem mit 1 bezeichneten Stillstand, in die vier Mengen Ω_d, Ω_b, Ω_q und Ω_p zerfällt. In Caleys Bild von Ω sind dies die vier von 1 aus nach rechts, nach links, nach oben und nach unten weisenden Sektoren. Dementsprechend dachte sich Hausdorff die Sphäre aus der Staubwolke zusammen mit der Auswahlmenge A und den mit $A\Omega_d$, $A\Omega_b$, $A\Omega_q$ und $A\Omega_p$ symbolisierten Mengen zusammengesetzt. Er zerlegte somit die Sphäre in fünf Teile, in die Staubwolke zusammen mit der Auswahlmenge A sowie in $A\Omega_d$, $A\Omega_b$, $A\Omega_q$ und $A\Omega_p$. Diese Teile – kein Mensch hat auch nur die geringste Ahnung, wie sie aussehen – dachte er sich verschoben, sodass er jeden einzelnen für sich allein betrachten konnte.

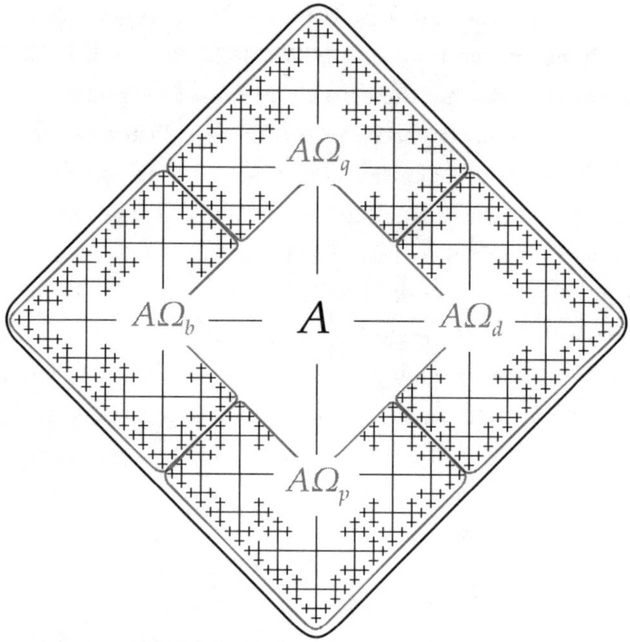

(5.19) Bis auf »Staub« wird die Sphäre von A sowie von $A\Omega_d$, $A\Omega_b$, $A\Omega_q$ und $A\Omega_p$ erfasst.

Sodann drehte Hausdorff den Teil $A\Omega_d$ um den Winkel b. Er bildete mit anderen Worten die Menge $A\Omega_d\,b$. Aufgrund der von ihm entdeckten Formel $\Omega_d\,b = \Omega - \Omega_b$ erkannte Hausdorff, dass $A\Omega_d\,b$ aus der ganzen Sphäre $A\Omega$ ohne den Teil $A\Omega_b$ besteht. Folglich, so schloss er, kann man den um den Winkel b gedrehten Teil $A\Omega_d$ und den Teil $A\Omega_b$ durch Schiebungen zur ganzen Sphäre $A\Omega$ zusammensetzen.

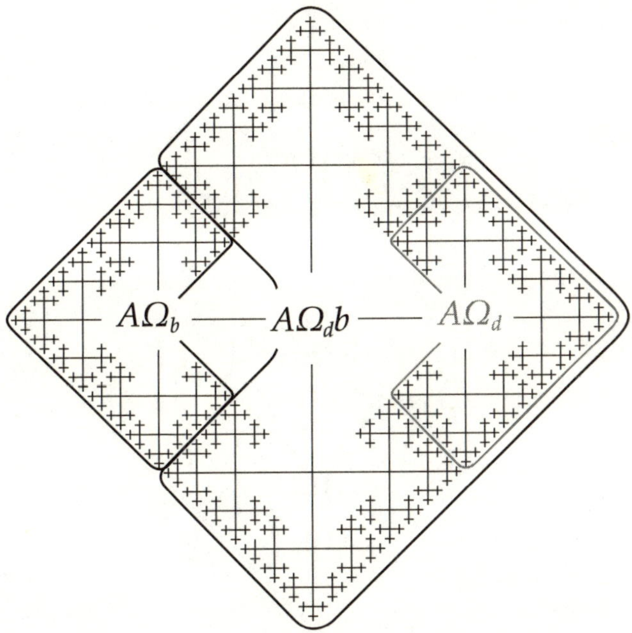

(5.20) Bis auf »Staub« wird die Sphäre von $A\Omega_b$ und $A\Omega_d b$ erfasst.

In ähnlicher Weise drehte Hausdorff den Teil $A\Omega_q$ um den Winkel p. Er bildete mit anderen Worten die Menge $A\Omega_q p$. Aufgrund der von ihm entdeckten Formel $\Omega_q p = \Omega - \Omega_p$ erkannte Hausdorff, dass $A\Omega_q p$ aus der ganzen Sphäre $A\Omega$ ohne den Teil $A\Omega_p$ besteht. Folglich, so schloss er, kann man den um den Winkel p gedrehten Teil $A\Omega_q$ und den Teil $A\Omega_p$ durch Schiebungen zur ganzen Sphäre $A\Omega$ zusammensetzen.

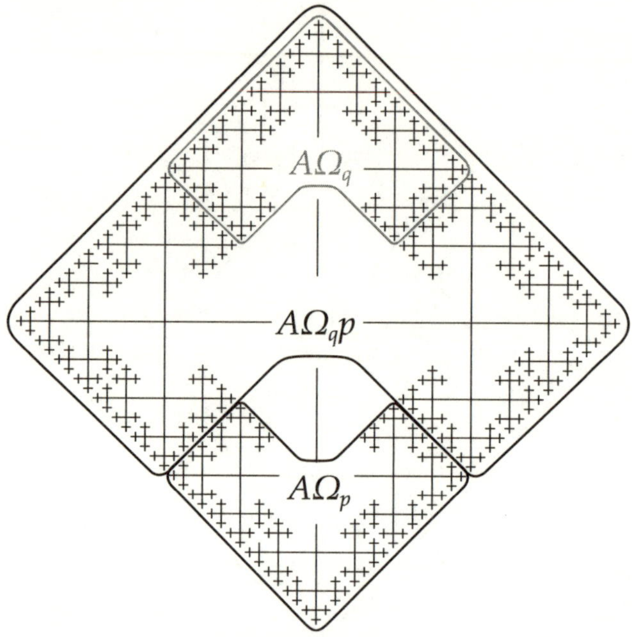

(5.21) Bis auf »Staub« wird die Sphäre von $A\Omega_p$ und $A\Omega_q p$ erfasst.

Hausdorff erkannte somit: Aus je zwei der vier Teile $A\Omega_d$, $A\Omega_b$, $A\Omega_q$ und $A\Omega_p$ der ursprünglichen Sphäre lassen sich nach Schiebungen und Drehungen zwei Sphären bilden, die – sieht man von der unerheblichen Staubwolke ab – genauso aussehen wie die ursprüngliche Sphäre. (Den im Vergleich dazu unscheinbar kleinen fünften Teil, die Staubwolke zusammen mit der Auswahlmenge A, braucht man für die Erzeugung der beiden Sphären eigentlich nicht. Da uns das Prinzipielle der Überlegungen Hausdorffs interessiert, können wir diesen mickrigen fünften Teil gedanklich gleichsam entsorgen. Wir würden uns zu sehr in technische Details verlieren, wollten wir erörtern, wie sich der fünfte Teil bei der Konstruktion der beiden Sphären miteinbeziehen lässt.)

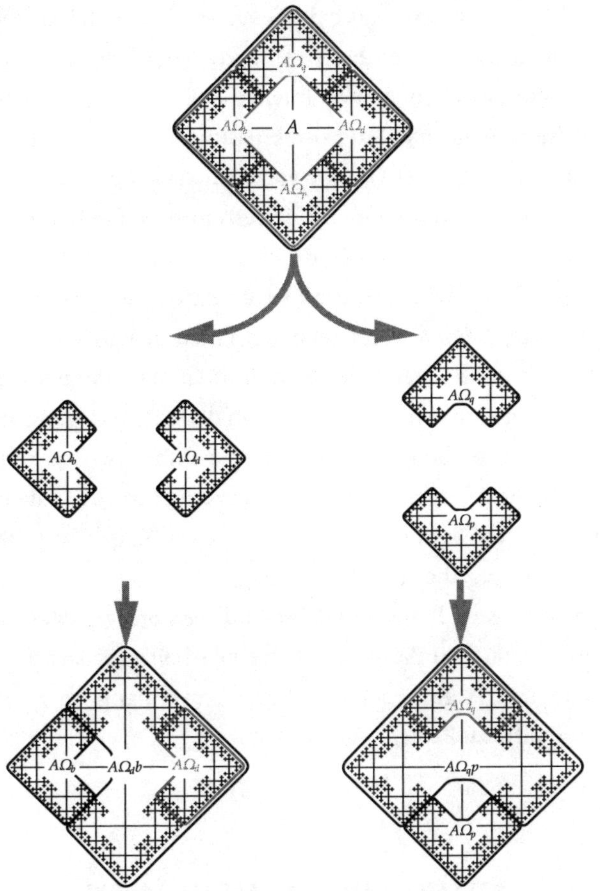

(5.22) Übertragung des Paradoxons von Banach und Tarski auf Caleys Bild der Drehkombinationen.

Die Einsicht Hausdorffs ist in der Tat außerordentlich rätselhaft und seltsam. Stefan Banach und Alfred Tarski bezogen sich 1924 auf sie, um das nach ihnen benannte Paradoxon vorstellen zu können. Der Gedanke, dem sie folgten, ist nach Hausdorffs Vorbereitung im Grunde recht einfach. Statt der Punkte auf der Sphäre betrachteten sie die Radien, die vom Kugelmittelpunkt auf die Punkte der Sphäre zielen. Nach dieser Ersetzung besteht nun die neue Auswahlmenge aus jenem Teil der Vollkugel, in der genau jene Radien enthalten sind, die vom Kugelmittelpunkt aus auf die Punkte der alten Auswahlmenge *A* zielen. Führt man mit der neuen Auswahlmenge alle Drehkombinationen aus Ω durch, bekommt man – abgesehen von einem »Staub von Radien« – die ganze Kugel. Führt man mit der neuen Auswahlmenge jeweils nur die Drehkombinationen aus Ω_d, aus Ω_b, aus Ω_q und aus Ω_p durch, erhält man vier Teile der Kugel. Je zwei dieser Teile verschiebt man so, dass man sie einzeln betrachten kann. Einen der beiden dreht man um einen geeigneten Winkel und schiebt danach die beiden Teile so zusammen, dass daraus wieder eine Kugel entsteht, genauso groß wie jene, von der wir ausgegangen sind. Da dies an zwei Paaren dieser vier Teile durchgeführt werden kann, ist die ursprüngliche Kugel in endlich viele Teile zerlegt worden, die nach Verschiebungen und Drehungen schließlich zwei Kugeln ergeben, beide gleich groß wie jene, die zu Beginn vorlag.

Natürlich mussten Banach und Tarski diesen prinzipiellen Gedanken mit einem erheblichen Aufwand an Detailarbeit präzisieren. Aber das Wesentliche ihrer Argumentation ist im Gang entlang der zehn Schritte hiermit endgültig zu Papier gebracht.

STEFAN BANACH UND ALFRED TARSKI

Es mag eigenartig wirken, dass die Entdecker des Paradoxons nicht im Geringsten daran zweifelten, völlig korrekt und schlüssig argumentiert zu haben. In den 20er-Jahren des vorigen Jahrhunderts erlebte die Mathematik, angeregt durch Cantors Mengenlehre, einen ungeheuren Aufschwung: Neue Ideen, kuriose Einsichten und originelle Theorie sprossen wie selten zuvor.

Als Stefan Banach, 1892 im damals noch zum Habsburgerreich gehörenden Krakau geboren, nach seiner mäßig erfolgreichen Schullaufbahn – er interessierte sich nur für Mathematik und hatte insbesondere im Fach Griechisch keinerlei Talent – in Lemberg zu studieren begann, entschied er sich für das Bauingenieurwesen. Denn er vermutete fälschlich, dass es in der Mathematik nichts mehr zu erforschen und zu finden gäbe. Nach Kriegsausbruch 1914 rettete sich Banach, der als Linkshänder und Fehlsichtiger untauglich eingestuft wurde, von dem umkämpften Lemberg nach Krakau, unterrichtete dort als Lehrer und besuchte sporadisch Vorlesungen an der berühmten Jagellonen-Universität.

Doch sein Erweckungserlebnis für die Mathematik ereignete sich nicht dort, sondern 1916 in der Grünanlage des Esplanaden-Parks von Krakau, wo er mit dem an der Jagellonen-Universität lehrenden Otto Nikodym über Integralrechnung plauderte und der ebenfalls im Park spazierende Hugo Steinhaus dieses Gespräch aufschnappte. Dieser, ein Schüler des großen Göttinger Gelehrten David Hilbert und bereits als junger Mann zu den führenden mathematischen Forschern zählend, freundete sich spontan mit Banach an und entdeckte dessen großes mathematisches Talent. Offene Fragen und ungelöste Probleme, die Steinhaus intensiv beschäftigten, löste Banach mit sicherer Hand. Steinhaus sorgte dafür, dass Banach in die akademischen Kreise der Universität in dem nun zu Polen gehörenden Lwow, dem einstigen Lemberg, eingeführt wurde und er eine Professur erhielt.

Allerdings benahm sich Banach nicht wie der typische Universitätsprofessor, der Vorlesungen hält, in Seminarräumen zusammen mit Studenten und in seinem Arbeitszimmer allein an Projekten arbeitet. Banach, der wie ein Schlot rauchte, hielt sich den ganzen Tag über statt an der Universität im Kaffeehaus auf. Das Schottische Café von Lemberg war gleichsam sein Wohnsitz. Seine Schüler und seine Freunde pilgerten dorthin, um mit ihm über die neue, zu einem erheblichen Teil von ihm ins Leben gerufene Mathematik zu diskutieren. Eine regelrechte Mathematikerschule, väterlich betreut von Hugo Steinhaus, beflügelt vom qualmenden Stefan Banach, traf sich regelmäßig im Schottischen Café. Ihr gehörten unter anderen Marek Kac, Stanisław Mazur, Władysław Orlicz,

Stanisław Ruziewicz, Juliusz Schauder, Stanisław Ulam an. Erkenntnisse, die gewonnen wurden, publizierten ihre Entdecker zumeist in einer eigens gegründeten Fachzeitschrift, der »Studia Mathematica«. Probleme, die von keinem aus der Gruppe gelöst wurden, notierte man in ein Heft, das man noch heute als das Schottische Buch kennt. Manchmal wurden Preise für die Lösung einer Fragestellung im Schottischen Buch ausgelobt, der skurrilste wohl von Stanisław Mazur für die Frage 153: eine lebende Gans. (Tatsächlich fand der schwedische Mathematiker Per Enflo erst 1972 die gesuchte Lösung, und Mazur überreichte Enflo in einer vom polnischen Rundfunk übertragenen Zeremonie den von ihm gestifteten Preis.)

Nur wenige Mitglieder der Lemberger Mathematikerschule, unter denen viele Juden waren, überlebten den Zweiten Weltkrieg. Banach selbst schlug sich unter Entbehrungen durch den Krieg und wollte 1945, nach der sowjetischen Besetzung von Lemberg, das jetzt Lviv genannt wurde und der Ukraine zugesprochen werden sollte, nach Krakau ziehen. Dort wurde ihm eine Professur, vielleicht sogar die Leitung des polnischen Bildungsministeriums in Aussicht gestellt. Der Krebs, der dem passionierten Raucher die Lunge zerfraß, ließ dies nicht mehr zu. Banach verbrachte seine letzten Tage noch in Lemberg, wo er am 31. August 1945 starb und unter Beteiligung Hunderter um ihn Trauernder beerdigt wurde.

Auch Alfred Tarski kam erst über einen Umweg zur Mathematik. Eigentlich hieß er Alfred Teitelbaum und entstammte einer begüterten jüdischen Warschauer Familie. Am Ende des Ersten Weltkriegs entschloss sich der Siebzehnjährige, an der Warschauer Universität Biologie zu studieren. Just zu dieser Zeit übernahmen der Mathematiker Wacław Sierpiński sowie die Logiker Jan Łukasiewicz und Stanisław Leśniewski Lehrstühle an der dortigen Universität. Leśniewski erkannte sehr schnell das mathematische Talent des jungen Biologiestudenten und überzeugte ihn, sich der Logik und der Mathematik zuzuwenden. Tatsächlich wurde er begeisterter Schüler von Łukasiewicz und Sierpiński. Er war Leśniewskis einziger Dissertant und promovierte als jüngster Doktor seiner Universität. Später entfremdeten sich die beiden, unter anderem weil Leśniewski der Mengenlehre Cantors ablehnend gegenüberstand.

1923 entschlossen sich Alfred und sein Bruder Wacław, ihren Nachnamen von Teitelbaum auf Tarski zu ändern. Sie traten in die römisch-katholische Kirche ein – nicht aus Glaubensgründen, Alfred Tarski war bis zu seinem Tod überzeugter Atheist, sondern um sich in die polnische Gesellschaft integrieren zu können. Zudem suggeriert die Endsilbe des neuen Namens die Herkunft von altem polnischem Adel.

Ähnlich wie Banach im Schottischen Café Anregung und Inspiration fand, empfand Alfred Tarski, der in Polen lange Zeit keine seiner hohen Qualifikation entsprechende Stelle fand, den berühmten Wiener Kreis als einen ihn beflügelnden Zirkel. Dort, wo der Mathematiker Hans Hahn, der Philosoph Moritz Schlick, der Logiker Rudolf Carnap und viele andere der Wiener Gelehrtengesellschaft ihre wöchentlichen Donnerstagssitzungen abhielten, konnte er mit den ihn beeinflussenden Mathematikern und Logikern Karl Menger und Kurt Gödel intensiv diskutieren.

In seinem Herzen fühlte sich Tarski schlechterdings als Pole – so sehr, dass er die Gefahr, die Juden durch Hitlers Aggressionspolitik drohte, nicht ernst nehmen wollte. Es war ein glatter Zufall, dass er vor dem Einmarsch der deutschen und der sowjetischen Truppen nach Polen das letzte Schiff betrat, das nach Amerika auslief. Die Gefährdung seiner Familie wollte er nicht wahrnehmen, er ließ seine Frau und seine beiden Kinder in Polen zurück. Wie durch ein Wunder überlebten alle drei. Die anderen von Tarskis in Polen verbliebenen Verwandten wurden ermordet.

Erst in den Vereinigten Staaten erlangte Tarski Positionen, die seinen Leistungen in Logik und Mathematik angemessen waren: Er wurde Professor in Harvard, am City College of New York, am Institute for Advanced Study, wo er wieder auf Gödel traf, und schließlich, von 1942 bis zu seinem Tod 1983, in Berkeley.

Sowohl Banach wie auch Tarski bewerteten das von ihnen in jungen

Jahren entdeckte Paradoxon eher als ein kurioses Ergebnis, aber kaum als eine weltbewegende Erkenntnis. Beide meinten, wohl zu Recht, weitaus profundere Resultate ihrer Forschungen vorweisen zu können als ihren Satz über die Verdopplung einer Kugel. Tatsächlich zeigten sie in ihrer Arbeit, die unter dem Titel »Sur la décomposition des ensembles de points en parties respectivement congruentes« (»Über die Zerlegung von Punktmengen in jeweils deckungsgleiche Teile«) erschien, erheblich mehr als bloß diesen Satz. Man darf auch bezweifeln, dass sie mit dem Wort »Paradoxon« für diesen Satz besonders glücklich waren. Denn in ihren von der formalen Mathematik der Mengenlehre geschulten Augen ist dieser Satz gar nicht paradox, im Sinne von widersinnig. Er widerspricht bloß der Intuition. Dass man dieser nicht immer trauen darf, war ihnen wohl bewusst.

ERSTE EINWÄNDE GEGEN DAS PARADOXON VON BANACH UND TARSKI

Dennoch lässt das Paradoxon von Banach und Tarski staunen. Denn niemand kann sich vorstellen, wie sich die Verdopplung einer Kugel praktisch verwirklichen lässt.

Richard Feynman, einer der begnadetsten theoretischen Physiker des 20. Jahrhunderts, erzählt in seinen Lebenserinnerungen »Sie belieben wohl zu scherzen, Mr. Feynman«, wie er mit diesem Paradoxon konfrontiert wurde. Denn er behauptete vor einer Gruppe mathematischer Kollegen mit der für ihn typischen Selbstsicherheit: »Ich wette, es gibt keinen einzigen Satz, den Ihr mir sagen könnt – wobei Ihr die Voraussetzungen nennt und mir die Behauptung verständlich mitteilt –, bei dem ich Euch nicht sofort sagen kann, ob der Satz wahr oder falsch ist.«

Klarerweise gehen die anderen auf die Wette ein und kontern mit dem folgenden Beispiel: »Du hast eine Orange, OK? Jetzt teilst du die Orange in eine endliche Anzahl von Stücken, setzt sie wieder zusammen und du hast zwei Orangen, beide so groß wie die ursprüngliche Orange. Richtig oder falsch?«

»Keine Löcher?«, fragt Feynman.

»Nein, nein. Die beiden Orangen unterscheiden sich durch nichts von der ursprünglichen.«

»Das gibt es nicht«, ist Feynman überzeugt.

»Ha«, triumphieren die anderen, »das gibt es schon! Aufgrund des mathematischen Satzes von Banach und Tarski.«

Gerade als sie denken, sie hätten Feynman ein Schnippchen geschlagen, hält er dagegen: »Aber ihr habt eine Orange gesagt! Ihr könnt die Orangenschale nicht dünner schneiden als die Atome.«

»Wir gehen vom Kontinuum einer Kugel aus. Wir können sie so dünn zerteilen, wie wir wollen.«

»Nein«, frohlockt jetzt Feynman, »ihr habt ›eine Orange‹ gesagt, also nahm ich an, dass ihr eine echte Orange meint.«

»So habe ich«, schreibt Feynman danach stolz, »immer gewonnen. Wenn ich es richtig erraten habe, großartig. Wenn ich es falsch vermutete, gab es immer etwas, was ich in ihrer Vereinfachung herausfand.«

Feynman, der vor nichts und – vielleicht Niels Bohr ausgenommen – vor niemandem Respekt hatte, traf mit seiner scharfzüngigen Antwort den heiklen Punkt. Mit Orangen kann man das Paradoxon von Banach und Tarski nicht vorführen. Auch nicht mit Billardkugeln und nicht mit Kanonenkugeln. Die Kugeln im Paradoxon von Banach und Tarski sind abstrakte Objekte, keineswegs stofflicher Natur und nicht aus Materie geformt.

Dennoch bleiben Fragen offen. Wie zum Beispiel diese: Die Kugel wird in Teile zerlegt. Im obigen Beweis zeigten wir, wie aus den vier gleichartigen Teilen $A\Omega_d$, $A\Omega_b$, $A\Omega_q$ und $A\Omega_p$ die zwei Kugeln entstehen, die gleich groß sind wie die ursprüngliche Kugel. Eigentlich sollten die beiden Paare, das aus $A\Omega_d$, $A\Omega_b$ bestehende Paar, aus dem nach Drehung von $A\Omega_d$ die eine Kugel gebildet wird, und das aus $A\Omega_q$, $A\Omega_p$ bestehende

Paar, aus dem nach Drehung von $A\Omega_q$ die andere Kugel gebildet wird, jeweils zwei Viertel, also jeweils das halbe Volumen der ursprünglichen Kugel einnehmen. Wie aber können, durch bloße Drehungen, aus zwei halben Volumina plötzlich zwei ganze Volumina werden?

Auf diesen Einwand erwidern Banach und Tarski, dass zwar Kugeln genauso wie Quader, Pyramiden oder Zylinder selbstverständlich Volumina besitzen. Bei den Teilen $A\Omega_d$, $A\Omega_b$, $A\Omega_q$ und $A\Omega_p$ jedoch, die komplett zerklüftete Mengen sind, so zerfurcht, dass sie sich niemand auch nur annähernd vorstellen kann, verliert der Begriff des Volumens seinen Sinn. Schon 1905 ersann der italienische Mathematiker Giuseppe Vitali räumliche Gebilde, die sich jeglicher Messung der von ihnen eingenommenen Rauminhalte entziehen. Von solcher Art sind die von Banach und Tarski ersonnenen vier Teile $A\Omega_d$, $A\Omega_b$, $A\Omega_q$ und $A\Omega_p$ der Kugel. Wer glaubt, sie besäßen jeweils ein Viertel des Kugelvolumens, irrt. Denn an ihnen scheitert jeglicher Versuch, sinnvoll von ihren Rauminhalten zu sprechen.

DREI NAIVE FRAGEN UND EINE TIEFE FRAGE

Ein beharrlicher Skeptiker hört nicht auf, weiter nachzufragen: »Dass die Teile der Kugel keine sinnvollen Volumina besitzen, leuchtet nicht ein: Ich stelle mir vor, die Kugel würde in ein mit Wasser gefülltes Messglas getaucht. Dann kann ich aus der Anhebung des Wasserspiegels anhand der am Glas angebrachten Messskala ablesen, welches Volumen die Kugel besitzt. Führe ich die Zerlegung der Kugel in die endlich vielen Teile unter Wasser durch und nehme danach die Hände wieder aus dem Wasser, wird sich nichts an der Höhe des Wasserspiegels geändert haben. Und entferne ich danach einen, dann den nächsten und dann den dritten Teil aus dem Messglas, muss ich doch ablesen können, welche Volumina die einzelnen Teile besitzen.«

Banachs und Tarskis Verteidiger erwidern: »So wie hier beschrieben, fassen wir in der Mathematik nicht den Begriff Volumen. Außerdem besitzt die abstrakte mathematische Kugel keine Masse, sie würde im Wasser gar nicht untertauchen.«

Der Skeptiker lässt sich dadurch nicht belehren: »Gut, halten wir uns die Kugel einfach vor Augen, ohne sie in eine Flüssigkeit einzutauchen. Auch in dieser Lage verdrängt sie so viel Luft, wie sie Volumen besitzt. Was aber macht die Luft, wenn die Kugel in die Teile zerfällt, denen kein sinnvolles Volumen zukommt? Entsteht durch diese prinzipielle Ungewissheit etwa ein ständig wehender Wind?«

Banachs und Tarskis Verteidiger weisen auch hier den Skeptiker zurecht, dass er sich von seiner materiellen Vorstellung lösen müsse: »Beim Banach-Tarski-Paradoxon muss man von allem absehen, was man vom Alltag kennt, was man von der Physik gelehrt bekommt, was sich in der sinnlichen Welt abspielt. Es handelt bloß von gedanklichen Objekten.«

»Aber Verschiebungen und Drehungen«, repliziert der Skeptiker, »sind doch alltägliche, natürliche Vorgänge, die wir sinnlich erfassen und die in der Physik beschrieben werden. Warum darf man beim Banach-Tarski-Paradoxon über solche Bewegungen sprechen und zugleich physikalische Argumente verbieten?«

»Auch diese Vorgänge verwandelt«, so antworten Banachs und Tarskis Verteidiger geduldig, »die Mathematik zu formalen Strukturen. Genauso ist es mit dem Raum, in dem wir uns sinnlich zurechtzufinden suchen: In der Mathematik wird der Raum zu einer abstrakten Menge. Die Menge ›Raum‹ hat nichts mehr mit unseren Empfindungen von weiter Ferne und intimer Nähe, von unerreichbarer Höhe und schwindelerregender Tiefe zu tun. Eigentlich wird alles in der Mathematik zu einer Menge. Ob man von Punkten, von Kreisen, von Kugeln, von Zahlen, von Verschiebungen, von Drehungen, von irgendwelchen Objekten spricht, ist einerlei – letztlich sind all diese nichts anderes als Mengen. Und selbst Mengen darf man sich nicht als Ansammlungen, Schwärme, Säcke oder Halden vorstellen. Cantor hatte ursprünglich noch ein solches Bild vor Augen, aber er erkannte selbst sehr bald, dass sinnliche Vorstellungen oft kein guter Ratgeber sind. Schließlich einigte man sich in der Mathematik darauf, alles auf die pure Logik und die Formel $x \in y$ zu gründen, wobei diese Formel mit den Worten ›die mit x bezeichnete Menge ist Element der mit y bezeichneten Menge‹, kurz: ›x ist in y‹ umschrieben wird. Was eine Menge wesenhaft sei, wird gar nicht mehr erörtert. Wichtig ist nur, wie man mit Mengen umgeht. Hierfür hatte 1907 der in Göttingen lehrende Logiker und Mathematiker Ernst Zermelo ein System von Regeln angegeben.

Es ist wie im Schachspiel: Wer sich eine Menge als eine Zusammenfassung von Objekten vorstellt, verhält sich wie jemand, der im Schach in der weißen Dame eine liebreizende Person erkennt. Tatsächlich ist sie nur eine hölzerne Spielfigur, und das Einzige, was man über sie wissen muss, sind die Züge auf dem Schachbrett, die ihr erlaubt sind. Ob sie beim Mattsetzen des schwarzen Königs in der Vorstellung des Schachspielers ihren Charme versprüht oder nicht, spielt keine Rolle. Genauso ist es in der Mengenlehre: Zermelo formulierte Axiome, Spielregeln vergleichbar, die ein richtiges Handhaben der Formel $x \in y$ festlegen. Und so, wie die Unzahl der Schachpartien allein auf Anwenden der Regeln des Schachspiels beruht, kann man auch die Legion mathematischer Gesetze und Erkenntnisse auf das Anwenden von Zermelos Axiomen der Mengenlehre zurückführen.«

»Wenn es sich so verhält«, hält der Skeptiker dagegen, »frage ich mich, warum Ihr eine bestimmte Menge eine Kugel nennt, die doch nichts mit der sinnlich erfahrbaren Kugel zu tun hat, nichts mit deren Schwere, nichts mit deren Wölbung, die in der Hand ein Gefühl von Fülle wachruft. Eigentlich dürftet Ihr nicht von Kugeln sprechen, sondern bloß von Mengen. Und wenn ich von Euch höre, Ihr wüsstet von einer bestimmten Menge, dass es möglich sei, aus ihr zwei andere Mengen zu gewinnen, die bestimmte Eigenschaften mit der ursprünglichen Menge teilen, würde mich daran nichts erstaunen lassen. Es würde mich nicht einmal interessieren. Was rechtfertigt eigentlich, dass Ihr das Banach-Tarski-Paradoxon in dieser so sinnlich verführerischen Sprache formuliert und dadurch Staunen und Verwunderung hervorruft?«

DAS AUSWAHLAXIOM

Bevor die Verteidiger Banachs und Tarskis Argumente sammeln, um auf diese letzte Frage des Skeptikers antworten zu können, lassen wir einen professionellen Mathematiker zu Wort kommen, der ebenfalls das Banach-Tarski-Paradoxon bezweifelt und sich an dieser Stelle am Dialog mit einer langen Suada beteiligt:

»So völlig weltabgewandt, wie zuvor beschrieben, ist die Mathematik nicht. Selbstverständlich soll man sich nicht von plausibel klingenden Äußerungen beeinflussen, nicht von scheinbaren Gemeinplätzen überreden, nicht von anschaulichen Bildern täuschen lassen. Doch den Bezug zur Wirklichkeit sollte man dennoch nicht verlieren. Wenn ein Mathematiker $x \in y$ schreibt, verbindet er dies in der Regel mit dem Bild, dass y ein Behältnis symbolisiert, worin sich das mit x bezeichnete Objekt befinde. Die für ihr überragendes Abstraktionsvermögen berühmte Mathematikerin Emmy Noether behauptete dies von Cantors Kollegen und Miterfinder der Mengenlehre Richard Dedekind: Dieser, so erzählte sie, äußerte sich folgendermaßen hinsichtlich des Begriffs der Menge: ›Er stelle sich eine Menge vor wie einen geschlossenen Sack, der ganz bestimmte Dinge enthalte, die man aber nicht sehe, und von denen man nichts wisse, außer dass sie vorhanden und bestimmt seien.‹

Genauso ist es, wenn ein Mathematiker von geometrischen Objekten spricht: Er zeichnet – wenn er genau sein will, mit Zirkel und Lineal, wenn es ihm nur auf eine Skizze ankommt, mit freier Hand – auf dem Blatt Papier einen Kreis, hebt auf diesem mit dem Bleistift drei Punkte besonders hervor und verbindet je zwei von ihnen mit geraden Linien. Er spricht dabei von einem Dreieck und dessen Umkreis. Formal aber ist ein

Dreieck nur eine aus drei Punkten bestehende Menge. Und wie man Punkte auf einer Kreislinie verortet, hat uns Cantor im zweiten Schritt dieses Kapitels gelehrt: Das, was man auf dem Zeichenblatt als eine auf der Kreislinie liegende und mit dem Bleistift kenntlich gemachte Markierung sieht, wird formal als eine Aufeinanderfolge von Nullen und Einsen verstanden. Wobei – dies war Zermelos Idee – die natürliche Zahl 0 für die sogenannte ›leere Menge‹ steht, eine Menge, für die bei keinem, mit x bezeichneten Objekt die Formel $x \in 0$ stimmt. Im Sinne Dedekinds ist diese leere Menge 0 ein Sack, in dem sich nichts befindet. Und die Zahl 1 ist Zermelo zufolge auch eine Menge, nämlich jene, die 0 als einziges Element enthält, das heißt: nur wenn das mit x bezeichnete Objekt mit der leeren Menge 0 übereinstimmt, gilt die Formel $x \in 1$.

Wir verzichten also als Mathematiker nicht auf unsere Sinne, nicht auf die Welt, nicht auf die Anschauung. Wir bilden nur Eindrücke, die wir gleichsam ›von außen‹ erhalten, modellhaft nach. Wir abstrahieren. Wir versuchen, was wir sinnlich erfahren, in das uns zur Verfügung stehende formale System der Logik und der Mengenlehre so einzugliedern, dass sich darin die wesentlichen Aspekte dieser sinnlichen Erfahrung in der exakten mathematischen Sprache wiederfinden.

So ist die Kugel, mathematisch gesehen, eine Menge von Punkten. Genau jene Punkte, deren Abstand von einem festen Punkt des Raumes, dem Kugelmittelpunkt, einen bestimmten Wert, den sogenannten Radius, nicht überschreitet, gehören dieser Menge an. Natürlich muss zuvor definiert worden sein, was man unter einem ›Raum‹ versteht, was man unter einem ›Abstand‹ versteht, und so fort. Es sei zugestanden, dass diese mühselige Prozedur der Rückführung von allem und jedem auf Mengen tatsächlich von den glühenden Anhängern der Mengenlehre penibel vollzogen wurde. So fanden sie zum Beispiel, dass es verschiedene Möglichkeiten gibt, von einem ›Abstand‹ zu sprechen. Wenn der ›Abstand‹ so gestaltet ist, dass er von der Raumrichtung nicht abhängt, entlang der man misst, ist die oben definierte ›Kugel‹ wirklich rund. Bei einem formal anders gefassten ›Abstand‹ kann eine ›Kugel‹ Ecken haben.

Mathematisch stimmig gefasst, spiegelt die formal definierte Kugel viel von dem wider, was wir sinnlich von einer Kugel erwarten: Die an allen Stellen und in alle Richtungen gleich verlaufende Krümmung an ihrer Oberfläche, die ihr die perfekte Rundung verleiht, ihre vollkommene Symmetrie. Man kann sich vorstellen, auf ihr so zu reisen, wie einst die Weltumsegler auf den Ozeanen, auf ihr Flächen zu bemalen, die den Kontinenten des Globus entsprechen, und so weiter. Jedoch: dass eine Kanonenkugel schwer ist, aber die von einem Ballon umrandete Luft leicht, dass eine Billardkugel robust ist, aber ein Wassertropfen, der im Fallen Kugelgestalt besitzt, fragil, all dieses mögliche Beiwerk von Kugeln, die wir sinnlich erfahren, bleibt der formal definierten Kugel fremd.

Und das ist gut so. Denn wie könnten wir den Begriff ›Kugel‹ überhaupt fassen, würden wir nicht von Nebensächlichkeiten kugelförmiger Gebilde absehen können.

Allerdings schlummert in Zermelos Axiomen mehr, als dem von uns gefassten Begriff ›Kugel‹ innewohnt. Banach und Tarski wiesen selbst, gleich zu Beginn ihrer 1924 erschienenen Arbeit, darauf ausdrücklich hin. Es handelt sich um das sogenannte Auswahlaxiom, das Zermelo schon zwanzig Jahre zuvor postulierte und das Folgendes besagt: Es liege eine Ansammlung von Mengen vor, wobei keine dieser Mengen leer ist, also keine dieser Mengen mit 0 übereinstimmt. Dann kann man aus jeder dieser Mengen je ein Element herausgreifen. Die Zusammenfassung dieser Elemente heißt eine Auswahlmenge.

Das Auswahlaxiom klingt selbstverständlich. Jedenfalls für Dedekind, der es so deutete: Vor mir liegt eine Ansammlung von Säcken, wobei sich in jedem Sack etwas befindet. Dann kann ich aus jedem Sack etwas herausgreifen. Und ich kann diese Dinge wieder in einen neuen Sack – die Auswahlmenge – stecken.

Natürlich stimmt das, wenn Dedekind nur endlich viele Säcke vor sich liegen sähe. Aber wenn unendlich viele Säcke, gar überabzählbar unendlich viele Säcke das Lager füllen, ist es mit der Selbstverständlichkeit des Auswahlaxioms vorbei.

Und in eben dieser Lage war Felix Hausdorff, als er sich im neunten Schritt vorstellte, ›aus jedem der voneinander verschiedenen Orbits von Ω jeweils einen Punkt herausgreifen zu können und diese Punkte in einer Menge *A* zu versammeln‹. Die Fülle der Orbits von Ω ist überabzählbar unendlich. Verweigert man dem Auswahlaxiom, in das Regelwerk von Zermelos Axiomen aufgenommen zu werden, gibt es keine solche Auswahlmenge *A*. Dann gibt es auch nicht die vier Teile $A\Omega_d$, $A\Omega_b$, $A\Omega_q$ und $A\Omega_p$, aus denen die zwei Kugeln entstehen. Das Banach-Tarski-Paradoxon fällt in sich zusammen.«

KORREKT UND WAHR

Die Verteidiger von Banach und Tarski sind auf diese Kritik vorbereitet: »Es stimmt, dass man dem Auswahlaxiom zustimmen muss, wenn die Beweisführung für das Banach-Tarski-Paradoxon halten soll. Aber jemand, der das Auswahlaxiom ablehnt, beraubt sich vieler mathematischer Einsichten, die wir als schön und wertvoll empfinden. Wir schlagen als einen für beide Seiten tragbaren Kompromiss vor: Man möge immer, wenn in einer mathematischen Argumentation das Auswahlaxiom Verwendung findet, ausdrücklich darauf hinweisen. Dann sind all jene vorgewarnt, die daran zweifeln. Und es kann tatsächlich sein, dass bei der Verwendung des Auswahlaxioms Phänomene wie das Banach-Tarski-Paradoxon zutage treten, die der Alltagserfahrung komplett widersprechen.

Stefan Banach und Alfred Tarski hatten in ihrer Arbeit ebendiese Vorgangsweise vorbildhaft eingehalten.

Darüber hinaus wollen wir eine Erkenntnis ansprechen, die von Kurt Gödel, Alfred Tarskis Kollegen aus dem Wiener Kreis, entdeckt wurde: Gödel ging von der Voraussetzung aus, dass die Mathematik, die aus dem Regelwerk der Axiome Zermelos ohne Auswahlaxiom hervorgeht, nie auf Widersprüche stößt. Drastisch formuliert: Hält man sich korrekt an die Axiome Zermelos – das Auswahlaxiom ausgenommen –, wird man nie eine unhaltbare Formel wie $1 \in 0$ herleiten können. Dies vorausgesetzt, zeigte Gödel, dass auch unter Einbeziehung des Auswahlaxioms die Mathematik widerspruchsfrei bleibt. Auch mit dem Auswahlaxiom wird man nie eine falsche Formel wie $1 \in 0$ aus Zermelos Axiomen folgern können.

Dies bedeutet, salopp gesprochen, dass man an der Mathematik keinen Schaden anrichten kann, wenn man das Auswahlaxiom akzeptiert. Sodass es uns schon aus pragmatischen Gründen vernünftig scheint, eine Mathematik mit dem Auswahlaxiom zu betreiben, weil man damit zu Einsichten gelangt, die einem sonst verwehrt blieben. Zugegeben: auch zum Banach-Tarski-Paradoxon, das wir aber als formal denkende Mathematiker so paradox gar nicht finden.«

Der dem Banach-Tarski-Paradoxon zweifelnd gegenüberstehende Mathematiker wirft kurz ein: »Paul Cohen aus Stanford hatte im Gegenzug bewiesen, dass unter den gleichen Voraussetzungen ein mathematisches Regelwerk, in dem das Auswahlaxiom ausdrücklich nicht in voller Allgemeinheit stimmt, ebenfalls widerspruchsfrei bleibt. So gesehen sieht die Partie eher nach einem Remis aus.«

Der Skeptiker jedoch gewinnt diesem ins versponnen Akademische abgleitenden Gespräch wenig ab: »Ihr mögt es drehen und wenden, wie Ihr wollt: Wer den Bezug vom formalen Regelwerk, sei es unter Einbeziehung, sei es unter Ablehnung des Auswahlaxioms, zur konkreten Wirklichkeit hintanstellt, verdient nicht, ernst genommen zu werden.

Ließe die Mathematik den Anspruch fallen, einen Bezug zur Wirklichkeit zu besitzen, verlöre sie sich in ein sinnloses, nichtssagendes Gerede. Man könnte zwar Sätze herleiten, zuweilen vom Ideenreichtum der Beweisführung begeistert sein, doch am Ende blieben nur Resultate übrig, von denen man wüsste, dass sie korrekt sind. Korrekt in dem Sinn, dass aus willkürlich gesetzten Axiomen nach einem tadellosen logischen Verfahren gültige Schlüsse gezogen wurden. Doch wie soll einer solchen

Korrektheit auch nur ein Funken an Erkenntnisgewinn zugesprochen werden?

Es wurde bereits vom Mathematiker, der dem Auswahlaxiom kritisch gegenübersteht, gesagt, er versuche, was wir sinnlich erfahren, in die Mathematik einzugliedern. Dies gelingt ihm, indem er abstrahiert, indem er wesentliche Aspekte sinnlicher Erfahrungen in eine Gedankenwelt überführt und mit Mathematik beschreibt. Nur so entflieht er nicht der Wirklichkeit. Nur so darf er hoffen, zu Resultaten zu gelangen, von denen er weiß, dass sie wahr sind. Wahr in dem Sinn, dass sie auf einer aus völlig durchleuchteter Evidenz geborenen, klar auf sich selbst ruhenden Überzeugung beruhen.

Es handelt sich um die Wirklichkeit des Blattes Papier, auf dessen waagrechter Zeile Galilei mit dem Bleistift die ersten Zahlen

1 2 3 4 5 6 7 8 9 10 11 12 13 14 15 16 17 18 …

schrieb. Die drei Punkte nach 18 spiegeln Galileis Vorstellung wider, das Blatt wäre unendlich breit und er hätte auch die restlichen unendlich vielen Zahlen auf ihm notiert. Es mag sein, dass Galilei mit dieser Vorstellung der Wirklichkeit zu viel zumutete. Vielleicht käme er ihr näher, würde er in den drei Punkten nach 18 nur den Anspruch zum Ausdruck bringen, weiterzählen zu können. Ich will darüber an dieser Stelle nicht streiten.*

Worauf es mir hier ankommt, ist, was der bedeutende österreichische Geometer Peter Gruber einmal in einem kurzen Satz so formulierte: ›Abstrahieren muss man von etwas.‹

Dieses ›etwas‹ im Auge zu behalten, den Bezug zur Wirklichkeit zu wahren, ist die Bedingung dafür, dass Mathematik nicht bloß korrekte Resultate, sondern wahre Einsichten bereitstellt. Wiewohl, dies sei einge-

* Darüber findet man Ausführliches in den beiden letzten Kapiteln meines Buches »Die Zahl, die aus der Kälte kam«.

standen, wir von der Wirklichkeit selbst nichts Sicheres wissen. Wir können uns ihr mit unserem Denken, mit unserer Sprache, mit unserem Rechnen bloß tastend nähern.

Aber es sind Orangen und Tennisbälle, Kürbisse und Luftballons, es ist die Wirklichkeit, die uns an die Kugel denken lässt.

Frei nach Gertrude Stein: Eine Kugel ist eine Kugel ist eine Kugel. Eine, nicht zwei.«

DANKSAGUNG

XXXX

Dem Autor haben das Verfassen des Textes und das Entwerfen der zahlreichen Abbildungen viel Freude bereitet, und er ist seiner Frau Bianca und seiner Familie für Geduld und Zuspruch von Herzen dankbar. Dass sich der renommierte Hanser Verlag bereit erklärte, diesen Essay, eines der heikelsten Genres im weiten Feld der Literatur, in sein Programm aufzunehmen, ist für den Autor eine große Ehre, und er schuldet vor allem Annika Domainko und Christian Koth für ihre hervorragende Betreuung vonseiten des Verlags, die man sich nicht besser wünschen kann, herzlichsten Dank.

REGISTER

XXXX